Technical And Vocational Education

高职高专计算机系列

计算机系统组装与维修教程（项目式）

Installation and Maintenance of Computer Systems

王刃峰 侯南 ◎ 主编

人民邮电出版社
北京

图书在版编目（CIP）数据

计算机系统组装与维修教程：项目式 / 王刃峰，侯南主编. -- 北京：人民邮电出版社，2011.11（2016.1 重印）
工业和信息化人才培养规划教材. 高职高专计算机系列
ISBN 978-7-115-26408-4

Ⅰ. ①计… Ⅱ. ①王… ②侯… Ⅲ. ①电子计算机—组装—高等职业教育—教材②电子计算机—维修—高等职业教育—教材 Ⅳ. ①TP30

中国版本图书馆CIP数据核字(2011)第204686号

内 容 提 要

本书采用项目式教学法的编写模式，详细地介绍了计算机软、硬件知识与简单维护、维修。全书分为4篇，每篇又分为若干个学习任务。通过每个任务的学习，读者可了解和掌握当前计算机硬件发展的最新技术；掌握计算机组成各部件的功能和性能；熟悉计算机各部件的选购、安装方法；熟练掌握微型计算机系统的设置、调试及维护方法；掌握计算机系统常见故障形成的原因及处理方法。

本书的每一项任务都给出了完整的任务实施过程，读者通过练习和操作实践，可以巩固所学的内容。

本书适合作为高职高专院校“计算机系统组装与维修”课程教材，也可供有兴趣的读者自学参考。

工业和信息化人才培养规划教材——高职高专计算机系列

计算机系统组装与维修教程（项目式）

♦ 主　　编　王刃峰　侯　南
　责任编辑　王　威
♦ 人民邮电出版社出版发行　　北京市丰台区成寿寺路 11 号
　邮编　100164　　电子邮件　315@ptpress.com.cn
　网址　http://www.ptpress.com.cn
　北京九州迅驰传媒文化有限公司印刷
♦ 开本：787×1092　1/16
　印张：14.5　　2011 年 11 月第 1 版
　字数：370 千字　　2016 年 1 月北京第 4 次印刷

ISBN 978-7-115-26408-4

定价：29.50 元

读者服务热线：(010)81055256　印装质量热线：(010)81055316
反盗版热线：(010)81055315

前言

随着计算机技术的普及以及大众对计算机进行商务、学习、工作、生活等需求的增长，计算机已经成为人们工作、学习和生活不可缺少的高科技产品之一，随之计算机组装与维修技术也已成为当今IT行业从事硬件工作岗位的销售员、系统维护员和硬件工程师必须掌握的一项职业技能。

本教材以硬件组装、软件安装为基础，以系统维护和故障维修为主线，涵盖了计算机硬件系统的组成，各种部件的性能参数、典型产品、选购要点，CMOS设置、操作系统与驱动程序的安装，常用系统软件的安装、使用，系统优化、维护与测试，以及常见故障的诊断和处理等内容。

本教材编写组与企业密切合作，基于计算机组装、维护、检测与维修实际工作过程整合、系统化内容。在分析职业工作过程、描述职业行动领域的基础上，紧紧围绕工作任务完成的需要来选择和组织教材内容，设计了以下学习任务。

（1）计算机部件识别及选购；

（2）计算机硬件组装与技术规范；

（3）计算机操作系统安装；

（4）计算机系统安全防护；

（5）计算机系统维护与优化；

（6）计算机系统克隆；

（7）故障检测、维修与操作规范。

每项学习任务均突出了工作任务与知识的联系，可以在职业实践活动的基础上掌握知识，增强课程内容与职业岗位能力要求的相关性，培养“懂规范、会操作、高素质、面向计算机安装调试维护维修”职业岗位的高级技术应用型人才。

本书内容翔实、条理清楚，并提供了大量的图片，方便读者在阅读时理解和掌握，讲解深入浅出，理论结合实践。

为方便教学，本书还配有电子教学参考资料包（包括多媒体课件——辅助教师教学和学生自学，工作页——学生完成任务的过程指导材料，能力测试试题——测试学生的组装与维修技能是否达标），任课老师可登录人民邮电出版社教学服务与资源网（www.ptpedu.com.cn）下载使用。

本书由王刃峰、侯南主编，王刃峰编写任务一与第三篇，侯南编写任务四与第四篇，宫莉莹、田学志、刘静、刘丽涛等参与编写了任务二、任务三、任务五和任务六。最后由王刃峰、侯南对全书进行统稿。

由于编者水平有限，对一些问题的理解和处理难免有不当之处，衷心希望读者批评指正。

编　者

前言

目录

概　述

我想组装一台计算机，游戏性能要好一点，内存最好是2GB的，运行速度快一点就可以了，价位在4000元以下吧！

想配一台家用计算机，价格在4000元以下（液晶屏），请高手给个配置好一点的、硬件、品牌、质量都信得过的配置方案，或是这个价位的品牌机介绍。

3500元左右，办公用，上网速度要快。

液晶显示器21英寸，适合制作Photoshop、3ds Max、……，整体性能良好，且兼容性好，价位4000元左右，浮动不超过200元。

……

"怎么回事！昨天计算机还好好的，今天开机后怎么什么反应都没有了？"

"哇！糟了，几个重要的文件刚才被我误删除了，回收站都清空了，怎么办啊？"

"我这台计算机用着用着怎么就蓝屏了，而且最近怎么经常蓝屏？计算机也会发烧罢工吗？"

……

计算机是现今各行各业都离不开的工具，只要有计算机的地方，如上所述的声音就会不停出现。每个人对计算机都有不同的用途、不同的价格要求以及其他的需求，而每一位用户又并不一定熟悉计算机硬件的信息和配置要求，要想购置一台满足自己需求的计算机并及时处理计算机出现的问题对他们来说不是一件容易的事情。这就对计算机销售技术人员和售后维修服务人员提出了要求，要能够为用户提供详细的计算机硬件信息，制定一份满足用户需求、价格合理、性能稳定的装机单，按装机单为其安装好计算机系统，并做好系统的维护与售后维修工作。

第一篇
个人计算机组装

1. 用户需求

林先生是“XXXX室内装饰设计”公司的一位设计人员，需要经常使用计算机进行室内装饰效果图的制作，但他对计算机的组装并不十分熟悉，所以林先生到计算机公司请销售人员为其配置一台价位在5000元以下、适合制作Photoshop、3ds Max和Maya的计算机。

2. 需求分析

（1）需求

- 用户希望计算机销售人员能够为自己介绍当前计算机的主流配置信息。
- 计算机销售人员能够根据用户需求写出装机单。
- 计算机技术人员能够按装机单进行硬件组装及系统安装。

（2）分析

- 计算机销售人员要了解计算机的基本组成，掌握主要部件的性能指标及产品的最新信息。
- 计算机销售人员要掌握装机部件的选配原则，按用户需求写出性价比较高的装机单。
- 计算机技术人员应掌握装机的过程与注意事项，快速完成硬件组装及加电检测，并清理现场。
- 计算机技术人员应掌握硬盘分区、格式化等操作，并掌握操作系统和驱动程序的安装。

3. 项目归纳

为了满足林先生的装机需求，需要了解基本的计算机组成知识，识别装机的硬件设备，熟悉硬件的性能指标和产品信息，掌握计算机硬件组装与系统安装的过程与方法。需要掌握的知识与技能有：

知识目标：

计算机的基本组成，计算机硬件的性能指标，装机硬件的选配原则，硬盘的分区、格式化，操作系统的安装类型。

技能目标：

按用户需求定制装机单，并能够对性价比进行评定；正确识别计算机硬件，并进行计算机硬件组装与检测；能够安装操作系统与驱动程序。

任务一

制定装机单

准备知识（一） 计算机基本组成

【主要内容】

- 计算机的基本组成。
- 计算机各个硬件的主要功能。
- 计算机部件的识别。

【技能要求】

- 能够识别出各硬件设备。
- 能够辨识各硬件的规格及生产厂商。

一、计算机的组成

计算机是由硬件系统（简称硬件）和软件系统（简称软件）组成的。硬件是构成计算机的各种物质实体的总称，包括主机、输入设备、输出设备、存储设备等，其是计算机的物质基础；软件包括计算机正常工作所必需的各种程序和数据，其作用是扩大和发挥计算机的功能，从而使计算机能够有效地工作。可以说，硬件是计算机的身体，而软件是计算机的头脑和灵魂。

（一）硬件组成

现在计算机中我们看到的硬件主要有主机、输入设备、输出设备和存储设备。整个硬件系统采用总线结构，各部分之间通过总线相连，从而组成一个有机整体。

1. 主机

主机是控制计算机工作的中心，它由许多部件组成，这些部件都封闭在主机箱内。

（1）主机箱。从外形上看，主机箱分为立式和卧式两类，一般来说，立式机箱通风散热能力稍好一些，此外两者之间没有本质的区别。

从内部结构来看，机箱又可分为 AT 和 ATX 两种，AT 机箱属于旧式结构，ATX 机箱在 AT 机箱的基础上改进了部件布局。一般来说，AT 机箱需安装 AT 主板、电源，而 ATX 机箱需安装 ATX 主板、电源，两者互不通用。下面介绍 ATX 机箱的各部件的功能。

主机箱正面的开关和指示灯。

- 电源开关：用于接通或关闭电源。
- 硬盘指示灯：灯亮表示硬盘正在进行读写操作。
- 电源指示灯：灯亮表示电源接通。
- Reset 开关：在不关闭电源的情况下重新启动计算机。

主机箱背面的接口。

- 视频插座：位于显卡（显示适配器）上，用于连接显示器信号电缆。
- 键盘插座：键盘插座位于主板上，用于连接键盘。
- 并行端口：用于连接打印机。
- 串行端口：用于连接鼠标或调制解调器等。
- 电源插座：位于电源上，用于连接电源。
- 多媒体功能卡接口：连接多媒体功能卡，例如视频卡和声卡。
- USB 插座：连接 USB 设备（有些机箱将 USB 插座置于主机箱前面）
- 音箱插座：连接音箱。
- 线路输入插座：可连接收音机等音频输入设备。
- 麦克风插座：连接麦克风。

（2）主机箱的内部。主机箱的内部含有主板、显卡、硬盘驱动器、软盘驱动器、CDROM 驱动器、电源和各种多媒体功能卡（如声卡、视频卡等）。

- 主板：主板是通过电路板中的 4 层（高级 6 层）金属线，将 CPU、芯片组、BIOS、内存和各类 I/O 接口电路，科学、有序地连接在一起的电子线路，如图 1.1 所示。主板上主要有处理器、芯片组、内存条、高速缓存、总线扩展槽和接口电路等。

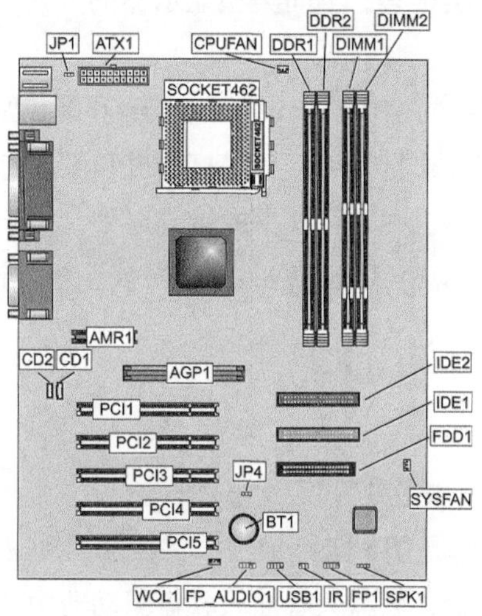

图 1.1 主板

- 微处理器：也称为中央处理器，即 CPU，它是计算机的核心部件，计算机的运算处理功能主要由它来完成，同时 CPU 还实施对计算机其他部件的控制，从而使计算机各部件统一协调工作。
- 内存：内存是 CPU 可以直接寻址的存储器，专门用于存放程序及待处理的数据，是计算机的记忆中心。
- 显卡：显卡（显示适配器）用于主板和显示器之间的通信并控制显示器。CPU 首先将要显示的数据送给显卡的显示缓冲区（VRAM），然后显卡再将它们送给显示器。显卡通常插在主板的总线扩展槽上。
- 声卡：是一块能够实现音频和数字信号相互转换的硬件电路板，可以把来自光盘、磁带、话筒的载有原始声音信息信号加以转换，输出到耳机、音响、扩音机及录音机等声响设备，或者通过标准的电子乐器数字接口（MIDI）发出美妙的声音。

此外还有网卡、视频卡和电视接收卡等。

2. 输入设备

输入设备有键盘、鼠标、麦克风、数码相机、数字式录像机和扫描仪、触摸屏、手写笔等。

- 键盘：是用户向计算机输入数据和控制计算机的工具。
- 鼠标：是计算机的一种输入设备，用于增强或代替键盘的光标移动键和其他键的功能。常见的鼠标主要有两种：机械式和光电式，鼠标一般经串行口连入主机。
- 扫描仪：是图形输入的主要设备，用于将一幅画或一张相片转换成图形加以存储，然后进行相应的处理。
- 麦克风：用作现场录音、唱卡拉 OK 等。

3. 输出设备

输出设备主要有打印机、显示器、绘图仪、音响、电视机、喇叭等。

- 显示器：显示器又称监视器，主要用于显示各种数据或画面，是人与计算机之间交换信息的窗口。显示器的种类很多，不同类型显示器的分辨率和所能显示的颜色数目各不相同。
- 打印机：打印机是计算机的主要输出设备，用于打印结果、输出图像、图形、票据和文字资料等。打印机种类有针式打印机、喷墨打印机和激光打印机。
- 音箱：音箱是多媒体计算机中不可缺少的组成部分，用于将接收到的信号转变成声音。

另外，按照冯·诺依曼的计算机系统结构，磁盘既属于输入设备，也属于输出设备。这一点按照计算机的工作原理是好理解的。

4. 存储设备

存储设备主要有硬盘、软盘和光盘等。

- 软盘和软盘驱动器。软盘是塑料盘片加一个保护套活动磁盘，用于保存和交换数据。软盘驱动器的作用是读写软盘，软盘只有插入软盘驱动器中才能工作。

- 硬盘和硬盘驱动器。软盘虽携带方便，但由于存储容量少，读写速度慢，因而难以适用大量数据的读写。而硬盘正可以弥补软盘的这个缺点，它具有读写速度快、存储容量大的优点。另外需要指出的是，硬盘及其读写驱动器是全部封闭在一起的，这和软盘不同。
- 光盘和 CDROM 驱动器。CDROM 驱动器是多媒体计算机的必要外部设备，其作用与软盘驱动器差不多，接法也类似于软盘驱动器，不同的是 CDROM 驱动器采用激光扫描的方法从光盘上读取信息。光盘具有存储容量大（每片可达 650MB，现在已经更大）、读取速度快、可靠性高、使用寿命长等特点。

（二）软件组成

软件分为系统软件和应用软件两大类。

1. 系统软件

系统软件包括操作系统和其他一些使用和管理计算机的软件，例如各种语言和它们的汇编或解释、编译程序等。

操作系统是系统软件中最基础的部分，是用户和裸机之间的接口。其作用是使用户更方便地使用计算机，以提高计算机的利用率。操作系统主要完成以下工作。

（1）统一管理计算机中各种软、硬件资源；

（2）合理组织计算机的工作流程；

（3）协调计算机各部分之间、系统与用户之间、用户与用户之间的关系。

2. 应用软件

应用软件是具有特定应用目的的程序组，它是为解决实际工作问题而设计的各种程序，可以帮助用户提高工作质量和效率，如财务管理软件、辅助教学软件和医疗诊断软件等。常用的 Word、Flash 等都属于应用软件。

二、计算机硬件识别

1. 主板

主板是所有计算机配件的总平台，是最复杂的部件。

图 1.2 中，1 是整合音效芯片，2 是 I/O 控制芯片，3 是光驱音源插座，4 是外接音源辅助插座，5 是 SPDIF 插座，6 是 USB 插头，7 是机箱被开启接头，8 是 PCI 插槽，9 是 AGP4X 插槽，10 是机箱前端通用 USB 接口，11 是 BIOS，12 是机箱面板接头，13 是南桥芯片，14 是 IDE1 插口，15 是 IDE2 插口，16 是电源指示灯接头，17 是清除 CMOS 记忆跳线，18 是风扇电源插座，19 是电池，20 是软驱插座，21 是 ATX 电源插座，22 是内存插槽，23 是风扇电源插座，24 是北桥芯片，25 是 CPU 风扇支架，26 是 CPU 插座，27 是 12VATX 电源插座，28 是第二组音源插座，29 是 PS/2 键盘及鼠标插座，30 是 USB 插座，31 是并串口，32 是游戏控制器及音源插座，33 是 SUP_CEN 插座。

图 1.2　主板结构

下面讨论一下主板的主要组成及识别。

（1）主板规格。ATX 板型是目前常见的主板板型，其结构像一块横置的大 AT 板，这样便于 ATX 机箱的风扇对 CPU 进行散热，而且板上的很多外部端口都被集成在主板上，并不像 AT 板上的许多 COM 口、打印口都要依靠连线才能输出。

ATX 大板型

Micro ATX 小板型

图 1.3　ATX 和 Micro ATX 主板

另外 ATX 还有一种 Micro ATX 小板型，它和标准 ATX 的主要区别是扩展能力的不同，它最多可支持 4 个扩充槽，Micro ATX 减小了尺寸，可以安装在较为小巧的 Micro ATX 机箱上，同时还降低了电耗与成本。

此外，Intel 还推出了新型的 BTX 架构，更方便安装，并且具有更好的散热特性，但目前市

场上还不常见。

（2）芯片组。芯片组（Chipset）是主板的核心组成部分，按照在主板上的排列位置的不同，其通常分为北桥芯片和南桥芯片。

- 北桥芯片。北桥芯片（North Bridge Chip）是主板芯片组中起主导作用的也是最重要的组成部分，也称为主桥（Host Bridge）。其中 CPU 的类型、主板的系统总线频率、内存类型、容量和性能、显卡插槽规格都是由芯片组中的北桥芯片决定的。整合型芯片组的北桥芯片还集成了显示核心，一般情况下，芯片组的名称就是以北桥芯片的名称来命名的。

通常北桥芯片位于主板上靠近 CPU 插槽的位置，对于较新型的芯片组，由于北桥芯片的发热量较高，所以在此芯片上常常装有散热片，一般无法直接观察型号，可以通过主板说明书或用软件识别。

- 南桥芯片。南桥芯片位于靠近总线扩展槽的位置。南桥芯片不与处理器直接相连，而是通过一定的方式（不同厂商各种芯片组有所不同）与北桥芯片相连。南桥芯片负责 I/O 总线之间的通信，如 PCI 总线、USB、LAN、ATA、SATA、音频控制器、键盘控制器、实时时钟控制器、高级电源管理等，这些技术相对来说比较稳定，所以，不同芯片组的南桥芯片可能是一样的，不同的只是北桥芯片。

南桥芯片的发展方向主要是集成更多的功能，例如网卡、RAID、IEEE 1394、甚至 WI-FI 无线网络等。相对于北桥芯片来说，南桥芯片数据处理量并不大，所以一般没有散热片。

主板芯片组南桥和北桥结构如下图所示。

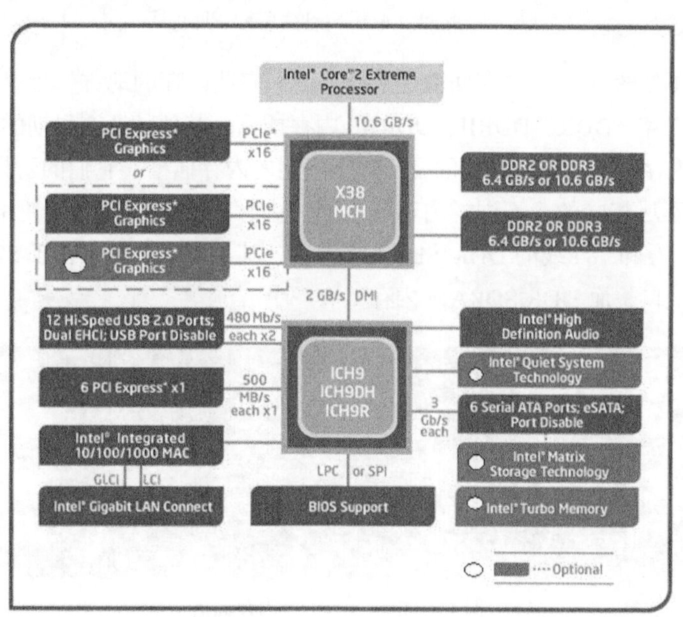

Intel® X38 Express Chipset Block Diagram

到目前为止，全世界能够生产芯片组的厂家有 Intel（美国）、VIA（中国台湾）、SiS（中国台湾）、ULI（中国台湾）、AMD（美国）、NVIDIA（美国）、ATI（加拿大，已被 AMD 收购）、IBM（美国）、HP（美国）等，其中以 Intel 和 NVIDIA 以及 VIA 的芯片组最为常见。目前，大部分主板都是基于 Intel 和 AMD 两家 CPU 来设计的，因此以 CPU 的类型来分，芯片组可以分为 AMD 平台芯片组和 Intel 平台芯片组。

（3）CPU 插座/内存插槽。

- CPU 插座。CPU 插座就是主板上安装处理器的地方。主流的 CPU 插座主要有 Socket T(Socket 775)、Socket 478、Socket 423、Socket A(Socket 462)和 Socket 370 等几种。其中 Socket370 支持的是 PIII 及新赛扬、CYRIXIII 等处理器；Socket 423 用于早期 Pentium 4 处理器；而 Socket T、Socket 478 则用于目前主流 Pentium 4 处理器。

Socket A 支持的是 AMD 的毒龙及速龙等处理器。另外还有的 CPU 插座类型为支持奔腾/奔腾 MMX 及 K6/K6-2 等处理器的 Socket7 插座；支持 PII 或 PIII 的 SLOT 1 插座及 AMD ATHLON 使用过的 SLOT A 插座等。

一般来说，CPU 插座是主板上最大的插座。在插座底部有插座标识，图 1.4 所示中的左图是 AMD 速龙等 CPU 使用的 Socket A(Socket 462)，右图是 Socket 478，用于插接 Pentium 4 处理器。

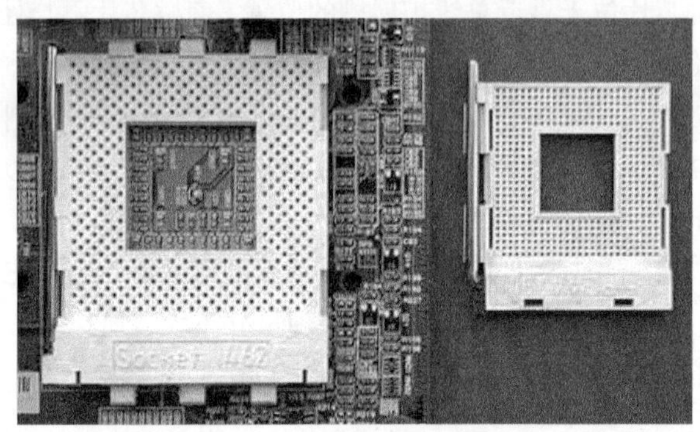

图 1.4　Socket A 和 Socket 478 CPU 插座

- 内存插槽（见图 1.5）。内存插槽是主板上用来安装内存的地方。目前常见的内存插槽为 SDRAM 内存、DDR、DDRII、DDRIII 内存插槽，其他的还有早期的 EDO 和非主流的 RDRAM 内存插槽。需要说明的是，对于不同的内存插槽，它们的引脚、电压以及性能、功能都是不尽相同的，不同的内存在不同的内存插槽上不能互换使用。对于 168 线的 SDRAM 内存和 184 线的 DDR SDRAM 内存，其主要外观区别在于 SDRAM 内存金手指上有两个缺口，而 DDR SDRAM 内存只有一个。

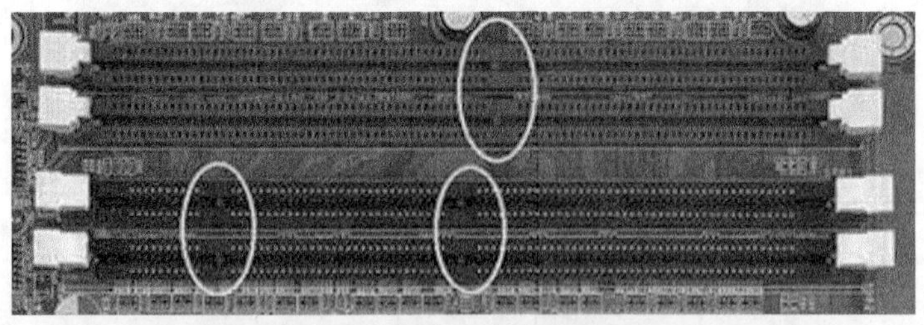

图 1.5　SDR 和 DDR 内存插槽

内存插槽一般有 2 至 4 条，图 1.5 中的上图为 184 线的 DDR SDRAM 插槽，下图为 168 线的 SDRAM 插槽。现在的主板提供 240 线 DDRII SDRAM 插槽，形状与图 1.5 中的上图相似，要注意区分。

（4）总线扩展槽。

- PCI 总线插槽。PCI（Peripheral Component Interconnect）总线插槽是由 Intel 公司推出的一

种局部总线。它定义了 32 位数据总线，且可扩展为 64 位。它为显卡、声卡、网卡、电视卡、MODEM 等设备提供了连接接口，它的基本工作频率为 33MHz，最大传输速率可达 132Mbit/s。

图 1.6 中的白色插槽即为常用的 32 位、33MHz 的 PCI 插槽。64 位的 PCI 总线插槽常见于服务器主板。

图 1.6　总线扩展槽

- PCI Express 插槽。PCI Express（简称 PCI-E）是一种新兴技术，和 PCI 不同的是，它实现了传输方式从并行到串行的转变。PCI Express 采用点对点的串行连接方式，和以前的并行通道大为不同，它允许和每个设备建立独立的数据传输通道，不用再向整个系统请求带宽，这样也就轻松地实现了其他接口设备可望而不可及的高带宽。

PCI Express 接口根据总线接口对位宽的要求不同而有所差异，分为 PCI Express 1X、2X、4X、8X、16X 甚至 32X，因此 PCI Express 的接口长短也各不相同。1X 最小，其带宽为 256Mbit/s，往上则越大，带宽也相应成倍提高。同时 PCI Express 不同接口还可以向下兼容其他 PCI Express 小接口的产品，即 PCI Express 4X 的设备可以插在 PCI Express 8X 或 16X 上进行工作。

另外，PCI Express 还支持全双工传输方式，因此 PCI Express16X 图形接口将包括它的两条通道，一条可由显卡单独到北桥，而另一条则可由北桥单独到显卡，每条单独的通道均将拥有 4Gbit/s 的数据带宽，可充分避免因带宽所带来的性能瓶颈问题。

图 1.6 中的黑色短插槽为 PCI Express 1X，可以支持普通扩展卡，长槽为 PCI Express 16X，一般用于连接显卡。

- AGP 插槽。AGP（Accelerated Graphics Port，图形加速端口）是专供 3D 加速卡（3D 显卡）使用的端口。它直接与主板的北桥芯片相连，且该接口使视频处理器与系统主内存直接相连，避免经过窄带宽的 PCI 总线而形成系统瓶颈，同时增加 3D 图形数据传输速率，另外，在显存不足的情况下还可以调用系统主内存，所以它拥有很高的传输速率，这是 PCI 等总线无法与其相比拟的。AGP 接口主要可分为 AGP1X/2X/PRO/4X/8X 等类型。

在主板中 AGP 插槽只能有一条，其位于最靠近 CPU 的位置。图 1.7 中的棕色插槽即为 AGP 插槽。

图 1.7　AGP Pro 插槽

（5）硬盘/光驱/软驱接口。

- IDE 接口。IDE 接口是用来连接硬盘和光驱等设备而设的。主流的 IDE 接口有 ATA33/66/100/133。ATA 33 又称 Ultra DMA/33，它是一种由 Intel 公司制定的同步 DMA 协定。传统的 IDE 传输使用数据触发信号的单边来传输数据，而 Ultra DMA 在传输数据时使用数据触发信号的两边，因此它具备 33Mbit/s 的传输速率。

ATA 66/100/133 是在 Ultra DMA/33 的基础上发展起来的，它们的传输速率可分别达到 66Mbit/s、100Mbit/s 和 133Mbit/s，若要想达到 66Mbit/s 左右的速度除了主板芯片组的支持外，还要使用一根 ATA66/100 专用 40PIN 的 80 线的专用 EIDE 排线。

一般情况下 ATA 33 插槽为黑色，按照 PC 99 规范，ATA 66/100/133 为蓝色（也有少数厂商使用黑色甚至黄色）。图 1.8 中所示的插槽即为 ATA 66/100/133 插槽。

- Serial ATA。现在很多新型主板（如 I865 系列等）都提供了一种 Serial ATA 即串行 ATA 插槽，它是一种完全不同于并行 ATA 的新型硬盘接口类型，它用来支持 SATA 接口的硬盘，其传输速率可达 150Mbit/s。与 IDE 插槽相比，Serial ATA 插槽更加短小。

图 1.8　IDE 插槽

图 1.9　SATA 插槽

- 软驱接口。软驱接口共有 34 根针脚，用来连接软盘驱动器，它的外形比 IDE 接口要短一些，如图 1.10 所示。

（6）电源插口及主板供电部分。电源插座主要包括 AT 电源插座和 ATX 电源插座两种，有的主板上同时具备这两种插座。AT 插座应用已久，现已淘汰；而采用 20 口的 ATX 电源插座采用了防插反设计，不会像 AT 电源那样因为插反而烧坏主板。除此而外，在电源插座附近一般还有主板的供电及稳压电路。电源接口如图 1.11 所示。

图 1.10 软驱插槽

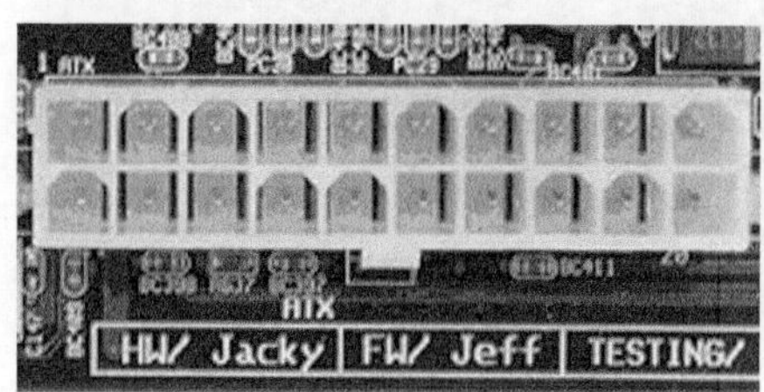

图 1.11 主板电源接口

主板的供电及稳压电路也是主板的重要组成部分，它一般由电容、稳压块或三极管、场效应管、滤波线圈、稳压控制集成电路块等元器件组成。此外，P4 主板上一般还有一个 4 口专用 12V 电源插座。

（7）BIOS 及 CMOS 电池。BIOS（Basic Input/Output System）基本输入输出系统是一块装入了启动和自检程序的 EPROM 或 EEPROM 集成块。实际上它是被固化在计算机 ROM（只读存储器）芯片上的一组程序，为计算机提供最低级的、最直接的硬件控制与支持。除此而外，在 BIOS 芯片附近一般还有一块电池组件，它为 BIOS 提供了启动时需要的电流。

主板上的 ROM BIOS 芯片是主板上唯一贴有标签的芯片，一般为双排直插式封装（DIP），上面一般印有“BIOS”字样，另外还有许多 PLCC32 封装的 BIOS，如图 1.12 所示。

图 1.12 BIOS 芯片

早期的 BIOS 多为可重写 EPROM 芯片，上面的标签起着保护 BIOS 内容的作用，因为紫外线照射会使 EPROM 内容丢失，所以不能随便撕下。现在的 ROM BIOS 多采用 Flash ROM（快闪可擦可编程只读存储器），通过刷新程序，可以对 Flash ROM 进行重写，方便地实现 BIOS 升级。

为方便维修和升级，BIOS 芯片一般采用可拆卸设计。

（8）机箱前置面板接头。机箱前置面板接头是主板用来连接机箱上的电源开关、系统复位、

硬盘电源指示灯等排线的地方。一般来说，ATX 结构的机箱上有一个总电源（Power SW）的开关接线，它是一个两芯的插头，和 Reset 的接头一样，按下时短路；松开时开路；按一下，计算机总电源就被接通了；再按一下就关闭。

对于硬盘指示灯的两芯接头，一线为红色。在主板上，这样的插针通常标着 IDE LED 或 HD LED 的字样，连接时要红线对应到 1 的位置。该线接好后，当计算机在读写硬盘时，机箱上的硬盘的灯会亮。电源指示灯一般为两芯或三芯插头，使用 1、3 位，1 线通常为绿色。

图 1.13　前置面板接头

在主板上，插针通常标记为 Power LED，连接时注意绿色线应对应于第一针（+）。当它接好后，计算机一打开，电源灯就一直亮着，指示电源已经打开了。而复位（Reset）接头要接到主板上 Reset 插针上。主板上 Reset 针的作用是这样的：当它们短路时，计算机就重新启动。而 PC 喇叭通常为四芯插头，但实际上只用 1、4 两根线，一线通常为红色，它接在主板 Speaker 插针上。在连接时，注意红线应对应 1 的位置。

（9）主板外部接口。ATX 主板的外部接口都是统一集成在主板后半部的。现在的主板一般都符合 PC'99 规范，也就是用不同的颜色表示不同的接口，可以避免接错。一般键盘和鼠标都是采用 PS/2 圆口，只是键盘接口一般为蓝色，而鼠标接口一般为绿色，便于区别。而 USB 接口为扁平状，可接 MODEM、光驱、扫描仪等 USB 接口的外设。串口可连接 MODEM 和方口鼠标等，而并口一般连接打印机。

通过外部接口可以辨别主板集成了哪些输入/输出功能。例如图 1.14 中主板除了提供 PS/2 键盘鼠标、两个 USB 接口、一个串行口、一个并行口外，还集成了声卡接口、一个 RJ45 网卡接口和两个 IEEE 1394 接口。

（10）主板上的其他主要芯片。除以上这些之外主板上还有很多重要芯片，如下所示。

- I/O 控制芯片。I/O 控制芯片（输入/输出控制芯片）提供了对并串口、PS2 口、USB 口以及 CPU 风扇等的管理与支持，如图 1.15 所示。常见的 I/O 控制芯片有华邦电子（WINBOND）的 W83627HF、W83627THF 系列等，其最新的 W83627THF 芯片为 I865/I875 芯片组提供了良好的支持，除可支持键盘、鼠标、软盘、并列端口、摇杆控制等传统功能外，更创新地加入了多样新功能，例如，针对 Intel 下一代的 Prescott 内核微处理器，提供了符合 VRD10.0 规格的微处理器过电压保护，这样就可避免微处理器由于工作电压过高而造成烧毁的危险。

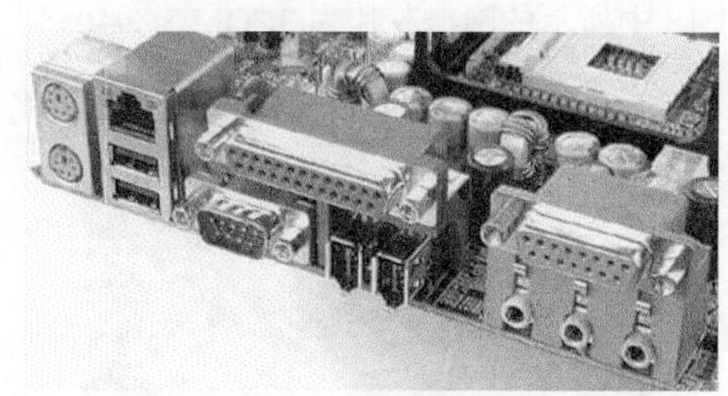

图 1.14 主板外部接口

图 1.15 I/O 控制芯片

此外，W83627THF 芯片内部硬件监控的功能也同时大幅提升，除可监控 PC 系统及其微处理器的温度、电压和风扇外，在风扇转速的控制上，更提供了线性转速控制以及智能型自动控转系统，相较于一般的控制方式，此系统能使主板完全线性地控制风扇转速，以及选择让风扇是以恒温或是定速的状态运转。这两项新加入的功能，不仅能让使用者更简易地控制风扇，并延长风扇的使用寿命，更重要的是还能将风扇运转所造成的噪声减至最低。

- 频率发生器芯片。主板电路由多个部分组成，每个部分完成不同的功能，而各个部分由于存在自己的独立的传输协议、规范、标准，因此它们正常工作的时钟频率也有所不同，例如 CPU 的 FSB 可达上百兆，I/O 口的时钟频率为 24MHz，USB 的时钟频率为 48MHz。因此这么多组的频率输出，不可能单独设计，所以主板上都采用专用的频率发生器芯片来控制。频率发生器芯片的型号非常繁多，其性能也各有差异，但是基本原理是相似的，图 1.16 所示即为一款频率发生器。

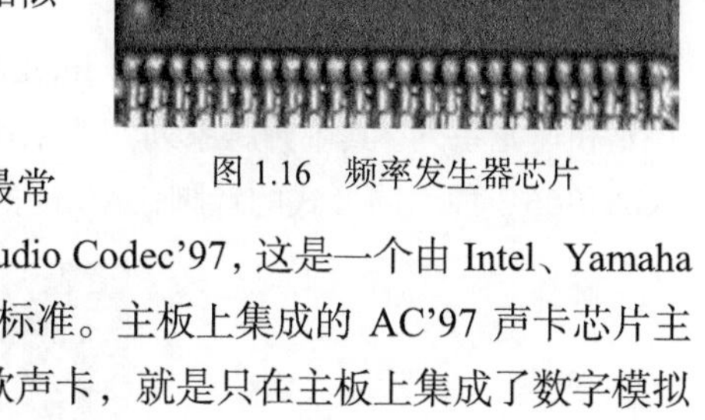

图 1.16 频率发生器芯片

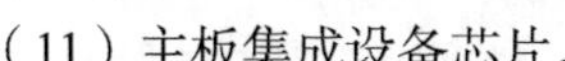

（11）主板集成设备芯片。

- AC'97 声卡芯片。现在多数主板都集成了声卡，最常见的就是所谓 AC'97 软声卡。AC'97 的全称是 Audio Codec'97，这是一个由 Intel、Yamaha 等多家厂商联合研发并制定的一个音频电路系统标准。主板上集成的 AC'97 声卡芯片主要分为软声卡和硬声卡芯片两种。所谓 AC'97 软声卡，就是只在主板上集成了数字模拟信号转换芯片（Codec），而声卡的控制电路被集成到北桥中，这样会加重 CPU 少许的工作负担。

常见的 Codec 厂商有 RealTek（如 ALC201、ALC650）、Analog Devices（如 AD1885 等）、SigmaTel（如 STAC9721）、VIA（如 VT1616）。

此外，还有许多主板集成所谓的硬声卡，是指在主板上集成了一个声卡芯片（如创新 CT5880 和支持 6 声道的 CMI8738 等），这个声卡芯片提供了独立的声音处理，最终输出模拟的声音信号。这种硬声卡芯片相对于软声卡芯片在成本上稍贵，但对 CPU 资源的占用很小。

集成声卡一般在总线扩展槽附近，临近外部接口的位置。图 1.17 所示中的声卡为 ALC650 Codec 芯片。

- 网卡芯片。网卡也是常见的集成设备。在主板上常见的整合网卡所选择的芯片主要有 10/100M 的 RealTek 公司的 8100（8139C/8139D 芯片）系列芯片及威盛网卡芯片等。除此之外，一些中高端主板还另外装载有 Intel、3COM、Alten 和 Broadcom 的千兆网卡芯片等，

如 Intel 的 i82547EI、3COM 3C940 等。

集成网卡芯片一般也在总线扩展槽附近。图 1.18 中所示的网卡芯片为 3COM 3C940。

图 1.17　ALC Codec

图 1.18　3COM 网卡芯片

- IDE 阵列芯片（见图 1.19）。一些主板采用了额外的 IDE 阵列芯片提供对磁盘阵列的支持，其采用 IDE RAID 芯片主要有 HighPoint、Promise 等公司的产品的功能简化版本。例如 Promise 公司的 PDC20276/20376 系列芯片能提供支持 0，1 的 RAID 配置，具有自动数据恢复功能；美国高端 HighPoint 公司的 RAID 芯片，如 HighPoint HPT370/372/374 系列芯片及 SILICON SIL312ACT114 芯片等。

磁盘阵列芯片一般位于南桥附近。

图 1.19　IDE 阵列芯片

2. CPU

现在流行的 CPU 主要有两种 Intel 的酷睿、奔腾系列和 AMD 的弈龙和速龙系列。其中奔腾系列一般采用 LGA 775 针脚；酷睿系列一般采用 LGA 775、LGA1156、LGA1366 3 种不同形式的针脚；AMD 的羿龙和速龙系列一般有 AM3（938）针脚。

图 1.20　AMD Athlon 3200+的标识

通过主板 CPU 插座首先可以确定 CPU 所属的系列，而后可以通过 CPU 上的标识来确定 CPU 的类型。一般说来，标识的第一行表明了 CPU 的厂商、型号，第二行提供了 CPU 的其他参数，例如主频、外频、工作电压、L2 Cache 容量等信息。

（1）常见 Intel 的 CPU 型号。Intel 的处理器在个人计算机市场上最为常见，其处理器分为不同系列，例如奔腾、酷睿 2、酷睿 i3、酷睿 i5、酷睿 i7 等，同系列的各个型号用频率、数字、字母等来加以区分，其命名有一定规则，掌握这些规则，可以在一定程度上了解 Intel 处理器的技术特性。这里仅介绍桌面平台（台式机处理器），而移动平台和服务器平台不做介绍。

①奔腾系列都采用一位字母+4 位数字的方式来标注，形式是 EXXXX 或 GXXXX，例如 E5400 采用 45 纳米技术、CPU 接口 LGA775、主频 2.7GHz、二级缓存 2MB、前端总线频率 800MHz，

G6950 采用 32 纳米技术、CPU 接口 LGA1156、主频 2.8GHz、二级缓存 512KB、三级缓存 3MB、前端总线频率 1066MHz。

②酷睿是 Intel 推出的新一代基于 Core 微架构的产品体系统称。它是一个跨平台的构架体系，包括服务器版、桌面版、移动版三大领域。采用了革命性的微架构，具备了睿频加速、超线程以及增强型的英特尔智能高速缓存与控制器等多项技术。

其中酷睿 i7 及酷睿 i5-700 系列均采用了原生四核心设计。通过对超线程技术的支持与否而划分定位，同时还将三级缓存引入其中。其 L1 缓存的设计与酷睿微架构相同，而 L2 缓存则采用超低延迟的设计，不过容量大大降低，每个内核仅有 256KB，新加入的 L3 缓存采用共享式设计。LGA1156 接口酷睿 i7/i5 处理器与目前市场中的 LGA1366 酷睿 i7 系列相同，均配备了 8MB 的三级缓存。而新酷睿家族中的酷睿 i5-600 系列与酷睿 i3 系列产品则是采用了原生双核，通过睿频加速技术的支持与否来划分产品的定位。

与之前的芯片相比，这一系列 Intel 的 32 纳米新品增加了图形处理功能，即实现 CPU+GPU 的整合，历史性地将显示核心和 CPU 封装到了一起，不但提高了个人计算机的兼容性稳定性，同时令高清电影的播放更加流畅，画面颜色更栩栩如生。同时，游戏运行效率也会高于以往的集成显卡。

新酷睿产品相比较于之前的酷睿家族产品，最大的区别是制程工艺上的改进，即从 45nm 过渡到 32nm，芯片性能达到近 50%的提升。全新的英特尔酷睿 i7/i5 处理器都拥有独特的英特尔睿频加速技术，能够根据工作负载动态智能地调节频率和性能，在工作量较大时能实现按需提升频率自动加速，可自如应对用户工作、娱乐、生活的万变需求。英特尔超线程技术则是用于英特尔酷睿 i7/i5/i3 处理器，通过让每个内核同时运行双重任务，实现高效、智能的多任务处理，从而呈现令人惊叹的相应速度与性能；在同步进行多任务处理的同时，还与业内领先的能效表现之间形成完美的平衡。

目前市场上 Intel 各个系列处理器的参数对比表如表 1.1 所示。

表 1.1 目前市场上 Intel 各个系列处理器的参数对比表

CPU 系列	制程（nm）	接口	二级缓存	三级缓存	前端总线（MHz）	核心数
奔腾 E5 系列	45	LGA775	2MB	无	800	2
奔腾 E6 系列	45	LGA775	2MB	无	1066	2
奔腾 G6 系列	32	LGA1156	512KB	3MB	1066	2
酷睿 2 E7 系列	45	LGA775	3MB	无	1066	2
酷睿 2 Q8 系列	45	LGA775	4MB	无	1333	4
酷睿 2 Q9 系列	45	LGA775	6MB	无	1333	4
酷睿 i3 系列	32	LGA1156	512KB	4MB		2
酷睿 i5-6 系列	32	LGA1156	512KB	4MB		2
酷睿 i5-7 系列	45	LGA1156	512KB	8MB		4
酷睿 i7-8 系列	45	LGA1156	1MB	8MB		4
酷睿 i7-9 系列	45	LGA1366	1MB	8MB		4
酷睿 i7-9 X 系列	32	LGA1366	1.5mb	12MB		6

注：酷睿 i3 和酷睿 i5-6 的最大区别在于 i5 支持 CPU turbo boost 功能，即酷睿加速功能，CPU 会根据需要自动超频，而无须外界控制，酷睿 i7 系列 CPU 支持内存 3 通道。

（2）AMD 的 CPU 型号。早期的 CPU 名称都是直接以实际频率来标示的，后来 AMD 率先将 CPU 名称以 PR 值标示，例如 Athlon64X24200+，不过这个计算标准一改再改，让用户对 CPU 的命名规律感到模糊。Intel 最终也改掉了直接以频率标示的方法，可见，CPU 的主频并不是衡量 CPU 性能的主要标准。

目前市场上 AMD 各个系列处理器的参数对比表如表 1.2 所示。

表 1.2　　目前市场上 AMD 各个系列处理器的参数对比表

CPU 系列	制程（nm）	接口	二级缓存	三级缓存	核心数
速龙 II X2	45	AM3	2MB	无	2
速龙 II X3	45	AM3	1.5MB	无	3
速龙 II X4	45	AM3	2MB	无	4
羿龙 II X2	45	AM3	1MB	6MB	2
羿龙 II X4	45	AM3	2MB	6MB	4
羿龙 II X6	45	AM3	3MB	6MB	6

注：速龙 II 与弈龙的最大区别在于，弈龙加入了三级缓存设计。实质上速龙 II 是弈龙 II 系列为了降低生产成本而产生的精简版。

AMD“K8 架构”统一了桌面、移动和服务器处理器，同时还“统一”CPU 接口为 Socket AM2。AMD “K8 架构” 处理器升级到 AM2 接口以后，仍然整合了内存控制器，AMD 平台芯片组主要是 NVIDIA 推出的 nForce500 和威盛的 K8T900/K8T890，AMD 也在 2006 年推出的新一代处理器中加入了 DDRⅡ内存的支持，于是 940 针脚的 SocketAM2 平台应运而生。在 2006 年 5 月前后，AMD 发布了 AM2 接口的 Athlon64FX、Athlon64X2、Athlon64 和 Sempron 多款处理器。AM2 接口的 Athlon64 系列除了 VirtualzationTechnology（虚拟多操作系统运行）以外，微处理架构几乎不变。

在 2007 年 9 月间，AMD 发布了 Barcelona 核心的双核处理器和用于服务器的四核处理器——Barcelona（巴塞罗那），同时转入 65nm 的制程生产，同时 Barcelona 核心也大规模生产，除了生产以传统方法命名的 CPU 外，还有命名为 AthlonX2BE-2300、AthlonX2BE-2500 的新 CPU，这两款处理器采用 65nm 应变硅（DSL）、绝缘硅（S01）工艺，其功耗只有 45W，主频为 1.9GHz 和 2.1GHz，且支持 1GHzHT 总线频率。

自此之后，AMD 开始步入 K10 时代，推出其新核心——Phenom（飞龙）。Phenom 处理器由 3 部分组成：双路四核心 PhenomFX(AgenaFX)、四核心 PhenomX4(Agena)、双核心 Phenom X2(Kuma)。它们的架构都源自于服务器的 Barcelona Opteron，Phenom X4 主频 2.7～2.9GHz，功耗为 120W 左右；PhenomX2 主频为 2.0～2.9GHz，功耗为 90W 左右。

随着技术的进步，AMD 也紧跟着时代的步伐，推出了新一代的 CPU，那就是 2009 年的新主角——Phenom Ⅱ。

相比第一代的 Phenom，Phenom Ⅱ最大的改进是采用了 45nm 制作工艺，完全解决了 Phenom 发热量、功耗控制不理想的问题，实现降低能量消耗的同时，大幅提升性能，从而获得更好的能耗比，这也是 Phenom Ⅱ的设计理念。在规格改进上，Phenom Ⅱ基于改进的 Stars 核心架构，核心频率高达 3G，三级缓存从 2MB 增加到 6MB，Cool ‘n’ Quiet 技术提升到 3.0。

在 AMD Phenom X4 发布时，AMD 就宣布了 K10 架构“Stars”核心设计的 5 个要素：（1）首款真四核台式机处理器；（2）完整的 DDR2 双通道内存控制器，最高支持 DDR2 1066；（3）共享三级缓存；（4）HyperTransport 3.0 总线设计；（5）Cool‘n’Quiet 2.0 技术。而“Stars”核心包括的功能有 AMD 宽浮点加速器（Wide Floating Point Accelerator）、AMD 内存优化技术、共享三级缓存的平衡智能缓存（Balanced Smart Cache）、可独立控制每核心 AMD 宽浮点加速器频率的双动态电源管理（Dual Dynamic Power Management）。图 1.21 所示为一款 AMD Athlon 64X2 5000+的 CPU。

3. 内存条

从计算机诞生开始，内存的发展可谓是千变万化。下面首先着重介绍内存的种类及其外观，方便大家对它们进行分辨，这也是大家在装机过程中必须了解的。从内存形态上看，常见的内存有 SDRAM、DDR RAM、Rambus DRAM，如图 1.22 所示。从外观上看，它们之间的差别主要在于长度和引脚的数量以及引脚上对应缺口的不同。

图 1.21　一款 AMD Athlon64X2 5000+的 CPU

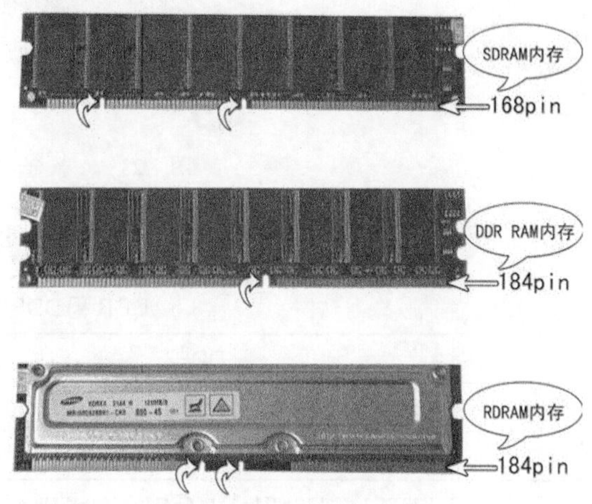

图 1.22　内存条

常见到的 SDRAM 内存具有 168 个引脚，引脚上有两个不对称的缺口。在 SDRAM 内存的两侧还可以发现各有一个缺口。如果是 PC100/133 SDRAM，则会在内存条上包含一个 8 针的 SPD 芯片，这是识别 PC100/133 内存的一个必要条件和重要标志。

从外形上看，DDR RAM 和传统的 SDRAM 区别并不是很大，它们的金手指具有相同的总长度，但是 DDR RAM 内存具有 184 个引脚，引脚上也只有一个小缺口。另外，在 DDR RAM 内存的两侧各有两个缺口。

Rambus DRAM（也称为 RDRAM）内存也采用 184 个引脚，但是它的外观和 SDRAM 和 DDR RAM 是完全不同的。首先在 RDRAM 的外面包裹着一层金属屏蔽罩，目的是减少电磁干扰。另外注意它的金手指，在中间的两个缺口附近没有设计引脚。在 RDRAM 内存的两侧各有一个缺口。

目前市场上主流内存为 DDR2、DDR3 型内存，由于计算机升级的需要目前仍然存在一定量的 DDR 型内存。

- DDR Ⅱ内存。随着 CPU 性能的不断提高，人们对内存性能的要求也在逐步升级。不可否认，完全依靠高频率提升带宽的 DDR 迟早会力不从心。

DDR Ⅱ内存是 DDR Ⅰ内存的换代产品，它的工作时钟有 533MHz、667MHz、800MHz、1066MHz 等。虽然 DDR Ⅱ和 DDR 一样都采用了在时钟的上升延和下降延同时进行数据传输的基本方式，但 DDRⅡ拥有两倍于 DDR 的预读取系统命令数据的能力。也就是说，在同样 100MHz 的工作频率下，DDR 的实际频率为 200MHz，而 DDR Ⅱ则可以达到 400MHz。在同等工作频率的 DDR 和 DDRⅡ内存，后者的内存延时要慢于前者。DDR Ⅱ内存采用 1.8V 电压，相对于 DDR 标准的 2.5V 提供了更小的功耗与更小的发热量。其实，DDR Ⅱ内存技术最大的突破点不在于两倍的传输能力，而是在采用更低发热量、更低功耗的情况下，DDR Ⅱ可以获得更快的频率提升。图 1.23 所示为一款金士顿 DDR Ⅱ内存。

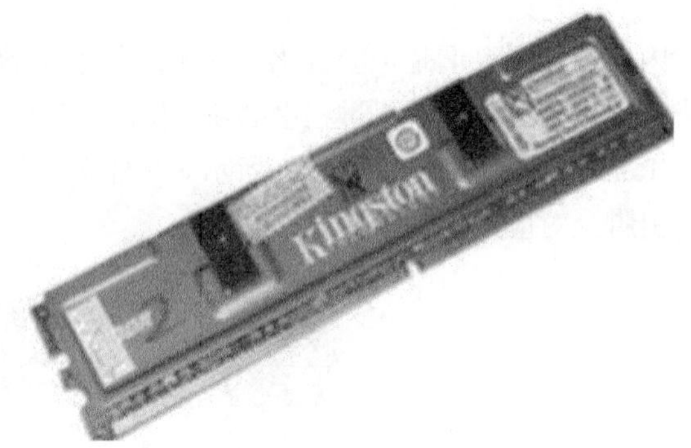

图 1.23　一款金士顿 DDRⅡ内存

为了便于比较，表 1.3 列出了 DDR 和 DDR Ⅱ技术对比的数据。

表 1.3　DDR 和 DDR II 技术对比

	DDR	DDR II
规格	DDR 200、DDR 333、DDR 266、DDR 400	DDR II 400/DDR II 533/DDR II 667/DDR II 800
内存频率	100MHz、133MHz、166MHz、200MHz	100MHz、133MHz、166MHz、200MHz
总线频率	100MHz、133MHz、166MHz、200MHz	200MHz、266MHz、333MHz、400MHz
传输标准	PC1600、PC2100、PC2700、PC3200	PC2 3200、PC2 4300、PC2 5300、PC2 6400
数据传输率	1600MB/s、2100MB/s、2700MB/s、3200MB/s	3200MB/s、4300MB/s、5300MB/s、6400MB/s
CAS Latency	1.5、2、2.5	3、4、5
封装形式	TSOP	FBGA
发热量	较大	较小
针脚数	184 针	240 针

- DDR3 内存。DDR3 比 DDR2 频率高，速度快，容量大，性能好。DDR3 内存相对于 DDR2 内存，其实只是规格上的提高，并没有真正地全面更新架构。DDR3 接触针脚数目与 DDR2 皆为 240pin。但是防呆的缺口位置不同。DDR3 在大容量内存的支持较好，而大容量内存的分水岭是 4GB 这个容量，4GB 是 32 位操作系统的执行上限（不考虑 PAE 等的内存映像模式，因这些 32 位元元延伸模式只是过渡方式，会降低效能，不会在零售市场成为技术主流。当市场需求超过 4GB 时，64 位 CPU 与操作系统就是唯一的解决方案，此时也

就是 DDR3 内存的普及时期。

与 DDR2 相比，DDR3 具有如下优点。

- 速度更快：prefetch buffer 宽度从 4bit 提升到 8bit，核心同频率下数据传输量将会是 DDR2 的两倍。
- 更省电：DDR3 Module 电压从 DDR2 的 1.8V 降低到 1.5V，同频率下比 DDR2 更省电，搭配 SRT（Self-Refresh Temperature）功能，内部增加温度 senser，可依温度动态控制更新率（RASR，Partial Array Self-Refresh 功能），达到省电目的。
- 容量更大：更多的 Bank 数量，依照 JEDEC 标准，DDR2 应可出到单位元元 4GB 的容量（亦即单条模块可到 8GB）。而 DDR3 模块容量将从 1GB 起跳，目前规划单条模块到 16GB 也没问题。

图 1.24 就是 3 代内存的“全家照”，从上到下分别是 DDR3、DDR2、DDR。从外观上看，这 3 种不同型的 DDR 内存主要表现在以下几点。

防呆缺口 DDR 内存单面金手指针脚数量为 92 个（双面 184 个），缺口左边为 52 个针脚，制品右边为 40 个针脚；DDR2 内存单面金手指 120 个（双面 240 个），缺口左边为 64 个针脚，缺口右边为 56 个针脚；DDR3 内存单面金手指也是 120 个（双面 240 个），缺口左边为 72 个针脚，缺口右边为 48 个针脚。

DDR 内存的颗粒为长方形，DDR2 和 DDR3 内存的颗粒为正方形，而且体积大约只有 DDR 内存颗粒的 1/3。

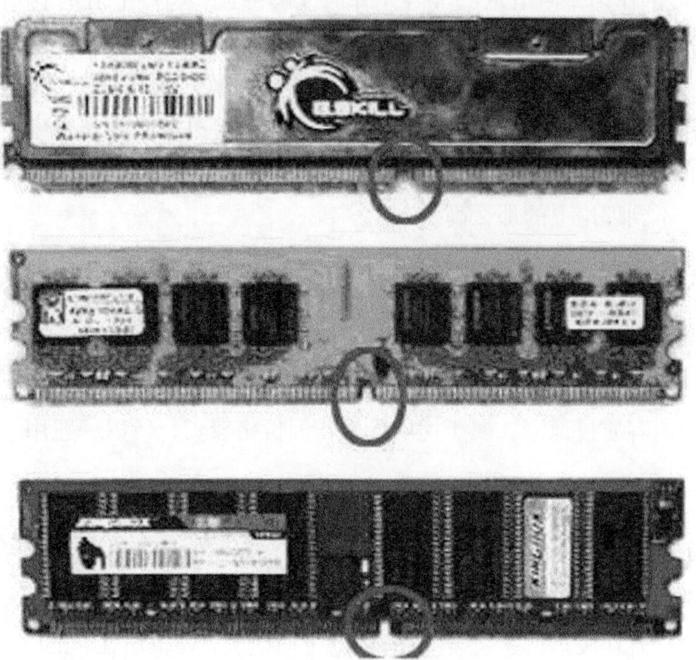

图 1.24　DDR 系列内存

4. 硬盘

硬盘是系统中极为重要的设备，其存储着大量的用户资料和信息。如今的硬盘容量动辄就是

160GB 以上，型号更是五花八门，因此我们有必要了解一些硬盘的基本知识。

（1）硬盘的结构。从接口上看，硬盘主要分为 IDE 接口、SCSI 接口和 SATA 接口 3 种类型的硬盘。由于价格原因，普通用户通常只能接触到 IDE 接口和 SATA 接口的硬盘，因此下面我们以 IDE 硬盘为主进行讲解。

① 缓存。这就是我们通常所说的缓存，其实就和内存条上的内存颗粒一样，是一片 SDRAM。缓存的作用主要是和硬盘内部交换数据，我们平时所说的内部传输率其实也就是缓存和硬盘内部之间的数据传输速率。

② 电源接口。和光驱一样，硬盘的电源接口也是由 4 针组成。其中，红线所对应的是+5V 电压输入，黄线对应的是+12V 电压输出。现在的硬盘电源接口都是梯形，不会因为插反方向而使硬盘烧毁。

③ 跳线。跳线的作用是使 IDE 设备在工作时能够一致。当一个 IDE 接口上接两个设备时，就需要设置跳线为“主盘”或“从盘”，具体的设置可以参考硬盘上的说明。

④ IDE 接口。硬盘 IDE 接口是和主板 IDE 接口进行数据交换的通道。我们通常说的 UDMA/33 模式就是指缓存和主板 IDE 接口之间的数据传输率（也就是外部数据传输率）为 33.3MB/s，目前的接口规范已经从 UDMA/33 发展到 UDMA/66 和 UDMA/100。但是由于内部传输率的限制，实际上外部传输率达不到理论上的那么高。

为了使数据传输更加可靠，UDMA/66 模式要求使用 80 针的数据传输线，增加接地功能，使得高速传输的数据不致出错。在 UDMA/66 线的使用中还需要注意的是，其蓝色的一端要接在主板 IDE 口上，而黑色的一端应接在硬盘上。

⑤ 电容。硬盘存储了大量的数据，为了保证数据传输时的安全，需要高质量的电容使电路稳定。这种黄色的钽电容质量稳定，属于优质元件，但价格较贵，所以一般用量都比较少，只是在最需要的地方才使用。

⑥ 控制芯片。硬盘的主要控制芯片负责数据的交换和处理，是硬盘的核心部件之一。硬盘的电路板可以互相更换（当然要同型号的），当硬盘不能读出数据时，只要硬盘本身没有物理损坏且能够加电，我们就可以通过更换电路板的方式来使硬盘“起死回生”。

（2）硬盘参数。现在硬盘厂家主要有 Seagate（西捷）、Western Digital（西部数据）。此外有时也能见到日立、三星、东芝和富士通的硬盘。

- Seagate（西捷）。Seagate 硬盘的编号比较简单，其硬盘型号表示形式为：ST“X,XXXX,XX,XXX”，其识别方法为：“ST+硬盘尺寸+容量+主标识+副标识+接口类型”。
  - ◆ 首先，“ST”代表的是“Seagate”，也就是说是希捷公司的产品。
  - ◆ 第一部分的“X”表示该硬盘的外形和尺寸。

其中，“1”表示尺寸为 3.5 英寸、厚度为 41mm 的全高硬盘；“3”表示尺寸为 3.5 英寸、厚度为 25mm 的半高硬盘；“4”表示尺寸为 5.25 英寸、厚度为 82mm 的硬盘；“5”表示尺寸为 3.5 英寸、厚度为 19mm 的硬盘；“9”表示为尺寸为 2.5 英寸的硬盘。

◆ 第二部分通常由 3 到 4 位数字组成，表示硬盘的容量，单位是 GB。

例如：“160”就是表示该硬盘的容量为 160GB，而“400”或“800”就表示其容量为 400GB 或 800GB 了。

◆ 第三部分的“XX”为硬盘标志。

前一个数字是硬盘缓存容量，如数字“3”则表示该硬盘采用了 8MB 缓存；如数字“4”则表示该硬盘采用了 16MB 缓存；如数字“5”则表示该硬盘采用了 32MB 缓存。

后一个数字是硬盘采用的碟片数，如数字“2”表示该硬盘有两张盘片。

◆ 第四部分由 1 到 3 个数字与字母所组成，表示硬盘接口类型等。

其中数字位表示产品的代数，字母位表示硬盘的接口类型。

一般的桌面 IDE 硬盘较为简单，但如果包括了现在和早期的 SCSI 硬盘，则其含义就变得较为复杂了。

“A”表示为 ATA UDMA/33 或 UDMA/66 IDE 接口。

“AS”表示为 Serial ATA 接口。

“AG”表示为笔记本电脑专用的 ATA 接口。

此外，“N”表示为 50 针 Ultra SCSI 的接口，其数据传输率为 20Mbit/s；“W”表示为 68 针 Ultra SCSI 接口，其数据传输率为 40Mbit/s；“WC”表示为 80 针 Ultra SCSI 的接口，“FC”表示为光纤，可提供高达 100Mbit/s 的数据传输率，并且支持热插拔；“WD”表示为 68 针 Ultra Wide SCSI 的接口；“LW”表示为 68 针 Ultra-2 SCSI（LVD）的接口，“LC”表示为 80 针 Ultra-2 SCSI（LVD）的接口。

我们以 Seagate 酷鱼硬盘“ST31000528AS”为例，通过其编号可以知道该硬盘是希捷公司生产的 3.5 英寸、厚度为 25mm 的半高硬盘，其采用两张硬盘盘片，是 1000GB 的 32MB 缓存的 SATA 硬盘。另外，如果能够看到硬盘上印刷着“7200.12”等字符的，就说明这是希捷新推出的那个硬盘系列。

● Western Digital（西部数据）硬盘。现在西部数据公司以标签颜色来区分不同性能的硬盘产品，分为 Caviar Black 黑版（桌面高性能产品）、Caviar Blue 蓝版（民用高性价比、主流型号）和 Caviar Green 绿版（主打低功耗、低噪音等环保特性）等 3 个系列。

西部数据的编号标注形式因产品系列而异，编号方式显得简洁明了，由 12 个数字或字母组成。在 12 个编号中，前 6 个编号为主编号，后面的 6 个编号为附加编号。其桌面市场的主打系列鱼子酱的标注简单的表示为 WD“XXXX,XX,XX-XX,X,X, XX”，意义为“厂商代号+容量+转速，缓存+接口类型”。可以分为 7 个部分。

◆ “WD”是“Western Digital”的简称，表示其为西部数据公司的产品。

◆ 第一部分的 4 个“X”表示硬盘容量，通常由 2 到 4 位数字组成。“5000”表示硬盘容量为 500GB，当以 TB 为单位时这段编码根据硬盘所属功能版本会有一点不同，如 1TB 绿版为“10”；1TB 黑版为“100X”；2TB 绿版为“20”；2TB 黑版为“200X”（X 是一个非零数字）。

◆ 第二部分的“XX”表示硬盘产品名称，例如市场上常见的“AA”就是西部数据代号为鱼子酱的硬盘产品，主要应用于民用台式机，通过这个表示可以确定该硬盘的应用领域。

◆ 第三部分的“XX”表示硬盘的产品系列名称。

其中蓝版拥有 BB、JB、KB、JS、KS 等系列，绿版有 CS、DS、VS 等系列，黑版有 LS 系列（具有双控制芯片、32MB 缓存、厂家 3 年全免质保等特点）。

“A”表示为 Ultra ATA/66 或更早期的接口类型；“B”表示为 Ultra ATA/100；“W”表示应用于 A/V（数码影音）领域的硬盘；“D”表示为 SATA 接口；S 表示为 SATA2 接口；X 表示为 SATA3 接口。

◆ 第四部分的两个“X”表示为 OEM 客户标志。

如今西部数据面向零售市场的产品，其两个编号都是为数字“00”。如果作为其他字符，则为 OEM 客户的代码，不同的编号对应不同的 OEM 客户，而这种编号的硬盘通常是不面向零售市场的，可以从这里判断，该硬盘是否为非正规销售渠道流出的水货。

- 第五部分的“X”表示硬盘单碟容量。

“C”代表硬盘单碟容量为 40GB，“D”代表 66GB，“E”代表 83GB。

- 第六部分的“X”表示同系列硬盘的版本代码，该代码随着不同系列而改变。

“A”表示 7200 转/分、Ultra ATA100 接口的 BB 系列；“B”表示 5400 转/分、Ultra ATA66 接口的 AB 系列；“P”表示 5400 转/分、Ultra ATA100 接口的 EB 系列；“R”表示 7200 转/分、Ultra ATA100 接口，且具有 8MB 缓存的 JB 系列。

而在单碟 66GB 和 83GB 的产品中，还出现了“U”、“V”等其他字母，分别对应 JB 系列和 BB 系列产品。

- 最后部分的两个“X”表示为硬盘的 Firmware 版本。

目前常见的一般都是“A0”。

下面以“WD2500JB-00EVA0”的硬盘编号为例，从主编号可以知道这是一块西部数据公司出品的容量为 250GB、7200 转/分并且具有 8MB 缓存的硬盘。从后面的附加编号还可以看出这是西部数据面向零售市场、单碟容量为 83GB 的产品。其实，笔者认为对一般消费者来说，买西数硬盘看前面的主编号就可以得知性能了，若加上了后面的 6 位附加编号反而还增加了难度。

对于现在西部数据公司新推出的 Serial ATA150 接口的硬盘，如主编号为“WD2500JD”，我们就可以知道它是转速为 7200 转/分、数据缓存为 8MB、采用接口为 Serial ATA150 接口的硬盘。还有对于西部数据公司最高端桌面硬盘 Raptor（猛禽）系列，其主编号“WD740GD”亦代表了大部分的信息，其“容量为 74GB、转速拥有 10000 转/分、数据缓存为 8MB、采用 Serial ATA150 接口”的这些信息我们也可以轻易地看出来。例如，“WD5000AAKS”表示西部数据公司生产的容量为 500GB 的硬盘，隶属于中流市场使用的蓝盘系列。

准备知识（二） 计算机硬件性能指标

【主要内容】

- 计算机硬件的性能指标。
- 计算机硬件的选配原则。

【技能要求】

- 根据硬件设备的性能指标区分设备的优劣。
- 合理选配硬件，使计算机性能达到最优。

一、计算机硬件性能指标

每个买计算机的消费者，第一时间要过问的就是它的性能，对于一台计算机来说，性能是否强大是它能否在市场上生存下去的第一要素，那么计算机的性能是由哪些因素决定的呢？下面就列出影响计算机性能的主要技术指标：

（一）CPU 性能指标

1. 主频、外频和倍频

主频也叫时钟频率，单位是 MHz，其用来表示 CPU 的运算速度。一般说来，主频越高，一个时钟周期中完成的指令数也就越多，当然 CPU 的速度也就越快了。例如我们常说的 P4（奔四）1.8GHz，这个 1.8GHz（1800MHz）就是 CPU 的主频。主频=外频×倍频。

此外，需要说明的是，AMD 的 Athlon XP 系列处理器的主频为 PR（Performance Rating）值标称，例如 Athlon XP 1700+和 1800+。举例来说，实际运行频率为 1.53GHz 的 Athlon XP 标称为 1800+，而且在系统开机的自检画面、Windows 系统的系统属性以及 WCPUID 等检测软件中也都是这样显示的。

由于各种 CPU 的内部结构不尽相同，所以并非时钟频率相同性能就会相同。

外频是 CPU 的基准频率，单位也是 MHz。CPU 的外频决定着整块主板的运行速度。也就是说，在台式机中，我们所说的超频，都是超 CPU 的外频（当然一般情况下，CPU 的倍频都是被锁住的），相信这一点是很好理解的。但对于服务器 CPU 来讲，超频是绝对不允许的。

在目前的绝大部分计算机系统中，外频也是内存与主板之间的同步运行的速度，在这种方式下，可以理解为 CPU 的外频直接与内存相连通，实现两者间的同步运行状态。外频与前端总线（FSB）频率很容易被混为一谈，在下面的前端总线内容介绍中我们谈谈两者的区别。倍频则是指 CPU 外频与主频相差的倍数。这三者有十分密切的关系，表示为：主频=外频×倍频。

2. 前端总线（FSB）频率

前端总线（FSB）频率（即总线频率）直接影响 CPU 与内存直接数据交换速度。有一条公式可以计算，即数据带宽＝(总线频率×数据带宽)/8，数据传输最大带宽取决于所有同时传输的数据的宽度和传输频率。例如，现在的支持 64 位的至强 Nocona，前端总线是 800MHz，按照公式，它的数据传输最大带宽是 6.4Gbit/s。

外频与前端总线（FSB）频率的区别为：前端总线的速度指的是数据传输的速度，外频是 CPU 与主板之间同步运行的速度。也就是说，100MHz 外频是指数字脉冲信号在每秒钟震荡一千万次；而 100MHz 前端总线是指每秒钟 CPU 可接收的数据传输量是 100MHz×64bit÷8Byte/bit=800MB/s。

3. CPU 的位和字长

（1）位：在数字电路和计算机技术中采用二进制，代码只有“0”和“1”，其中无论是“0”或是“1”在 CPU 中都是 一“位”。

（2）字长：在计算机技术中对 CPU 在单位时间内（同一时间）能一次处理的二进制数的位数称为字长，所以能处理字长为 8 位数据的 CPU 通常就称为 8 位的 CPU。同理，32 位的 CPU 就能

在单位时间内处理字长为 32 位的二进制数据。字节和字长的区别为：由于常用的英文字符用 8 位二进制就可以表示，所以通常就将 8 位称为一个字节。字长的长度是不固定的，对于不同的 CPU 字长的长度也不相同。8 位的 CPU 一次只能处理一个字节，而 32 位的 CPU 一次就能处理 4 个字节，同理，字长为 64 位的 CPU 一次可以处理 8 个字节。

4. 倍频系数

倍频系数是指 CPU 主频与外频之间的相对比例关系。在相同的外频下，倍频越高 CPU 的频率也越高。但实际上，在相同外频的前提下，高倍频的 CPU 本身意义并不大。这是因为 CPU 与系统之间数据传输速度是有限的，一味追求高倍频而得到高主频的 CPU 就会出现明显的“瓶颈”效应——CPU 从系统中得到数据的极限速度不能够满足 CPU 运算的速度。一般除了工程样版的 Intel 的 CPU 都是锁了倍频的，而 AMD 之前都没有锁。

5. 缓存

缓存大小也是 CPU 的重要指标之一，而且缓存的结构和大小对 CPU 速度的影响非常大，CPU 内缓存的运行频率极高，一般是和处理器同频运作，工作效率远远大于系统内存和硬盘。实际工作时，CPU 往往需要重复读取同样的数据块，而缓存容量的增大可以大幅度提升 CPU 内部读取数据的命中率，而不用再到内存或硬盘上寻找，以此提高系统性能。但是由于 CPU 芯片面积和成本的因素，一般情况下缓存都很小。

（1）L1 Cache（一级缓存）是 CPU 的第一层高速缓存，分为数据缓存和指令缓存。内置的 L1 高速缓存的容量和结构对 CPU 的性能影响较大，不过高速缓冲存储器均由静态 RAM 组成，结构较复杂，在 CPU 管芯面积不能太大的情况下，L1 级高速缓存的容量不可能做得太大。一般服务器 CPU 的 L1 缓存的容量通常在 32 ~ 256KB。

（2）L2 Cache（二级缓存）是 CPU 的第二层高速缓存，分为内部和外部两种芯片。内部的芯片二级缓存运行速度与主频相同，而外部的二级缓存则只有主频的一半。L2 高速缓存容量也会影响 CPU 的性能，原则是越大越好，现在家庭使用 CPU 容量最大的是 512KB，而服务器和工作站上用 CPU 的 L2 高速缓存更高达 256KB ~ 1MB，有的高达 2MB 或 3MB。

（3）L3 Cache（三级缓存），分为两种，早期的是外置的，而现在基本上都是内置的。它的实际作用是，L3 缓存的应用可以进一步降低内存延迟，同时提升大数据量计算时处理器的性能。降低内存延迟和提升大数据量计算能力对游戏都很有帮助。而在服务器领域增加 L3 缓存在性能方面仍然有显著的提升。例如，具有较大 L3 缓存的配置利用物理内存会更有效，故它比较慢的磁盘 I/O 子系统可以处理更多的数据请求。另外，具有较大 L3 缓存的处理器提供更有效的文件系统缓存行为及较短消息和处理器队列长度。

三级缓存其实只是做了个辅助的作用，除了服务器，其实对大多数家庭机没什么作用，内存还是很重要的，但如果运行大型程序或游戏来说三级缓存就显得重要了，目前新型 CPU 已经有三级缓存了。

6. 制造工艺

制造工艺的微米是指 IC 内电路与电路之间的距离。制造工艺的趋势是向密集度越高的方向发展。密度越高的 IC 电路设计，意味着在同样大小面积的 IC 中，可以拥有密度更高、功能更复杂

的电路设计。目前主要包括 90nm、65nm、45nm、32nm。最近 Intel 已经有 32nm 的制造工艺了。

7. 多线程

多线程（Simultaneous multithreading，SMT），它可通过复制处理器上的结构状态，让同一个处理器上的多个线程同步执行并共享处理器的执行资源，可最大限度地实现宽发射、乱序的超标量处理，提高处理器运算部件的利用率，缓和由于数据相关或 Cache 未命中带来的访问内存延时。当没有多个线程可用时，SMT 处理器几乎和传统的宽发射超标量处理器一样。SMT 最具吸引力的是只需小规模改变处理器核心的设计，几乎不用增加额外的成本就可以显著地提升效能。多线程技术则可以为高速的运算核心准备更多的待处理数据，减少运算核心的闲置时间，这对于桌面低端系统来说无疑十分具有吸引力。Intel 从 3.06GHz Pentium 4 开始，部分处理器都将支持 SMT 技术。

8. 多核心

多核心也指单芯片多处理器（Chip multiprocessors，CMP）。CMP 是由美国斯坦福大学提出的，其思想是将大规模并行处理器中的 SMP（对称多处理器）集成到同一芯片内，各个处理器并行执行不同的进程。与 CMP 比较，SMT 处理器结构的灵活性更为突出。但是，当半导体工艺进入 0.18μm 以后，线延时已经超过了门延迟，要求微处理器的设计通过划分许多规模更小、局部性更好的基本单元结构来进行。相比之下，由于 CMP 结构已经被划分成多个处理器核来设计，每个核都比较简单，有利于优化设计，因此更有发展前途。目前，IBM 的 Power 4 芯片和 Sun 的 MAJC5200 芯片都采用了 CMP 结构。多核处理器可以在处理器内部共享缓存，提高缓存利用率，同时简化多处理器系统设计的复杂度。

2005 年下半年，Intel 和 AMD 的新型处理器也采用 CMP 结构。酷睿处理器采用双核心设计，采取 65nm 和 45nm 工艺制造，它的设计绝对称得上是对当今芯片业的挑战。

对于目前的桌面级计算机，双核心处理器已经进入普及阶段，主流市场已进入四核心时代，高端市场已经出现六核心处理器。

（二）内存的性能指标

内存对整机的性能影响很大，许多指标都与内存有关，加之内存本身的性能指标就很多，因此，这里只介绍几个最常用、也是最重要的指标。

1. 速度

内存速度一般用额定可用频率表示，如 DDR400，代表其工作频率为 400MHz，工作频率越高，性能越好。只有当内存与主板速度、CPU 速度相匹配时，才能发挥计算机的最大效率，否则会影响 CPU 高速性能的充分发挥。

2. 容量

内存是计算机中的主要部件，它是相对于外存而言的。而 Windows 系统、打字软件、游戏软件等一般都是安装在硬盘等外存上的，必须把它们调入内存中运行才能使用，例如输入一段文字或玩一个游戏，其实都是在内存中进行的。通常把要永远保存的、大量的数据存储在外存上，而把一些临时或少量的数据和程序放在内存上。内存容量是多多益善，但要受到主板支持最大容

量的限制，即使就目前主流计算机而言，这个限制仍是阻碍。单条内存的容量通常为 128MB、256MB、512MB、1GB、2GB、4GB。

3. 内存电压

SDRAM 使用 3.3V 电压，DDR 使用 2.5V 电压，而 DDR Ⅱ使用 1.8V 电压、DDR3 使用 1.5V 电压。

4. 数据宽度和带宽

内存的数据宽度是指内存同时传输数据的位数，以 bit 为单位；内存的带宽是指内存的数据传输速率。单条 SDRAM、DDR、DDR Ⅱ数据宽度为 64bit。

5. 内存的线数

内存的线数是指内存条与主板接触时接触点的个数，这些接触点就是金手指，如 168 线、184 线和 240 线等。

（三）显卡的性能指标

1. 刷新频率

指图像在屏幕上更新的速度，即屏幕上每秒钟显示全画面的次数，其单位是 Hz。75Hz 以上的刷新频率带来的闪烁感一般人眼不容易察觉，因此，为了保护眼睛，最好将显示刷新频率调到 75Hz 以上。但并非所有的显卡都能够在最大分辨率下达到 75Hz 以上的刷新频率（这个性能取决于显卡上 RAM-DAC 的速度），而且显示器也可能因为带宽不够而不能达到要求。一些低端显卡在高分辨率下只能设置刷新频率为 60Hz。

2. 色彩位数（彩色深度）

图形中每一个像素的颜色是用一组二进制树来描述的，这组描述颜色信息的二进制数长度（位数）就称为色彩位数。色彩位数越高，显示图形的色彩越丰富。通常所说的标准 VGA 显示模式是 8 位显示模式，即在该模式下能显示 256 种颜色；增强色（16 位）能显示 65536 种颜色，也称 64K 色；24 位真彩色能显示 1677 万种颜色，也称 16M 色。该模式下能看到真彩色图像的色彩已和高清晰度照片没什么差别了。另外，还有 32 位、36 位和 42 位色彩位树。

3. 显示分辨率（ResaLution）

是指组成一幅图像（在显示屏上显示出图像）的水平像素和垂直像素的乘积。显示分辨率越高，屏幕上显示的图像像素越多，图像显示也就越清晰。显示分辨率和显示器、显卡有密切的关系。

显示分辨率通常以“横向点数×纵向点数”表示，如 1024×768。最大分辨率是指显卡或显示器能显示的最高分辨率，在最高分辨率下，显示器的一个发光点对应一个像素。如果设置的显示分辨率低于显示器的最高分辨率，则一个像素可能由多个发光点组成。

4. 显存容量

显卡支持的分辨率越高，安装的显存越多，显卡的功能就越强，但价格也必然越高。

5. 显存位宽

显存位宽是显存在一个时钟周期内所能传送数据的位数，位数越大则瞬间所能传输的数据量越大，这是显存的重要参数之一。目前市场上的显存位宽有 64 位、128 位和 256 位 3 种，人们习惯上所说的 64 位显卡、128 位显卡和 256 位显卡就是指其相应的显存位宽。显存位宽越高，性能越好，价格也就越高，因此 256 位宽的显存更多应用于高端显卡，而主流显卡基本都采用 128 位显存。

6. 核心频率

指显示核心的工作频率，其工作频率在一定程度上可以反映出显示核心的性能。

7. 显存频率

是指在默认情况下，该显存在显卡上工作时的频率，以 MHz（兆赫兹）为单位。显存频率在一定程度上反应着该显存的速度。

8. 显示芯片

是指显卡的核心芯片，它的性能好坏直接决定了显卡性能的好坏，它的主要任务就是处理系统输入的视频信息并将其进行构建、渲染等工作。显示主芯片的性能直接决定了显示卡性能的高低。不同的显示芯片，不论内部结构还是其性能都存在着差异，而其价格差别也很大。显示芯片在显卡中的地位，就相当于计算机中 CPU 的地位，是整个显卡的核心。因为显示芯片的复杂性，目前设计、制造显示芯片的厂家只有 Nvidia、ATI、SIS、VIA 等公司。家用娱乐性显卡都采用单芯片设计的显示芯片，而在部分专业的工作站显卡上有采用多个显示芯片组合的方式。

二、装机硬件的选配原则

1. 主板的选择

主板是计算机中最基础的部分，它的好坏直接影响计算机的整体性能，因而主板的选购尤为重要。目前市场上各个品牌、各种型号的主板很多，而且各种新主板、新技术层出不穷，如何才能从众多的主板中挑选到符合自己需要的主板呢?

首先，在选购主板前一定要确认 CPU 的接口型号（在前边介绍的 CPU 封装接口类型），只有在和 CPU 接口匹配的主板中选择才有意义。

其次，目前主板上搭载的内存类型也各不相同，例如搭载 DDR Ⅱ的主板和搭载 DDR 的主板从性能和价格上都是完全不同的，所以选购时要根据自己的实际需要选择搭载的内存类型。下面针对市场上的主流产品介绍几条主板选购的标准。

（1）实际需求。在挑选主板之前，你首先应该明确到底计算机将用于什么用途。单纯的文字

处理的机器和运行图片处理的机器是有很大差别的。一般对于家庭多媒体和简单的商务处理来说，若没有较高的娱乐性要求，可选购一款能够搭配物美价廉的赛扬系列 CPU 的主板，而没有必要选购搭配 Core 2 DUO 的主板。

另外，在选择同样芯片组的主板时也注意一些附带功能，例如是否提供软跳线的技术，是否提供方便快捷的安装与调试系统，以及是否提供较多的外频组合及调节 CPU 核心电压的功能，有些功能对于 DIY 设置很有帮助。

（2）选择好“芯”。主板的功能主要是由它的逻辑电路和芯片组决定的，因此各种主板性能上的差异主要就是因为芯片组的不同，可以说选主板就是选芯片组。下面了解一下如何选购芯片组：

- 应该明确你需要什么功能，以及哪种芯片组能够满足这些功能。
- 要对目前市场上的主流芯片组有个大概的了解（参阅上面芯片系列的介绍）。
- 选择时一定要注意芯片组的稳定性和兼容性的好坏。

（3）升级性和扩充性。现在主板的更新换代的时间越来越短，主板的升级扩展能力就显得尤其重要。一般来说，主板内存和扩展卡插槽越多，兼容的 CPU 型号越多，扩展能力就越好，不过价格也更贵。

（4）售后服务。目前在主板市场上有不下 30 种主板品牌，用户在购买时一定要弄清楚主板是否有良好的售后服务。主板的售后服务主要包括两个方面：及时更新、内容丰富的软件支持和方便快捷的硬件维护。尽量选择一线大厂产品，如华硕、MSI、技嘉等，如果你的资金有限，也可以考虑二线的品牌，如精英、磐正、华擎等。

2. CPU 的选择

现在 CPU 的两大巨头是 Intel 和 AMD，它们的设计方法和架构都不同，它们的性能都各有偏向，总体来说，Intel 的 CPU 比较稳定，一直占 CPU 市场的大部分份额，是消费者装机的首选，目前接口也比较规范，与自己的芯片组搭配，更是绝配，不会产生兼容性问题，很适合新手装机选配。而 AMD 一直是以低价来抢占 Intel 剩下的部分市场，目前从处理器的接口来看，可以说是比较混乱，主板搭配上可能会有些兼容性的问题存在，但其处理器的性能及超频性能却非常不错，选择 AMD 也是一个很好的选择。Intel 的 CPU 在处理多媒体时较 AMD 要强，而 AMD 在浮点运算上胜过 Intel，也就是游戏性能要更好，因此我们可以根据自己的实际需求来选择适合自己的 CPU。

3. 内存的选择

对于选择内存来说，最重要的是容量，秉着够用原则就好，如果是日常网络办公娱乐，256MB 的和 512MB 的差别并不明显，如果是玩游戏或者是做些 3D 处理，才会感觉大容量内存的飞快。对于内存的品牌，内存颗粒，不必过分在意，只要是内存大厂的产品，一般不会出现问题，如 Kinston、Kingmax、Samsung、威刚等品牌都很不错，有的甚至提供终身质保。

（1）在购买一条 DDR 内存之前，首先要弄清楚购买何种主板。因为主板限制了内存的最高速度，要注意主板允许的最高频率是多少、能否超频等相关选项。

（2）要弄明白芯片制造厂商与内存条制造厂商是两个概念。在购买内存常常听说要 HY 的内存，其实这些人所说的 HY 并不是内存条的品牌或生产厂商，而是内存芯片的生产商。

（3）在购买时要遵守三看原则。

① 看品牌。这里指的是内存芯片的品牌，就像其他产品一样，内存芯片的品牌越好，芯片的质量自然也越好，当然价格也会越高。一般大的内存芯片厂都会有严格的检测程序，而且会采取一些特殊的封装形式，由这种芯片制造出来的内存质量自然值得信赖。

② 看类型。基本上分清楚有 184pins 的 DDR 内存条和 240pins 的 DDR 2 和 DDR3 内存条就不会买错了。

③ 看印制电路板（PCB）。内存是由内存芯片和 PCB 组成的，PCB 质量的好坏也就直接影响了内存质量的好坏。一般质量较好的 PCB 都是使用六层板结构且手感较重，外观看上去颜色均匀、表面光滑、边缘整齐无毛边。

4. 显卡的选择

决定显卡性能的三要素首先是其所采用的显示芯片，其次是显存带宽（这取决于显存位宽和显存频率），最后才是显存容量。一款显卡究竟应该配备多大的显存容量才合适是由其所采用的显示芯片所决定的，也就是说显存容量应该与显示核心的性能相匹配才合理，显示芯片性能越高，由于其处理能力越高所配备的显存容量相应也应该越大，而低性能的显示芯片配备大容量显存对其性能是没有任何帮助的，下图为目前最新的显示芯片性能排名。

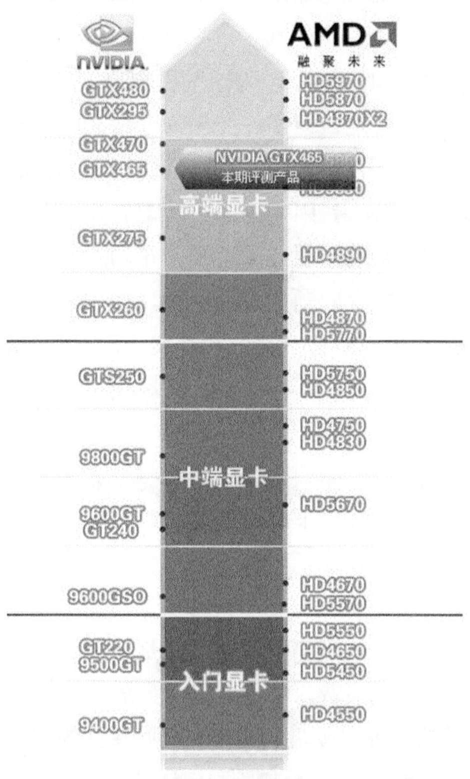

显卡芯片性能排名

显存位宽=显存频率×显存位宽/8

显卡和 CPU 差不多，主流的显卡芯片为 nVIDIA 和 ATI，接口方面同样有两种，AGP 和 PCI-E。如果用户的主板支持 PCI-E 接口，则建议你还是买 PCI-E 接口的显卡，毕竟性能要优于 AGP 的显卡。

如果不考虑价格问题，一般的高档显卡在做工上是不会有什么问题的，选择的依据就是它的附加价值以及个人对品牌的喜好了。但在中低档显卡的选择上就要费心了。低价的显卡一般以价格为优先考虑因素，所以它的用料会差一些，大量的电解电容，用普通电阻代替金属贴片电阻，采用 2 层板设计，并用老旧的机器生产，甚至采用人工插件，所以在选购显卡前应先来了解一下显卡的制造工艺。

（1）设计。产品的设计是决定“做工”好坏的前提。设计直接决定了该产品以后的用料和制造工艺。显卡的设计相较于主板要简单很多，除了驱动程序的优化和软件上的调试外，在硬件方面，布线是决定显卡品质的重点。

（2）用料。产品的用料是反映一款显卡做工好坏最直接的一点。用料的好坏最容易反映出显卡的做工质量。上面介绍过，用料是由设计决定的，采用 4 层或 6 层板设计其实就是用料问题，一般欧美厂商出品的显卡都采用 6 层板设计，优点是设计容易，很少考虑布线的长度一致问题，且电磁兼容性和电磁屏蔽性好，所以欧美大厂设计的显卡比一般的显卡要贵很多。

（3）制造。现在的显卡大厂都已经使用机器摆料和焊接了，所以板上的元器件排列一般都很整齐，但这仅局限于贴片元件，电解电容这些插入式元件难免会东倒西歪，影响外观的整洁，在这一点上全贴片设计的显卡的优势就被充分体现了出来。除了上述因素在选购时还要注意参考以下几点：

① 尽量选购有研发能力的公司的产品，因为这些厂家决不会用不成熟的公板设计，而会进一步改进其线路布局和用料，使之更稳定，但往往产品的上市时间较晚。

② 尽量选购有名牌制造工厂的公司的产品，至少在品质上有保证。

③ 尽量选购主机板厂商生产的显卡，因为他们一般都有很好的条件来测试主板和显卡的兼容性，而且主板厂商往往能很早拿到新的甚至还未正式公布的主板芯片，所以他们生产的显卡对未来的主板兼容性问题较少，且一旦发生问题也容易解决。

④ 有些小的做工方面能反映出设计该产品的用心程度。例如，采用风扇还是散热片，风扇或散热片和显示芯片之间的填充物是什么。不言而喻，用风扇散热，中间填充导热胶的做工一定比用双面胶粘上去的散热片要好很多。

⑤ 千万要注意显卡的金手指部分，做工用料差别很大，从侧面看，做工好的显卡金手指镀得厚，有明显的突起；镀得厚经反复插拔也不易驳落。

5. 硬盘的选择

选购硬盘最关注的当然是容量了，当前主流的已经是 320GB、500GB、1TB，可以根据自己的需要来选择合适的容量，不然大了浪费，小了数据无处放。硬盘是计算机存储系统中最慢的环节，因此内存与 CPU 很多时候都在等待硬盘的操作，可见硬盘的速度直接影响着计算机的整体速度。决定硬盘速度的最大因素就是转速，目前市场上大部分硬盘是 7200 转/分钟，但还有一部分

的硬盘的转速还是 5400 转/分钟，7200 转/分钟的硬盘最高内部传输率比 5400 转/分钟的硬盘快 33%。对于硬盘接口方面，如果你的主板支持 SATA 接口硬盘，首选当然 SATA，速度较快，而且支持热插拔，价格方面只比同容量的 IDE 硬盘高出几十元左右。品牌方面个人比较看好希捷，再就是西部数据、三星、日立。2010 年采用 SATA3 技术的硬盘已经出现在人们的视野，但由于主板支持度和技术成熟度的问题，目前还不是市场的主流。

6. 光驱的选择

现在市场上常见的光驱主要为 CD-ROM、CD-RW 刻录机、COMBO、DVD-ROM、DVD 刻录机、蓝光 COMBO、蓝光光驱以及蓝光刻录机等，它们在功能上多少的关系是，蓝光刻录机>蓝光 COMBO>蓝光光驱>DVD 刻录机＞COMBO＞DVD-ROM＞CD-RW 刻录机＞CD-ROM，用户应根据自己的实际需要来选择。

（1）品牌。一个好的、信得过的品牌是选购一款好 DVD 驱动器的关键因素之一。市面上较常见的厂家品牌主要有索尼、建基、华硕、创新、日立、东芝、先锋、三星、LG 等，每一款都具有相当的竞争力。

（2）倍速。即数据的传输率，这也是大家都要留意的问题。许多刚接触计算机的爱好者经常会问，为什么 DVD 驱动器的倍数同 CD 驱动器相比这么低呀？例如，一款三星 4 倍速 DVD 驱动器，在读取 DVD 盘片时其使用的是 4 倍速，而在读取 CD 盘片时其使用的是 32 倍速。一般来说，4 倍速以上的 DVD 驱动器已是完全够用了，目前主流的 DVD 光驱速度在 16 速以上。

（3）多格式支持。就是指该 DVD 驱动器能支持和兼容读取多少种碟片的问题。一般来说，一款合格的 DVD 驱动器除了要兼容 DVD-ROM、DVD-VIDEO、DVD-R、CD-ROM 等常见的格式外，对于 CD-R/RW、CD-I、VIDEO-CD、CD-G 等都要能很好的支持，当然是能支持的格式越多越好。这一点在选购时要特别留意。

（4）接口方式。DVD 驱动器的接口主要有 IDE 接口和 SATA 接口两种。由于传输速率和主流主板接口类型的限制，没有什么特殊的需求，建议选购一款 SATA 接口的 DVD 光驱。

（5）数据缓存。与 CD 驱动器、硬盘等一样，DVD 驱动器的数据缓存容量的大小也直接影响其整体性能，缓存容量越大，它的 CACHE 的命中率就越高。

（6）DVD 的“区域代码”问题。大家在选购时只要注意购买标有本区代码，也就是中国区域代码的即可，这在 DVD 驱动器的面板上或说明书上一般都有明显的标记或说明。另外，市面上也有一些没有代码，标称可读取全区域码的 DVD 驱动器，它们同只能读取单区域码的 DVD 驱动器价格上差不多，大家也可尽量选购这类 DVD，毕竟它用起来要更为方便。

目前蓝光光驱的技术逐渐成熟，在未来的计算机平台中，采用蓝光技术的光驱将逐渐成为市场的主流。

7. 机箱和电源的选择

机箱的选购原则是结实耐用，不易变形；电源安全可靠，功率大，噪声小；散热良好，可加额外的电扇；内部空间大，尺寸严格，公差小。

配件齐全，指示灯、开关都能正常工作。外形美观大方，符合多数人的审美观点，价格合理。

选购机箱、电源时应注意以下事项：

（1）买机箱首先看电源。品牌很重要，例如金和田、大水牛、银河、长城等都不错。另外，250W并不太重要，因为许多标称250W的还不到230W。目前常见的计算机电源功率从250～400W不等，但是并非电源的功率越大越好，最常用的是300W或350W的。一般要满足整台计算机的供电的需要，最好有一定的功率余量。通过认证越多越好，例如长城、FCC、CE等。输出短路保护和过电压保护一定要有，最好在瞬间断电（0.5s）时还能维持供电。质量不好的电源在+5VSB上提供不了10mA的电流，会造成进入睡眠状态后就“长睡不醒”以及鼠标经常失灵等。

（2）是否具有散热装置。随着硬件的发展，机箱内的硬件功率越来越高，因此，“散热”是一个不可忽视的因素，多风扇系统和自然气流可以提高机箱通风效果，尤其对超频的系统散热更显重要，机箱预留了多个风扇的位置为以后添加风扇留有余地。

（3）机箱的钢板越厚越好，这样主板不易因插卡而变形（主板一旦变形过大，会出现故障）。

（4）在考察机箱用料的同时也要衡量机箱的设计和工艺，一款优秀的机箱除了有扎实的用料外还离不开优良的设计，有的机箱边缘采用折边或特殊的打磨处理使机箱边角钝化，不至于一不小心划伤手。有些机箱改进了传统的螺丝紧固的方式，对DIY经常装卸的部分采用镶嵌式的结构，不用螺丝刀就可以轻松装卸，对于喜欢拆装计算机的用户无疑是一大福音，而且这种结构避免了多次拆卸导致的螺丝滑牙，另外还可以方便临时挂接个硬盘以及更换显卡、CPU等。

（5）看价格，普通机箱的价格一般在200元以下，而高档则在350元以上甚至一两千元的都有，用户可根据自己的需要和承受能力去选择，不推荐用户使用劣质的杂牌机箱。

8. 键盘鼠标的选择

目前在选购键盘、鼠标时人们还存在一定的误区，惟CPU至尊之类的事情屡见不鲜，键盘和鼠标往往属于可忽略的对象，但劣质鼠标和键盘的手感和质量极差，使用寿命短暂且不论，操控不灵的弊端不但令用户心情沮丧，长时间使用很容易造成手部、腕部和肩部疲劳性损伤。

相比之下，设计、做工出色的鼠标和键盘用起来不但是一种享受，而且还能改善工作效果。现在市场上的键盘、鼠标多为中低档产品，导致产品竞相压价，从几十元的到数百元的都有，但整体的产品质量并不高。下面介绍一些常用的选购方法。

（1）操作手感。手感好的键盘除了可以使用户在打字时不至于使手指过于疲劳外，还可以提升用户的输入速度，并养成一种良好的习惯。

（2）键盘做工。作为经常使用的键盘，其做工的好坏直接影响到它的使用寿命以及是否对手指造成伤害。一款做工好的键盘应该是用料讲究、研磨的比较好、无毛刺、无异常凸起、无松动、键帽上的字母印刷清晰以及具有较好的耐磨效果，有些较好的键盘为了防止意外的进水还设置了导水槽，可使键盘免受水的损害。

（3）接口类型。现今的键盘大都为PS/2接口的，市场上也有一部分采用USB接口的。PS/2接口的键盘最为普便，主板上都有支持它的接口；USB键盘属于新生代的品种，它最大的优点就是即插即用，比较方便。

（4）舒适度。目前键盘分为带托盘的键盘、不带托盘的键盘以及人体工程学键盘，带托盘的键盘可以缓解腕部的疲劳，人体工程学键盘是把普通键盘分成两部分，并呈一定角度展开，以适

应人手的角度，输入者不必弯曲手腕，同样可以有效地减少腕部疲劳。

鼠标的选购与键盘差不多，不要贪图便宜买那些杂牌的，好鼠标除了有较高的分辨率外，其设计与附带的软件也十分讲究，这就是为什么一些人不怕价钱贵而非买罗技鼠标的原因了。现在比较流行光电式鼠标，这种鼠标最大的优点就在于它不用像机械式鼠标那样时常需要清洗，比较方便，但光电式鼠标的价格相对于机械式鼠标来说要稍贵一些。

9. 显示器的选择

显示器是计算机和人直接对话的窗口，它的质量直接影响着用户的身体健康。因此，在选择显示器时一定要根据自己的实际需要，选择一台真正适合自己的显示器，但在决定购买一台显示器时，首先面临的问题是如何在 LCD 和 LED 显示器之间作一个选择。

LCD 是液晶显示屏的全称，主要有 TFT、UFB、TFD、STN 等几种类型的液晶显示屏。计算机液晶显示屏常用的是 TFT。TFT 屏幕是薄膜晶体管，是有源矩阵类型液晶显示器，在其背部设置特殊光管，可以主动对屏幕上的各个独立的像素进行控制，这也是所谓的主动矩阵 TFT 的来历，这样可以极大地提高响应时间，约为 80ms，有效地改善了 STN（STN 响应时间为 200ms）闪烁模糊的现象，同时有效地提高了播放动态画面的能力。和 STN 相比，TFT 具有出色的色彩饱和度、还原能力和更高的对比度，在阳光下依然看得非常清楚，但是缺点是比较耗电，而且成本也较高。

LED 是发光二极管 Light Emitting Diode 的英文缩写。LED 应用可分为两大类：一类是 LED 单管应用，包括背光源 LED、红外线 LED 等；另一类就是 LED 显示屏。

目前，中国在 LED 基础材料制造方面与国际还存在着一定的差距，但就 LED 显示屏而言，中国的设计和生产技术水平已基本与国际同步。LED 显示屏是由发光二极管排列组成的一显示器件。它采用低电压扫描驱动，具有耗电少、使用寿命长、成本低、亮度高、故障少、视角大、可视距离远等特点。

LED 显示器与 LCD 显示器相比，其在亮度、功耗、可视角度和刷新速率等方面都更具优势。LED 与 LCD 的功耗比大约为 10:1，而且更高的刷新速率使得 LED 在视频方面有更好的性能表现，能提供宽达 160°的视角，可以显示各种文字、数字、彩色图像及动画信息，也可以播放电视、录像、VCD、DVD 等彩色视频信号，多幅显示屏还可以进行联网播出，而且 LED 显示屏的单个元素反应速度是 LCD 液晶屏的 1000 倍，在强光下也可以照看不误，并且适应零下 40℃的低温。利用 LED 技术，可以制造出比 LCD 更薄、更亮、更清晰的显示器，拥有广泛的应用前景。

简单地说，LCD 与 LED 是两种不同的显示技术，LCD 是由液态晶体组成的显示屏，而 LED 则是由发光二极管组成的显示屏。LED 显示器与 LCD 显示器相比，LED 在亮度、功耗、可视角度和刷新速率等方面都更具优势。在播放动态图像时 LED 屏幕成像效果较好，而在播放静态图像时 LCD 成像效果较好，在两种类型显示器选择时，要根据应用领域进行选择。由于生产工艺的限制，目前 LED 屏幕价格相对 LCD 屏幕价格仍然偏高。

选择液晶显示器的注意事项如下。

① 挑选面板，查看是否有坏点。国际标准是 3 个坏点以内就是 A 级品。挑选方法为：打成纯黑屏，有亮点的地方就是坏点，然后打成纯白屏，有其他颜色的点也是坏点。

② 剩下来的就是用自己的眼睛来验证液晶的亮度、对比度、可视角度和响应时间等重要的指

标了。可以用鼠标快速拖动窗口，不留残象的才是好产品。

③ 之所以放弃传统的 CRT 显示器而选择液晶显示器，除了辐射之外，另一个主要的原因就是液晶显示器身材娇小，占用桌面面积较少，产品的外观时尚、灵活。选择液晶显示器的另一个重要的标准就是外观。

任务实施　制定装机单

一、任务目标

1. 了解计算机硬件的性能指标。
2. 熟悉计算机硬件的选配原则。
3. 能够按需求制定装机单。
4. 对装机单进行性价比的评定。

二、材料清单

序号	材料名称	参　　数	价格（元）
1	内存	金士顿 1GB DDR2 800	159
		金士顿 1GB DDR3 1333	1999
		金士顿 2GB DDR2 800	289
		金士顿 2GB DDR3 1333	299
		威刚 VDATA 2GB DDR2 800	269
		威刚 VDATA 2GB DDR3 1333	289
		宇瞻 2GB DDR2 800	285
		宇瞻 2GB DDR3 1333	305
2	显卡	技嘉（GIGABYTE）GV-N460OC-1GI 715/3600 1024MB/256bit GDDR5 PCI-E 显卡	1699
		索泰（ZOTAC）GTS250-512D3 F1 738/2200 512MB/256 位 DDR3 PCI-E 显卡	749
		铭瑄（MAXSUN）MS-GT240 变形金刚高清版 II 550/3400 512M/128 位 DDR5 PCI-E 显卡	469
		蓝宝石（SAPPHIRE）HD5670 至尊版 750/4000 512MB/128 位 DDR5 PCI-E 显卡	699
		双敏（UNIKA）火旋风 2 HD5550 V1024 小牛版 550/1400 512MB/128 位 DDR3 PCI-E	399
		华硕（ASUS）EAH5830 DIRECTCU/2DIS/1GD5 800/4000 1G/256bit GDDR5 PCI-E 显卡	1699
3	CPU	Intel 奔腾双核处理器 E5400 盒	449
		Intel 酷睿 i3 双核处理器 i3-530 盒	789
		Intel 酷睿 i5 四核处理器 i5-760 盒	1499

续表

序号	材料名称	参　数	价格（元）
3	CPU	Intel 酷睿 i7 六核处理器 i7-980X 盒	8999
		AMD Athlon II ×2 245 盒	409
		AMD Athlon II ×4 635 盒	709
		AMD Athlon II ×3 440 盒	519
		AMD PhenomII×4 945 盒	979
		AMD Phenom II ×6 1090T 黑盒	2239
4	主板	技嘉 GA-G41M-ES2L 主芯片组：Intel G41 集成芯片：显卡/声卡/网卡 CPU_插槽：LGA 775 内存类型：DDR2 总线频率：FSB 800/1066/1333 芯片组描：采用 Intel G41+ICH7 芯片组	429
		微星（MSI）P55-CD53 主芯片组：Intel P55 集成芯片：声卡/网卡 CPU_插槽：LGA 1156 内存类型：DDR3 芯片组描：采用 Intel P55+ICH10R 芯片	819
		华硕（ASUS）P6X58D-E 主芯片组：Intel X58 集成芯片：声卡/网卡 CPU_插槽：LGA 1366 内存类型：DDR3 芯片组描：采用 Intel X58+ICH10R 芯片 主板板型：ATX 板型	1899
		技嘉 GA-MA785GMT-US2H 主芯片组：AMD 785G 集成芯片：显卡/声卡/网卡 CPU_插槽：Socket AM3 内存类型：DDR3 总线频率：支持 HT3.0 总线 芯片组描：采用 AMD 785G+SB710 芯片组 主板板型：Micro ATX 板型 图形芯片：集成 ATI Radeon HD4200 显示 网卡芯片：板载 Realtek 8111C 千兆网	499
		微星（MSI）880GM-E41 主芯片组：AMD 880G 集成芯片：显卡/声卡/网卡	539

续表

序号	材料名称	参　　数	价格（元）
4	主板	CPU_插槽：Socket AM2/AM2+ 内存类型：DDR3 总线频率：支持 HT3.0 总线 图形芯片：集成 ATI Radeon HD4250 显示 芯片组描：采用 AMD 880G+SB700 芯片组	539
		华硕（ASUS）Crosshair IV Formula 主芯片组：AMD 890FX 集成芯片：声卡/网卡 CPU_插槽：Socket AM3 内存类型：DDR3 总线频率：支持 HT3.0 总线 芯片组描：采用 AMD 890FX+SB850 芯片组 主板板型： ATX 板型 网卡芯片：Marvell 8059	2199

三、工作场景

"XXXX 室内装饰设计"公司的林先生到恒升电脑销售公司要购买一台 5000 元以下，能进行 Photoshop、3ds Max、Maya 等制图的计算机，要求计算机销售人员给出一份满意的装机单。

四、工作过程

步骤一：根据林先生的计算机用来制图、价位不高的需求，可以先考虑计算机的内存需求应该稍大，从上面列出的材料清单中可以选择 4GB 的内存，而内存的频率也影响数据处理的速度，所以我们选择两条金士顿 2GB DDR3 1333，可以完全满足需求。

步骤二：制图用机的显示效果要求比较高，如果使用主板集成的显卡，则达不到显示效果要求，应配独立的显卡，可以选择蓝宝石（SAPPHIRE）HD5670 至尊版 Radeon HD 5670 +128 位带宽+核心频率 750+显存频率 4000+512MB。

步骤三：考虑到林先生要对多媒体图像进行处理，即需求速度，又可能要求动画效果，因为渲染等要求需要进行多任务处理，对 CPU 的选择可以考虑采用 AMD Athlon II X4 635 盒四核心处理器。

步骤四：由于 CPU 使用 AMD 处理器，则相应的主板可以搭配微星（MSI）880GM-E41，以构建完整的蜘蛛平台，使性能达到完美平衡。

步骤五：再配上其他设备，例如：

配　　件	品牌型号	数量	配机价格（元）
CPU	AMD Athlon II X4 635 盒	1	709
主板	微星（MSI）880GM-E41	1	539
显卡	蓝宝石（SAPPHIRE）HD5670 至尊版	1	699
内存	金士顿 2GB DDR3 1333	2	598

续表

配　　件	品牌型号	数量	配机价格（元）
硬盘	希捷（Seagate）500G ST3500418AS	1	299
显示器	三星（SAMSUNG）E2220W	1	1215
光驱	先锋（Pioneer）DVR-218CHV	1	189
键鼠	戴尔 SK8115 + MOC5UO	1	69
机箱	安钛克（Antec）NSK4482B 中塔式机箱（带电源）	1	499
			总价：￥4816.00

五、项目验收

1. 硬件选择是否合理？有无冲突？
2. 能否满足用户制图需求？
3. 性价比是否合理？

实训一　制定装机单

<table>
<tr><td colspan="7">任务单</td></tr>
<tr><td>学习领域</td><td colspan="6">计算机组装与维修</td></tr>
<tr><td>学习情境 1</td><td colspan="6">计算机系统组装</td></tr>
<tr><td>项目 1</td><td colspan="3">制定装机单</td><td>学时</td><td colspan="2">8</td></tr>
<tr><td colspan="7">布置任务</td></tr>
<tr><td>学习目标</td><td colspan="6">● 了解计算机硬件的性能指标
● 熟悉计算机硬件的选配原则
● 能够按需求制定装机单
● 对装机单进行性价比的评定</td></tr>
<tr><td>任务描述</td><td colspan="6">林先生要购买一台 5000 元左右，能进行视频处理的计算机，要求计算机销售人员给出一份满意的装机单</td></tr>
<tr><td>学时安排</td><td>资讯
2 学时</td><td>计划
0.5 学时</td><td>决策
0.5 学时</td><td>实施
4 学时</td><td>检查
0.5 学时</td><td>评价
0.5 学时</td></tr>
<tr><td>提供资料</td><td colspan="6">● 计算机组装与维修教材；
● 计算机组装与维修课件；
● 192.168.20.8 计算机组装与维修精品课程网站学习资源；
● 计算机组装与维修学习音频、视频资源</td></tr>
<tr><td>对学生的要求</td><td colspan="6">● 认真阅读任务描述，掌握所需完成的任务；
● 根据资讯引导，通过查找资料、网上搜索、观看录像的方式认真完成资讯；
● 每名学生根据工作任务制定计划，由组长组织讨论，做出决策并实施；
● 实施结束后进行自我评价、组内互评、教师评价；
● 将所完成任务形成规范的文档进行存档</td></tr>
</table>

续表

资讯单			
学习领域	计算机组装与维修		
学习情境 1	计算机系统组装		
项目 1	制定装机单	学时	8
资讯问题	1. 试述计算机的基本组成		
	2. 微型计算机主机由哪些部件组成？常用输入/输出设备有哪些		
	3. 试述主板的分类、组成和主要技术指标		
	4. 试述 CPU 的分类和主要技术指标		
	5. 试述内存条的分类和主要技术指标		
	6. 试述显卡的分类、组成和主要技术指标		
	7. 试述硬盘的分类、组成和主要技术指标		
	8. 试述光驱的分类、组成和主要技术指标		
	9. 试述电源盒的分类和主要技术指标		
	10. 如何识别各个主机部件		
	11. 试述键盘的分类和主要技术指标		
	12. 试述鼠标的分类和主要技术指标		
	13. 试述显示器的分类和主要技术指标		
	14. 图形音像型微型计算机的硬件需求是什么？涉及哪几种部件的选取		
资讯引导	在《计算机组装与维修》教材以及配套的课件中进行相关资料的查找		

计划单			
学习领域	计算机组装与维修		
学习情境 1	计算机系统组装		
项目 1	制定装机单	学时	8
计划方式	根据资讯单进行设计		
部件	规格型号		备注
CPU			
主板			
内存			
显示卡			
制定计划说明			

续表

<table>
<tr><td rowspan="3">计划评价</td><td>班级</td><td></td><td>第　　组</td><td>组长签字</td><td></td></tr>
<tr><td>教师签字</td><td colspan="2"></td><td>日期</td><td></td></tr>
<tr><td colspan="5">评语：</td></tr>
</table>

<table>
<tr><td colspan="5">实施单</td></tr>
<tr><td>学习领域</td><td colspan="4">计算机组装与维修</td></tr>
<tr><td>学习情境 1</td><td colspan="4">计算机系统组装</td></tr>
<tr><td>项目 1</td><td colspan="2">制定装机单</td><td>学时</td><td>8</td></tr>
<tr><td>实施方式</td><td colspan="4">依据决策单，按照步骤进行实施</td></tr>
</table>

部件	规格型号	备注

实施说明：

<table>
<tr><td>班级</td><td></td><td>第　　组</td><td>组长签字</td><td></td></tr>
<tr><td>教师签字</td><td colspan="2"></td><td>日期</td><td></td></tr>
</table>

<table>
<tr><td colspan="5">评价单</td></tr>
<tr><td>学习领域</td><td colspan="4">计算机组装与维修</td></tr>
<tr><td>学习情境 1</td><td colspan="4">计算机系统组装</td></tr>
<tr><td>项目 1</td><td colspan="2">制定装机单</td><td>学时</td><td>8</td></tr>
<tr><td colspan="2">姓名：</td><td colspan="2">班级：</td><td>小组：</td></tr>
<tr><td colspan="2">地点：</td><td colspan="2">时间：</td><td>总分：</td></tr>
</table>

序号	评价内容	分值	得分	备注
1	任务认知程度	5		
2	情感态度	5		
3	团队协作	5		
4	工作计划制定	5		

续表

5	实施单	10		
6	配件选择无兼容性问题	10		
7	性能满足给定要求	10		
8	总价格符合给定范围	10		
9	配件选择合理，无配件过时、过贵问题	10		
10	工作记录	10		
11	作业单	20		
12	总分	100		占总评分 50%

教师评语：			
教师签字		日期	

作业单

学习领域	计算机组装与维修		
学习情境 1	计算机系统组装		
项目 1	制定装机单	学时	8

1．试述主板的主要组成。

2．试述 CPU 的主要技术指标。

3．试述显卡的组成。

4．上网查找 Intel Core i7 的规格指标。

5．上网查找 Intel h55 芯片组的规格指标。

任务二

计算机硬件组装

准备知识（一） 装机准备工作

【主要内容】

- 计算机整机组装前的准备。
- 计算机硬件组装的注意事项。
- 计算机硬件的组装过程。

【技能要求】

- 能够将选定的计算机配件组装成一台完整的计算机。

一、装机前的工具准备

常言道“工欲善其事，必先利其器”，没有顺手的工具，装机就会变得十分麻烦，那么哪些工具是装机之前需要准备的呢?

如果是专业的装机人员，需要准备的工具就比较多，但普通用户装机不必要准备全套的安装工具，只需准备以下的一些常用装机工具即可。

1. 标准螺丝刀

用于拆卸小器件（如电池等）和拆装部件，拆装固定螺丝。

规格：Ø4.5*75mm 十字螺丝刀 1 只；

Ø3*100mm 十字螺丝刀 1 只；

Ø3*75mm 一字螺丝刀 1 只。

在装机时，要用两种螺丝刀工具：一种是“十”字型的，通常称为“梅花改锥”：另一种是“一”字型的，通常称为“平口改锥”。尽量选用带有磁性的螺丝刀，因为在计算

机内部，各个部件的安排比较紧凑，且螺丝较小，使用带有磁性的工具，操作起来就比较方便。但螺丝刀上的磁性不能过大，避免对部分硬件造成损坏。磁性的强弱以螺丝刀能吸住螺丝而不脱离为宜。

2. 钟表螺丝刀一套（这个是可选工具）

可用来拆装部件，拆装固定螺丝。规格：#1、#0、#00 十字螺丝刀各 1 只；

1．4、1．8、2．3 一字螺丝刀各 1 只。

3. 镊子

由于主板部件之间的空隙很小，对一些较小的连线接口就需要镊子帮助。例如，在设置主机板、硬盘等跳线时，无法直接用手设置跳线，这就需要借助镊子进行设置。

4. 尖嘴钳

用于处理变形挡片。

规格：6 英寸钳。

5. 散热膏

在安装高频率 CPU 时散热膏（硅脂）必不可少，大家可购买优质散热膏（硅脂）备用。

其中的几种常用维修工具如下图所示。

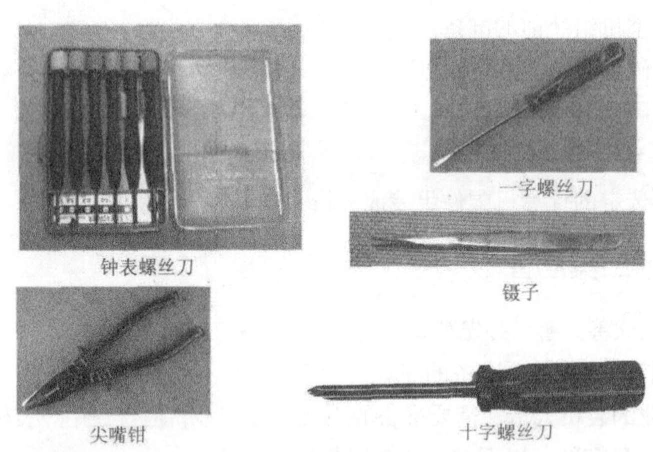

钟表螺丝刀　一字螺丝刀　镊子　尖嘴钳　十字螺丝刀

二、装机前的材料准备

1. 准备好装机所用的配件

包括 CPU、主板、内存、显卡、硬盘、软驱、光驱、机箱电源、键盘鼠标、显示器、各种数据线/电源线等，如下图所示。

2. 电源排型插座

由于计算机系统不止一个设备需要供电，所以一定要准备一个万用多孔型插座，以方便测试

机器时使用。

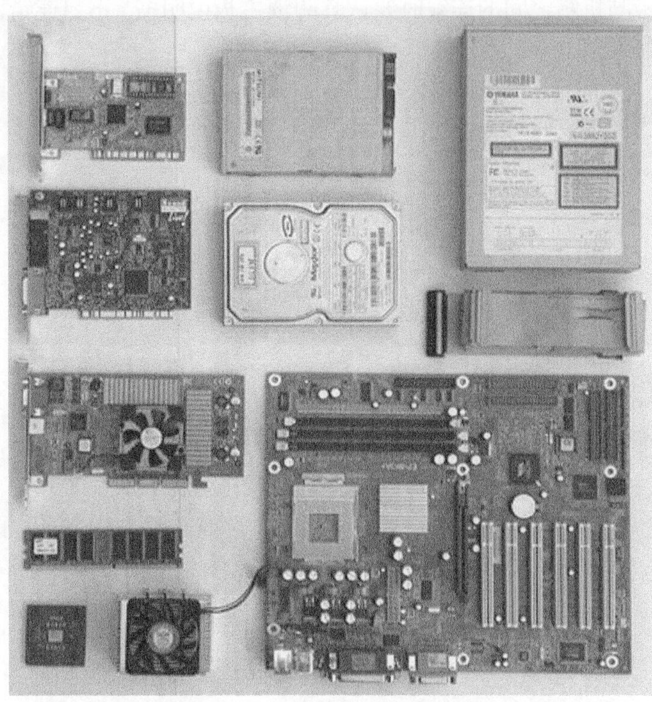

3. 器皿

计算机在安装和拆卸的过程中有许多螺丝钉及一些小零件需要随时取用，所以应该准备一个小器皿用来盛装这些零件，以防丢失。

4. 工作台

为了方便安装，还应该有一个高度适中的工作台，无论是专用的电脑桌还是普通的桌子，只要能够满足使用需求即可。

三、硬件组装的注意事项

（1）注意拿器件之前要先放掉身上的静电。

（2）各配件要轻拿轻放。

（3）各电源线接头不要插反。

（4）CPU 的金三角不要插反。

（5）硬盘和机箱应用粗纹螺丝，而软驱、光驱和板卡的固定用细纹螺丝，不要用错。

（6）连接软驱的数据线要注意有拧头的一端应连接软驱。

（7）主板在拿出机箱后应在其下方垫上海绵或其他软物，在主板电路板固定孔上下放绝缘垫片。

（8）若主板与机箱没有固定好，则在安装板卡时不要过分用力，否则可能将主板电路折断，造成断路。

（9）在安装 CPU 的风扇时一定要注意，避免由于使用螺丝刀用力过猛将主板电路板碰坏（AMD CPU 应尤为注意）。

（10）在固定主板时一定要对准螺丝孔，不要在主板与机箱之间多安装螺丝。

（11）在连接主板与机箱之间的连线时要认真阅读主板说明书，不要连错，否则机箱面板前面的各种指示将不正确。

准备知识（二） CMOS 基本设置

【主要内容】

- 启动 BIOS 设置程序和基本操作。
- 基本 BIOS 的设置和高级 BIOS 设置。

【技能要求】

- 通过 BIOS 检测硬件连接是否正确，并判断硬件工作状态是否正常。
- 能够熟练对常用 BIOS 功能进行设置。
- 能够参考《主板说明书》对 BIOS 的一些高级功能进行设置。

首先需要说明的是，对于不同的主板，即使 BIOS 厂商和版本都相同，其项目和名称也会有差异，因而以下内容仅供参考。这里以某主板的 Award 4.51 BIOS 为例，介绍一下 CMOS 基本设置。

一、启动 CMOS 设置程序

主板的 CMOS 记录计算机的日期、时间、硬盘参数、软驱情况及其他的高级参数。平常人们说的 BIOS 设置或 CMOS 设置指的就是这方面的内容。

CMOS 能把这些信息保存下来，即使关机它们也不会丢失，所以以后每次开机不必对它重新设置，除非想改变计算机的配置或意外情况导致 CMOS 内容丢失。

开机后屏幕提示信息："press del to enter setup"，按"Delete"键，就进入了 CMOS 设置的主菜单，如图 2.1 所示（注：有些计算机是按"Ctrl+Alt+Esc"组合键，而有些是按"F2"和"F10"键，具体要看屏幕上的提示）。

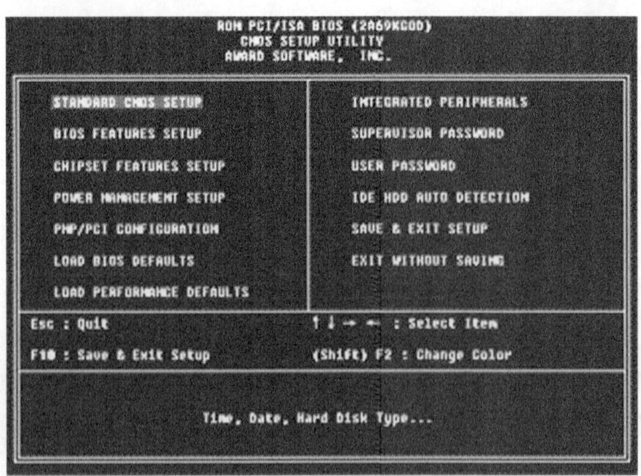

图 2.1 CMOS 设置主菜单

二、基本操作

Award BIOS 4.51 基本操作如表 2.1 所示。

表 2.1 Award BIOS 4.51 基本操作

控制键位	功　能
<↑>	向前移一项
<↓>	向后移一项
<←>	向左移一项
<→>	向右移一项
<Enter>	选定此选项
<Esc>	退出或者从子菜单回到主菜单
<PgUp>	增加数值或改变选择项
<PgD>	减少数值或改变选择项
<F1>	主题帮助，仅在状态显示菜单和选择设定菜单有效
<F5>	从 CMOS 中恢复前次的 CMOS 设定值，仅在选择设定菜单有效
<F6>	加载故障保护默认值
<F7>	加载优化默认值
<F10>	保存改变后的 CMOS 设定值并退出

三、常用设置

1. 标准 CMOS 设置

将光标移动到“STANDARD CMOS SETUP”项，它包含硬件的基本设置情况，如图 2.2 所示。

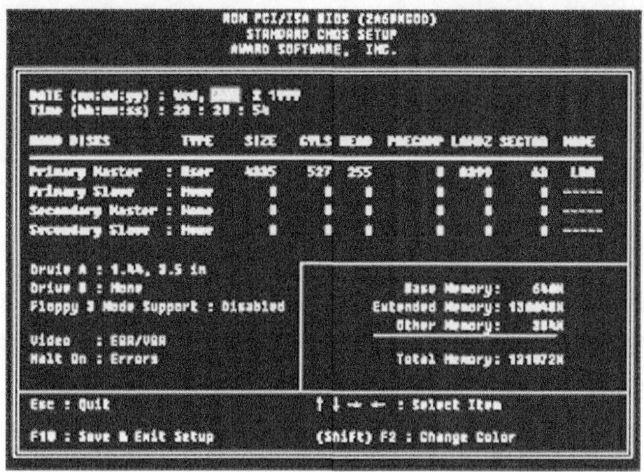

图 2.2 STANDARD CMOS SETUP

按回车键后，出现下面的设置画面：

（1）“Date”一项设置日期，格式为月：日：年，将光标移动到需要修改的位置，用“Page Up”

或“Page Down”键在各个选项之间选择。

（2）“Time”一项设置时间，格式为小时：分：秒，设置方法和日期的设置相同。

下面列出了硬盘设置情况，和前面关于 IDE 接口的内容是一致的：“Primary Master”和“Primary Slave”表示主 IDE 口上主盘和副盘，“Secondary Master”和“Secondary Slave”表示副 IDE 口上的主盘和副盘。

（3）“Drive A”和“Drive B”设置物理 A 驱和 B 驱，一般情况下，将 A 驱设置为：1.44MB，3.5in。

（4）“Video”项设置显卡类型，默认是“EGA/VGA”方式，不用改动。

当这些设置完成后，按“Esc”键，又回到 CMOS 设置主菜单。

2. 硬盘参数设置

在主菜单上选择“IDE HDD AUTO DETECTION”项，该项能自动检测硬盘的参数，按回车键后开始检测，出现 3 种硬盘参数列表，如图 2.3 所示。

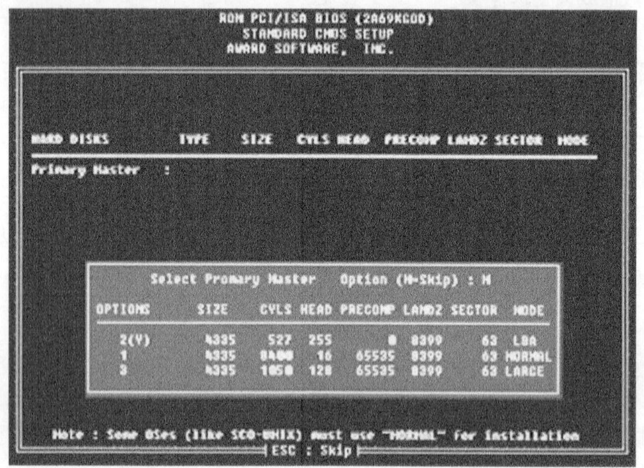

图 2.3 IDE HDD AUTO DETECTION

SIZE 为硬盘容量，单位是 MB。

MODE 为硬盘参数，第 1 种为 NORMAL，第 2 种为 LBA，第 3 种为 LARGE。

如果从硬盘的物理参数看，NORMAL 一项是正确的，但大多数情况下不能应用该项，否则 DOS 所能应用的最大硬盘空间将只有 528MB，一般要选择 LBA 模式。

在键盘上输入“2”或“Y”并按回车键确认。

接着，系统检测其余的 3 个硬盘，一般情况下，系统只装了一块硬盘，并安装于 Primary Master，则可按回车键或“Esc”键跳过检测，然后又回到设置主菜单。硬盘的信息会被自动写入“STANDARD CMOS SETUP”中。

3. 设置系统的启动顺序

设置系统的启动顺序对新安装的计算机是一个很重要的内容。选择主菜单的“BIOS FEATURES SETUP”项，出现如下设置画面，如图 2.4 所示。

图 2.4　BIOS FEATURES SETUP

把光标移动到“Boot Sequence”项，此时的设置内容为“C，A”。用“Page Up”或“Page Down”键把它修改为“A，C”。

“Boot Sequence”决定计算机的启动顺序。计算机可以从软盘、硬盘、CD-ROM 甚至 USB 驱动器启动。

按“Esc”键回到主菜单。

4. BIOS FEATURES SETUP（BIOS 特性设置）

BIOS FEATURES SETUP 项如图 2.5 所示。

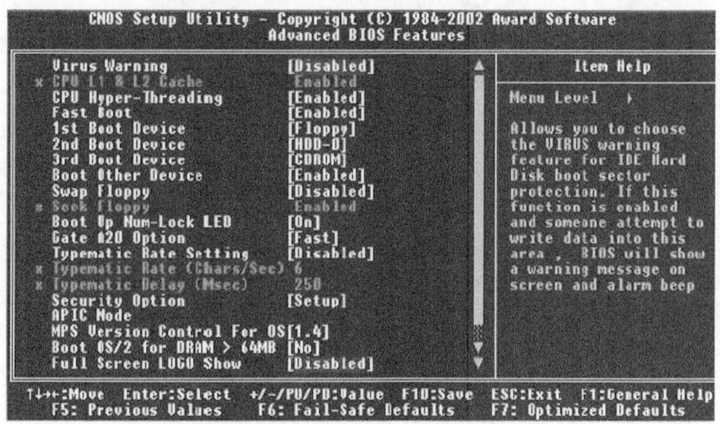

图 2.5　BIOS FEATURES SETUP

Virus Warning	检测引导型病毒，保护硬盘开机扇区（Boot Sector）以及划分资料（Partition），任何程序修改到这两个扇区资料时，系统都会出现警告信息并停止运作，使用者可以选择开启或是停止使用。 因为部分应用软件在安装过程中会写部分资料到这些扇区，建议将此选项关闭（Disabled），以免系统与程序间有冲突发生
CPU L1 & L2 Cache	是否开启 CPU 的 L1 Cache 和 L2 Cache。关闭会导致系统性能大幅下降，建议开启（Enabled）

续表

CPU L2 Cache ECC Checking	CPU 二级缓存 ECC 校验一般情况下设为开启
CPU Hyper-Threading	超线程技术。如果 CPU 支持，建议开启
Quick Power On Self Test	系统进行快速自我测试，建议开启此功能以缩短开机时间
1st/2nd/3rd Boot Device	按照优先级设定系统开机装置，进行开机程序，使用者可自由选择由 IDE0-3、SCSI、CD-ROM、FDD、SCSI 卡、ARMD-FDD（ATAPI 接口的 ZIP 或 LS-120）、ARMD-HDD（IDE 接口的 ZIP 或 LS-120），或由 Network（网络卡）开机。部分硬盘保护卡/再生卡，必设成 Network 开机
Boot Other Boot Device	若 1-4 Boot Device 顺序都找不到开机文件，将会尝试其他 Boot Device 装置
BootUp Num-Lock	设定在开机时键盘右边数字区的按键的预设模式。 On：在开机后预设为数字键；Off：预设为方向键
Gate A20 Option	Gate A20 的选择。A20 是指扩展内存的前部 64KB。当选择默认值 Fast 时，GateA20 是由端口 92 或芯片组的特定程序控制的，它可以使系统速度更快。当设置为 Normal，A20 是由键盘控制器或芯片组硬件控制的
Floppy Drive Swap	开启此选项，可对调原先软盘机代号。由 A 碟机变为 B 碟机，由 B 碟机变为 A 碟机，方便给具备两台的使用者，用手动选择开机的软盘机
Floppy Drive Seek	开机时，BIOS 会去检测使用中的软盘机是 40 或 80 轨，360KB 是 40 轨，而 760KB、1.2MB 及 1.44MB 为 80 轨。由于目前已甚少 40 轨，建议关闭此选项
Typematic Rate Setting	输入速率设定。是用来控制键盘输入速率的。设置为开启后，可选择 Typematic Rate（键盘输入速率）和 Typematic Delay（键盘输入延迟）
Typematic Rate （Chars/Sec）	键盘输入速率，字符/秒。可以设置键盘重复速率。设定值为：6、8、10、12、15、20、24、30
Typematic Delay （Msec）	键盘输入延迟，毫秒。设置键盘第一次按下去和开始重复的延迟。设定值为：250.500.750 和 1000
Security Option	设定何时检查密码（Password），若设定成 Setup 时，每次进入 BIOS 设定时将会要求输入密码，若设定成 Always 时，无论进入 BIOS 中或系统开机时，都会要求输入密码，但先决条件是必须先设定密码（Security 窗口的 User 选项）
APIC Mode	APIC 模式。此项是用来启用或禁用 APIC（高级程序中断控制器）。启用 APIC 模式将会扩展可选用的中断请求 IRQ 系统资源
MPS Version Control For OS	MPS 操作系统版本控制。选择在操作系统上应用哪个版本的 MPS（多处理器规格），此时需根据操作系统 MPS 版本。设定值为：1.4 和 1.1
Boot to OS/2> 64MB	若使用者所安装的内存超过 64MB，而且被使用的操作系统为 OS2，应设定为 OS2；否则应设定为 Non-OS2
Full Screen LOGO Show	全屏显示 LOGO。在启动画面上显示公司的 LOGO 标志。 Enabled：启动时显示静态的 LOGO 画面； Disabled：启动时显示自检信息

5. Integrated Peripherals（整合周边）

Integrated Peripherals 项如图 2.6 所示。

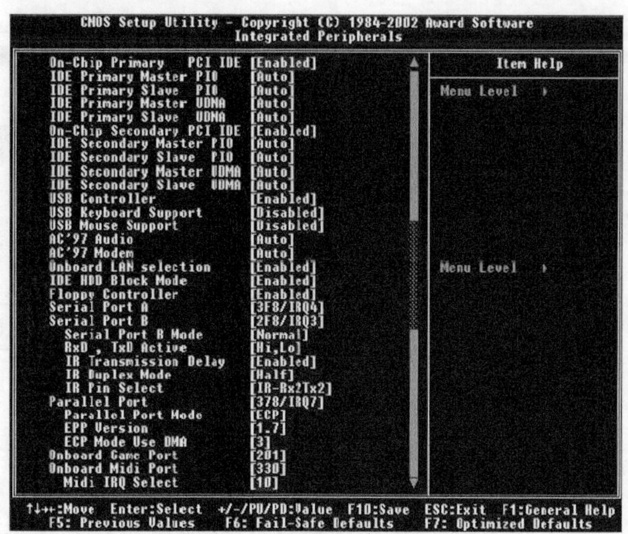

图 2.6 Integrated Peripherals

On-Chip Primary PCI IDE/Secondary PCI IDE	是否激活主机板内建两组（Primary、Secondary）PCI IDE 控制器，若采用外接的 IDE 卡，则此项必须改成 Disable，默认值为 Both
IDE Primary Master/ Primary Slave /Secondary Master/ Slave Secondary PIO	IDE 第一主/从及第二主/从 PIO 模式。允许为板载 IDE 支持地每一个 IDE 设备设定 PIO 模式（0-4）。模式 0 到 4 提供了递增的性能表现。在 Auto 模式中，系统自动决定每个设备工作的最佳模式。设定值有：Auto，Mode 0，Mode 1，Mode 2，Mode 3，Mode 4
IDE Primary Master/ Primary Slave /Secondary Master/ Secondary Slave UDMA	IDE 第一主/从及第二主/从 UDMA 模式。如果硬盘支持 Ultra DMA/33，Ultra DMA/66 或 Ultra DMA/100，则选择 Auto 使 BIOS 支持有效。设定值有：Auto，Disabled
USB Controller	此选项可开启 USB Port 的功能,若不使用 USB 设备,则可将此选项设为 Disable
USB Keyboard/Mouse Support	此选项可设定是否于 DOS 或 SCO UNIX 等环境下支持 USB 接口的 USB 键盘或鼠标
AC'97 Audio	设定是否使用主机板上内置音效芯片的音效功能。设定值有：Auto，Disabled
AC'97 Modem	设定是否使用主机板上内置调制解调器功能。设定值有：Auto，Disabled
Onboard LAN selection	板载网卡选择。选择板载 LAN 控制器是否要被激活。设定值有：Enabled，Disabled
IDE HDD Block Mode	IDE 硬盘块模式。块模式也被称为多扇区读/写。如果 IDE 硬盘支持块模式（多数新硬盘支持），选择 Enabled，自动检测到最佳的且硬盘支持的每个扇区的块读/写数。设定值有：Enabled，Disabled
Floppy Disk Controller	设定是否使用主机板上的软盘控制器。选项描述 Auto：BIOS 将自动决定是否打开板载软盘控制器；Enabled：打开板载软盘控制器；Disabled：关闭板载软盘控制器
Serial Port A/B	选取串行端口的 I/O 地址及 IRQ 中断，设定值有：Auto，3F8/IRQ4，2F8/IRQ3，3E8/COM4，2E8/COM3，Disabled
Serial Port B Mode	设定第二个串行口的使用方式，COM2 也可以安装红外线传输装置，若设定为 Normal，则 COM2 串行口可以正常使用；若设定为 IrDA 或 ASKIR，则可分别使用对应的红外线传输装置

续表

RxD, TxD Active	RxD, TxD 活动。此项允许用户决定 IR 周边设备的接收和传送速度。设定值有：Hi,Hi，Hi,Lo，Lo,Hi，Lo,Lo
IR Transmission Delay	IR 传输延迟。此项决定 IR 传输在转换为接收模式中，是否要延迟。设定值有：Disabled，Enabled
IR Duplex Mode	IR 双工模式。此项用来控制 IR 传送和接收的工作模式。设定值有：Full，Half 。在全双工模式下，允许同步双向传送和接收。在半双工模式下，仅允许异步双向传送和接收
IR Pin Select	设置 TxD 和 RxD 信号。设定值有：RxD2,TxD2，IR-Rx2Tx2
Parallel Port	设定内建并行端口的 I/O 地址及 IRQ 中断，设定值有：Auto，378/IRQ7，278/IRQ5，3BC/IRQ7，Disabled
Parallel Port Mode	Onboard Parallel Mode 可以设定并列端口传输模式。设定值有：SPP，EPP，ECP，ECP+EPPl。 SPP：标准并行端口；EPP：增强并行端口；ECP：扩展性能端口；ECP + EPP：扩展性能端口+ 增强并行端口
EPP Version	如果并行端口设置为 EPP 模式，那么此项可以选择 EPP 的版本。设定值有：1.7，1.9
ECP Mode Use DMA	内建并行端口选择 ECP 模式时，指定使用 DMA 通道，默认值为 0、1 或 3，建议使用默认值
OnBoard Game Port	设定 Game Port 的 IO 地址
OnBoard Midi Port	设定 Midi Port 的 IO 地址
Midi IRQ Select	设定 Midi Port 所使用的 IRQ 中断

6. PC Health Status（PC 当前状态）

PC Health Status 项如图 2.7 所示。

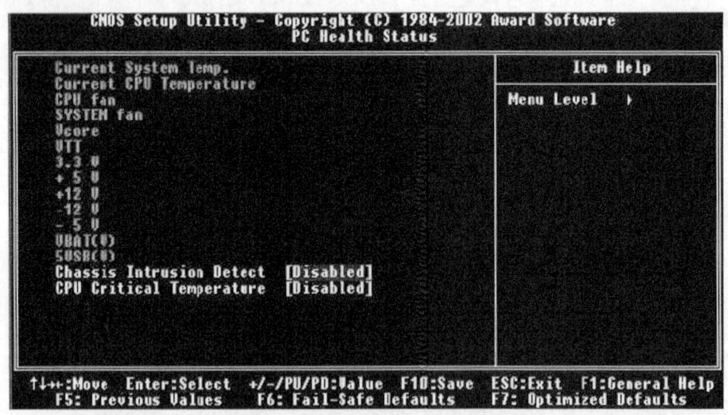

图 2.7　PC Health Status

Current System Temp., Current CPU Temperature, CPU fan, SYSTEM fan,Vcore, VTT, 3.3 V, +5 V, +12 V, −12 V, −5 V, VBAT（V）, 5VSB（V）	此项显示目前所有监控的硬件设备/元器件状态，如 CPU 电压、温度和所有风扇速度

续表

Chassis Intrusion Detect	机箱入侵监测。此项是用来启用、复位或禁用机箱入侵监视功能并提示机箱曾被打开的警告信息。当设置为 Enable 时，系统将记录机箱的入侵信息。下次当用户打开系统，将显示警告信息。若将此项设为 Reset，则可清除警告信息，之后，此项会自动回复到 Enabled 状态。设定值有：Enabled，Reset 和 Disabled
CPU Critical Temperature	CPU 的临界温度

7. Load Fail-Safe Defaults/Load Optimized Defaults（故障安全/优化默认值）

在主菜单的这两个选项能够允许用户把所有的 BIOS 选项恢复到故障安全值或者优化值。优化默认值是主板制造商为了优化主板性能而设置的默认值；故障安全默认值是 BIOS 厂家为了稳定系统性能而设定的默认值。

当选择 Load Fail-Safe Defaults 项时会出现如图 2.8 所示的信息。

按 Y 键，载入最稳定、系统性能最小的 BIOS 默认值。

当选择 Load Optimized Defaults 项时会出现如图 2.9 所示的信息。

Load Fail-Safe Defaults (Y/N)? N

图 2.8　Load Fail-Safe Defaults

Load Optimized Defaults (Y/N)? N

图 2.9　Load Optimized Defaults

按 Y 键，载入优化系统性能的默认的工厂设定值。

8. Set Supervisor Password/ Set User Password（设定管理员/ 用户密码）

当选择此功能时将会出现如图 2.10 所示的信息。

输入密码（最多 8 个字符），然后按“Enter”键。现在输入的密码会清除所有以前输入的 CMOS 密码。系统会要求再次输入密码。再输入一次密码，然后按“Enter”键。此时用户也可以按“Esc”键，放弃此项选择，不输入密码。

Enter Password:

图 2.10　Enter Password

要清除密码，只要在弹出输入密码的窗口中按“Enter”键，屏幕会显示一条确认信息，是否禁用密码。一旦密码被禁用，系统重启后，可以不需要输入密码而直接进入设定程序。

一旦使用密码功能，用户会在每次进入 BIOS 设定程序前，被要求输入密码。这样可以避免任何未经授权的其他用户改变系统的配置信息。

此外，启用系统密码功能还可以使 BIOS 在每次系统引导前都要求输入密码。这样可以避免任何未经授权的其他用户使用计算机。用户可在高级 BIOS 特性设定中的 Security Option（安全选项）项设定启用此功能。如果将 Security Option 设定为 System，则系统引导和进入 BIOS 设定程序前都会要求密码。如果设定为 Setup，则仅在进入 BIOS 设定程序前要求密码。

有关管理员密码和用户密码介绍如下：

Supervisor password：能进入并修改 BIOS 设定程序；

User password：只能进入，但无权修改 BIOS 设定程序。

9. 保存设置

CMOS 设置已基本完成，新的设置需保存后才能生效，在主菜单中选择“SAVE & EXIT SETUP”或直接按“F10”键，出现确认项：“SAVE TO CMOS and EXIT（Y/N）”，按“Y”键并按回车键，计算机会重新启动，至此 CMOS 设置就完成了，如图 2.11 所示。

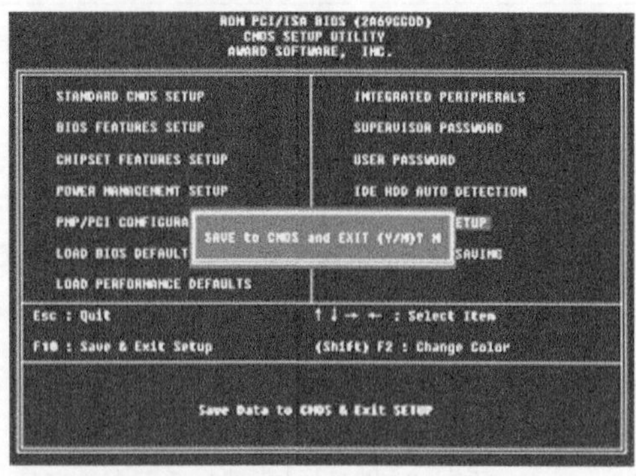

图 2.11 保存设置

从光盘启动后，下面就可以进行硬盘分区、格式化以及软件安装了。

任务实施 计算机硬件组装

一、任务目标

1. 掌握计算机硬件组装的步骤。
2. 掌握计算机硬件组装的注意事项。
3. 能够完成计算机硬件的组装。
4. 成功实现加电测试。
5. 对工作现场及时清理。

二、材料清单

配件	品牌型号	数量	配机价格（元）
CPU	AMD Athlon II X4 635 盒	1	709
主板	微星（MSI）880GM-E41	1	539
显卡	蓝宝石（SAPPHIRE）HD5670 至尊版	1	699
内存	金士顿 2GB DDR3 1333	2	598
硬盘	希捷（Seagate）500G ST3500418AS	1	299
显示器	三星（SAMSUNG）E2220W	1	1215
光驱	先锋（Pioneer）DVR-218CHV	1	189
键盘、鼠标	戴尔 SK8115 + MOC5UO	1	69
机箱	安钛克（Antec）NSK4482B 中塔式机箱（带电源）	1	499
			总价：4816.00

三、工作场景

“XXXX 室内装装饰设计”公司的林先生到恒升电脑销售公司购买了一台 5000 元以下，能进行 Photoshop、3dsMax、Maya 等制图的计算机，要求电脑销售技术人员能够按照装机单进行计算机的硬件组装并测试通过。

四、工作过程

（一）概述

下面介绍将 PC 组装起来的步骤：

（1）打开空机箱；

（2）准备装配各个零件；

（3）安装处理器与风扇；

（4）安装 RAM；

（5）安装主板；

（6）安装显卡与声卡；

（7）安装硬盘与光驱；

（8）安装硬盘与 CD-ROM 光驱；

（9）连接数据线；

（10）将磁盘驱动器与主板接上电源；

（11）连接机箱前端面版的电缆线；

（12）最后检查。

上面的清单只是用来作为一般的指导，事实上可以对上述步骤做某些程度的变更。这里采用的机箱其主板与扩充卡是滑动式安装的，市面上有各式各样的机箱设计，需要在进行组件安装前先熟悉一下机箱，以免不必要的返工。

（二）组装步骤

1. 打开空机箱（见图 2.12）

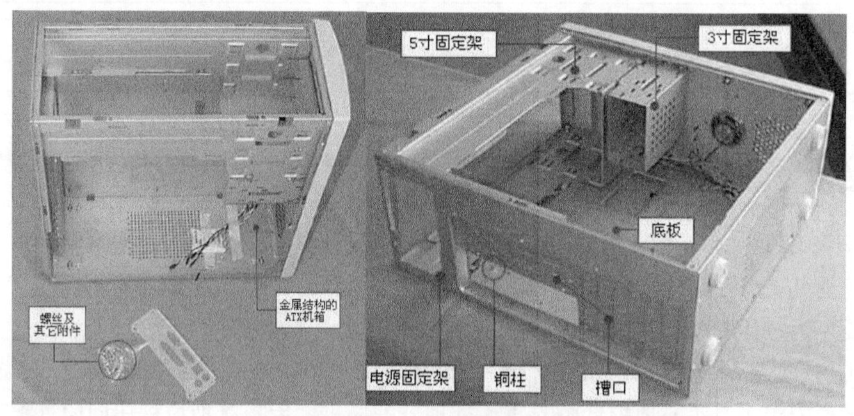

图 2.12 机箱

这里的机箱是 ATX 规格，并包含一个 300W 的电源，松开螺丝就可以分别将两个侧面版卸下来，而有些机箱是采用一体成型的倒 U 型外壳，但无论机箱是如何设计的，一般都能从两侧进入到要放置硬件的内部空间。

打开机箱后就会看到机箱制造商提供了哪些配件。除电源线和螺丝钉外，有时还会看到一组机箱脚架。

2. 准备安装零件（见图 2.13）

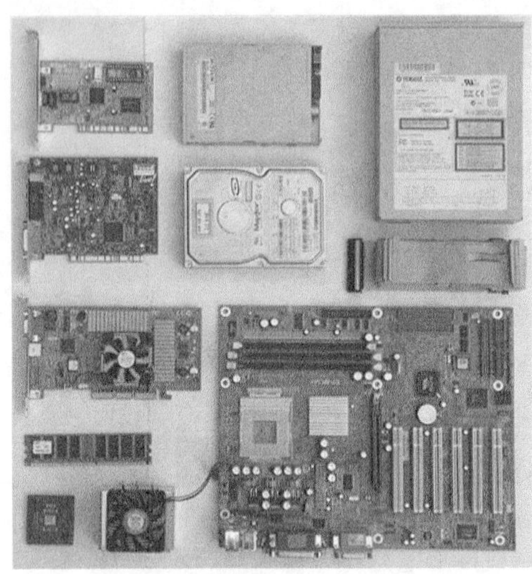

图 2.13　网卡、软驱、光驱、声卡、硬盘、数据线、显卡、RAM、PU 风扇、主板

另外这些东西也不能少，如显示器、键盘、鼠标。根据计算机的用途不同，还可能会需要如表 2.2 所示的硬件配备。

表 2.2　各类应用所需的硬件配备

应用程序	所需配备
使用互联网	调制解调器、ISDN 拨号卡或网卡
玩游戏、听音乐	声卡和喇叭
刻录 CD、备份资料	刻录机、ZIP 磁盘驱动器
使用局域网络	网卡（以太网络）
数字相机	内建 USB 的主板或另购 USB 卡
视频剪辑	具备 IEEE1394（火线）接口的视频捕捉卡

3. 安装 CPU 与风扇

（1）安装 CPU。首先将 CPU 插入其插座：先把插座旁的小拉杆抬起来，如果从下方来检查 CPU，会发现有缺少针脚的定位处，将其对准插座，不要插反，如图 2.14 所示。注意，在安插过程中切不要用力按压 CPU，所有的针脚都应该是平顺地滑进插座中。

如果 CPU 安装的位置正确，但却无法安插 CPU，那很可能是有针脚被弄弯了，这时需要用小钳子、螺丝刀等工具小心地把针脚弄直。处理器安插进去后，就把拉杆压回原处。

（2）涂抹散热膏。一定要在 CPU 上涂散热膏或加块散热垫，这有助于将热量由处理器传导至散热装置上，没有在处理器上使用导热介质可能会导致运行不稳定、频繁死机等问题，如图 2.15 所示。

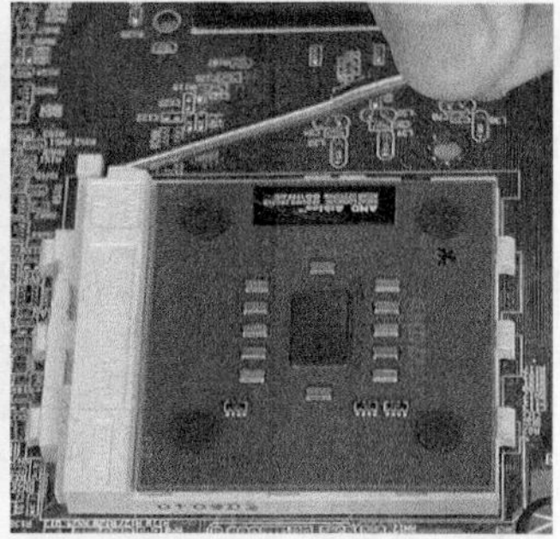

图 2.14 安装 CPU

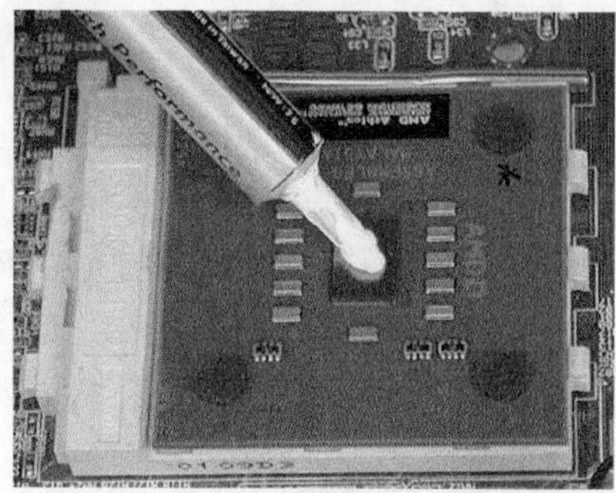

图 2.15 在处理器上涂抹散热膏

一些散热装置附带散热膏。常用的散热膏是导热硅脂，能够很好地填充散热片和 CPU 之间的缝隙。注意不要涂抹过多，因为这样反倒会影响散热效果。

（3）安装散热风扇。有两种风扇可供选择——一种适用于 Socket A（Athlon）/Socket 370（Pentium III）的，另一种只适用于 Socket 423/ Socket 478（Pentium 4）的。

Socket 370、Socket A 与 Socket 7（Pentium MMX）使用相同的方式安装散热装置，如图 2.16 所示。Socket 478 架构的 Pentium 4 系统则有些许不同，有塑料导轨，散热装置的扣具往往也不相同，如图 2.17 所示。

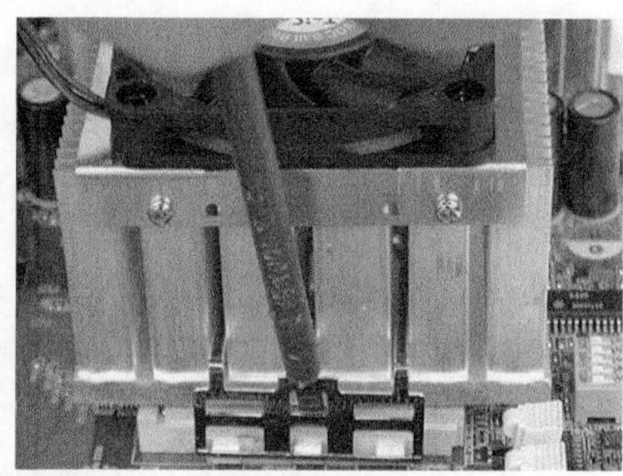

图 2.16 安装风扇（Socket A/Socket 370）

图 2.17 安装风扇（Socket 423/ Socket 478）

（4）连接风扇电源。风扇电源线的连接端一般有 3 条电线，其中两条用来传送电源，第三条则用来监控风扇的转速，这也就使得 BIOS 能够监测风扇的转速，如图 2.18 所示。

4. 安装 RAM

RAM 必须配合主板。目前市面上有 3 种类型的 RAM，即 DDR SDRAM、DDR II 及 DDR III，主板的芯片组决定应选用哪种RAM，可以在主板包装盒或主板使用手册上找到相关规格。

内存模块底部的限位可确保 RAM 正确安装，该限位在 DDR SDRAM、DDR II 及 DDR III 上位于不同的位置。在安装之前先将 RAM 对齐其插槽，然后小心地将模块压入插槽中，若正确插入，则两侧的卡口便会扣紧，注意力量太大可能会损害某些主板上的线路。松开两侧的卡口，会把内存模块弹出其插槽，如图 2.19 所示。

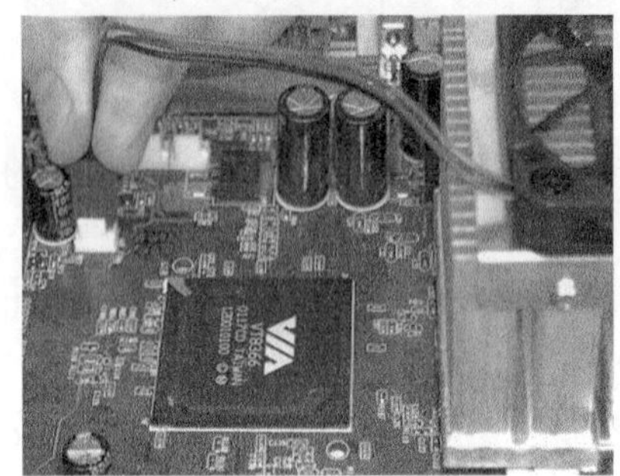

图 2.18　连接风扇电源

图 2.19　安装 RAM

5. 安装主板

这里机箱有滑动式拖盘设计，安装主板及其所有零件相对容易。相当数量的机箱主板底架是固定在机箱上的，应该先让机箱侧躺。

接着需要把用来固定主板的隔间柱拧紧到主板底架上。图 2.20 中 6 个隔间柱已经固定。在主板底架上通常都会有比实际需要更多的螺丝孔留在上面，这些都是按照标准位置预留的，与主板上的固定孔相对应，真正会用到多少视主板制造商而定。机箱一般都会设计为可固定各种主板，在安装前需要对比一下主板，决定金属隔间柱要装在何处。

图 2.20　机箱主板底架（含 6 个主板隔间柱）

计算机上固定用的螺丝一般有两类，如图 2.21 所示，左侧的螺丝螺纹较宽，右侧的较细。固定主板一般用细螺纹的。

图 2.21　螺丝、主板隔间柱

6. 安装电源

现在计算机电源也分两种，一是传统的普通电源（AT 电源），给普通结构的 AT 主板使用，二是新型的 ATX 电源，给新型的 ATX 结构的主板或者有 ATX 电源接口的 AT 主板使用，如图 2.22 所示。

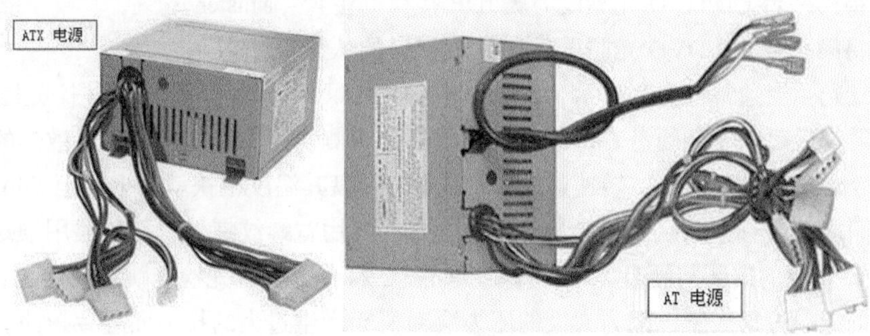

图 2.22　AT 和 ATX 电源

安装电源比较简单，只需把电源放在电源固定架上，使电源后的螺丝孔和机箱上的螺丝孔一一对应，然后拧上螺丝即可，如图 2.23 所示。

图 2.23　安装电源

7. 安装硬盘与光驱

大多数硬盘和 CD/DVD 光驱都是采用 IDE 规格的，另外还有少数采用 SCSI 规格的，不过这大部分是用在服务器或工作站级的计算机上。和 SCSI 比起来，IDE 的生产成本较低，普及程度较高。

每个 IDE 接口可以接上两台设备。主板上通常有两个 IDE 接口（IDE1 与 IDE2），所以总共

可以接 4 台设备。配备了额外控制芯片的主板，甚至可以有 4 个 IDE 接口。如果将单一硬盘接到 IDE 接口上，那么这台硬盘一般需要被设为单盘（Single）或主盘（Master）；但要是接两台硬盘，那么其中一台一定要是主盘，另一台是从盘（Slave），在此一般用 jumper 来设定磁盘驱动器的主从。硬盘通过 40-pin 的数据线来接到主板上的 IDE 接口，数据线上总共有 3 个接头，一个插在主板上，另外两个则是给硬盘用的。

大多数计算机都配备有一台硬盘和一台光驱（CD 刻录机也算是光驱的一种），这时建议采用下列方式来设定 IDE 设备：

IDE1：将硬盘设为主 IDE 接口的主盘（Master）；

IDE2：将 CD/DVD 光驱设为次 IDE 接口的主盘（Master）。

如果有更多的 IDE 设备想充分利用 IDE 接口，则建议使用以下设定：

IDE1：将第一台硬盘设为主 IDE 接口的主盘（Master）；

IDE1：将第二台硬盘设为主 IDE 接口的从盘（Slave）；

IDE2：将第一台 CD/DVD 光驱设为次 IDE 接口的主盘（Master）；

IDE2：将第二台 CD/DVD 光驱设为次 IDE 接口的从盘（Slave）。

在硬盘或光驱上通常都会有标示 jumper 设定的贴纸，否则可以查询说明书或上网查询。

设定好硬盘后可以安装硬盘。每部磁盘驱动器的每侧使用两颗螺丝。磁盘散热的问题需要注意，对于现今磁盘驱动器而言，转速达 7200 rpm 的硬盘其温度很快就会上升至 50℃以上，因此应该在要它们之间留有空隙以避免热量累积。固定硬盘用宽螺纹螺丝，而软驱用细螺纹螺丝。

CD-ROM 光驱的安装与硬盘类似，其接口如图 2.24 所示。首先检查跳线设定是否正确。安装时注意不要把螺丝拧得太紧，因为太大的压力会对机箱产生过大的拉力而导致扭曲。光驱的转速越快，这种效应就越严重。螺丝只要锁紧到光驱稳固即可。CD-ROM 光驱的散热也需要加以考虑。固定光驱用细螺纹螺丝。

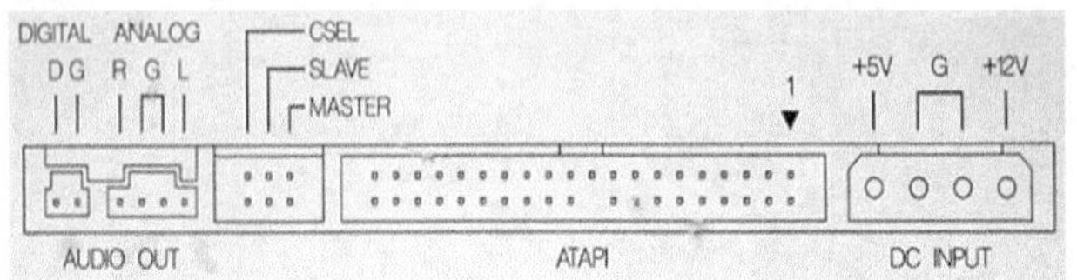

图 2.24　光驱接口

8. 显卡、声卡与网卡（见图 2.25）

图 2.25　声卡（PCI，左侧）与显卡（AGP，中央）

显卡通常采用 AGP 插槽。其一般为黄褐色，位于主板的中央。目前 PCI 显卡已经很少被使用了。其他扩展卡一般采用 PCI 插槽，如声卡。在安装前，需要从机箱的背版去除适当的插槽挡板。

PCI 插槽一般有若干个，理论上各个插槽都是相同的，可以随意选择。但受到 IRQ 资源分配、总线延迟、电磁干扰甚至散热、外形尺寸等问题的影响，有时在某些主板上要选择合适的 PCI 插槽可能会是个问题。固定扩展卡一般使用细螺纹螺丝。

9. 连接数据线

所有的主要部件如主板、处理器、RAM、显卡、声卡、硬盘、CD-ROM 与软驱等都已经安装完毕，下面就需要连接数据线了，如图 2.26 所示。

有两种主要的数据线种类：34-pin 的软盘数据线、与供连接硬盘及 CD-ROM 的 40-pinIDE 数据线（老式的 ATA33 线有 40 条线缆，新式的 ATA66 线有 80 条线缆）。数据线在其第一针脚位都会用颜色标注。主板和许多磁盘驱动器有对应的辨识标志。如果数据线插头没有限位且又找不到辨识标志，一般来说第一针就在电源接头的旁边。

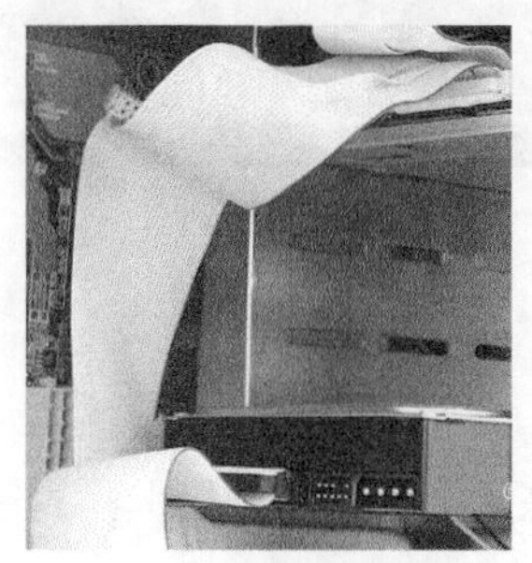

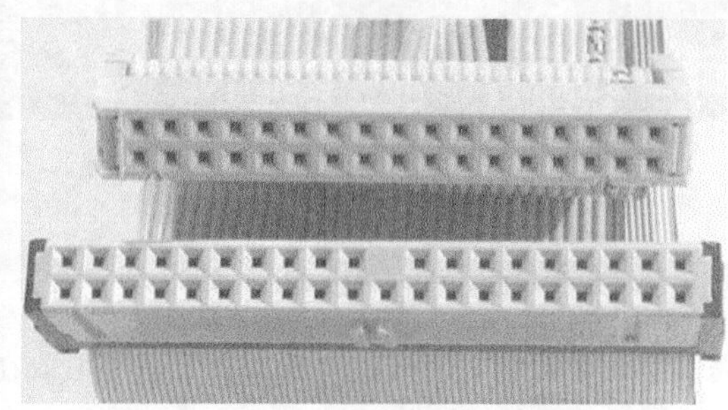

图 2.26　数据线（下方是 80-pin 硬盘线，上方是 34-pin 软驱线）

10. 连接 CD 音频线

在光驱和声卡之间通常音频线是 3 芯或 4 芯的，其中红色、白色的线是连接左、右声道的，黑色的线是地线，如图 2.27 所示。

11. 电源连接端（见图 2.28）

图 2.27　连接 CD 音频线

图 2.28　5 与 12V 的四极电源接头

安装的电源供应器至少有 5 个插头以提供磁盘驱动器电源。软驱的插头也与其类似，可以很容易地在电源供应器的电源缆线辨认出。主板电源插头（如图 2.29 左所示）是大型的 ATX 插头，

ATX12 或 P6（如图 2.29 右所示）若有需要应接上，这样可以提供更多的电力给耗电量大的处理器。

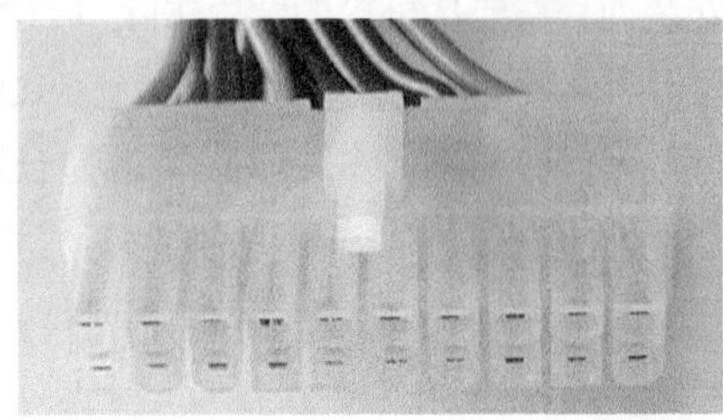
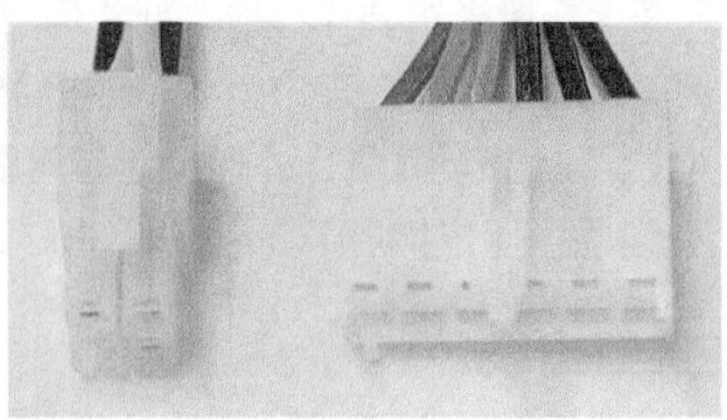

图 2.29 主板电源插头

主板电源插座如图 2.30 所示。

图 2.30 主板电源插座

12. 前面板信号线连接（见图 2.31）

主板将提供前面板功能的接脚在主板的右下角，可以在主板内附的手册上找到这些描述。通常在主板上有这些描述的简写，如下。

SP、SPK 或 SPEAK：扬声器输出端。4 个接脚两缆线。

RS、RE、RST、RESET 或 RESET SW：复位开关。两接脚。

PWR、PW、PW SW、PS 或 Power SW：电源开关。两接脚。

PW LED、PWR LED 或 Power LED：电源指示灯。两接脚或三接脚两缆线。

HD、HDD LED：硬盘指示灯。两接脚。

一般彩色线缆为正极，黑白为负极。Reset 与 On/ Off 开关即使接反了也能运作，若指示灯不亮，说明机型接错，把插头反转过来即可。

较新的机箱可能还有前置 mic 和耳机接口以及前置 USB 接口。因为 USB 接口含电源，需仔细操作，连接错误可能会起火燃烧。

13. 连接各种外设数据线和电源线

如显示器、键盘、鼠标等，插入主板上的相应位置上，接好数据线和电源线。

图 2.31 前面板信号线

14. 最后检查

以上已经安装并连接完所有的部件。在第一次加电开机前，需要重新检查，有些很明显的问题是可以很容易地被看出来的，如下：

主板跳线设定：处理器的设定正确吗？

磁盘驱动器跳线设定：主/从正确吗？

处理器、RAM 模块以及扩充卡是否稳固安装在其插座上？

有把所有的缆线都接上了吗？连接正确吗？都稳固接牢了吗？

有把所有扩充卡上的螺丝的旋紧或卡口卡好吗？

磁盘驱动器是否牢固？

所有磁盘驱动器的电源缆线是否都已连接？

在完成上述所有的检查之后就可以启动 PC 机了，检测 PC 机状态，进行 CMOS 设置，安装操作系统。

五、项目验收

1. 组装是否符合规范？
2. 走线是否整齐？
3. 速度是否快捷？
4. CMOS 检测与设置是否熟练？

实训二　计算机硬件组装

<table>
<tr><td colspan="7">任务单</td></tr>
<tr><td>学习领域</td><td colspan="6">计算机组装与维修</td></tr>
<tr><td>学习情境 1</td><td colspan="6">计算机系统组装</td></tr>
<tr><td>项目 2</td><td colspan="3">计算机硬件组装</td><td>学时</td><td colspan="2">10</td></tr>
<tr><td colspan="7">布置任务</td></tr>
<tr><td>学习目标</td><td colspan="6">● 掌握计算机硬件组装的步骤
● 掌握计算机硬件组装的注意事项
● 能够完成计算机硬件的组装
● 成功实现加电测试
● 对工作现场及时清理</td></tr>
<tr><td>任务描述</td><td colspan="6">林先生购买了一台能进行视频处理的计算机，要求计算机销售技术人员能够按照装机单进行计算机的硬件组装并测试机器运转正常</td></tr>
<tr><td>学时安排</td><td>资讯
1 学时</td><td>计划
0.5 学时</td><td>决策
0.5 学时</td><td>实施
5 学时</td><td>检查
2 学时</td><td>评价
1 学时</td></tr>
<tr><td>提供资料</td><td colspan="6">● 计算机组装与维修教材
● 计算机组装与维修课件
● 192.168.20.8 计算机组装与维修精品课程网站学习资源
● 计算机组装与维修学习音频、视频资源</td></tr>
<tr><td>对学生的要求</td><td colspan="6">● 认真阅读任务描述，掌握所需完成的任务
● 根据资讯引导，通过查找资料、网上搜索、观看录像的方式认真完成资讯
● 每名学生根据工作任务制定计划，由组长组织讨论，做出决策并实施
● 实施结束后进行自我评价、组内互评、教师评价
● 将所完成任务形成规范的文档进行存档</td></tr>
</table>

续表

资讯单			
学习领域	计算机组装与维修		
学习情境 1	计算机系统组装		
项目 2	计算机硬件组装	学时	10
资讯问题	1．组成计算机配件有哪些 2．导热硅脂的作用是什么 3．硬件组装的注意事项有哪些 4．组装与维修工具有哪些 5．前面板信号线接头文字的含义是什么		
资讯引导	• 在《计算机组装与维修》教材以及配套的课件中进行相关资料的查找 • 在“计算机硬件组装”视频中进行学习		

计划单			
学习领域	计算机组装与维修		
学习情境 1	计算机系统组装		
项目 2	计算机硬件组装	学时	10
计划方式	根据资讯单进行设计		
计划项	内容	备注	
计算机硬件组装前准备工作			
装机前注意事项			
装机工具			
装机的步骤			

续表

<table>
<tr><td>制定计划说明</td><td colspan="5"></td></tr>
<tr><td rowspan="3">计划评价</td><td>班级</td><td></td><td>第　　组</td><td>组长签字</td><td></td></tr>
<tr><td>教师签字</td><td colspan="2"></td><td>日期</td><td></td></tr>
<tr><td colspan="5">评语：</td></tr>
</table>

<table>
<tr><td colspan="4">实施单</td></tr>
<tr><td>学习领域</td><td colspan="3">计算机组装与维修</td></tr>
<tr><td>学习情境 1</td><td colspan="3">计算机系统组装</td></tr>
<tr><td>项目 2</td><td>计算机硬件组装</td><td>学时</td><td>10</td></tr>
<tr><td>实施方式</td><td colspan="3">依据计划单，按照步骤进行实施</td></tr>
</table>

序号	实施步骤	使用资源

<table>
<tr><td colspan="5">实施说明：</td></tr>
<tr><td>班级</td><td></td><td>第　　组</td><td>组长签字</td><td></td></tr>
<tr><td>教师签字</td><td colspan="2"></td><td>日期</td><td></td></tr>
</table>

<table>
<tr><td colspan="4">评价单</td></tr>
<tr><td>学习领域</td><td colspan="3">计算机组装与维修</td></tr>
<tr><td>学习情境 1</td><td colspan="3">计算机系统组装</td></tr>
<tr><td>项目 2</td><td>计算机硬件组装</td><td>学时</td><td>10</td></tr>
</table>

续表

<table>
<tr><td colspan="2">姓名：</td><td colspan="2">班级：</td><td>小组：</td></tr>
<tr><td colspan="2">地点：</td><td colspan="2">时间：</td><td>总分：</td></tr>
<tr><td>序号</td><td>评价内容</td><td>分值</td><td>得分</td><td>备注</td></tr>
<tr><td>1</td><td>任务认知程度</td><td>5</td><td></td><td></td></tr>
<tr><td>2</td><td>情感态度</td><td>5</td><td></td><td></td></tr>
<tr><td>3</td><td>团队协作</td><td>5</td><td></td><td></td></tr>
<tr><td>4</td><td>工作计划制定</td><td>5</td><td></td><td></td></tr>
<tr><td>5</td><td>实施单</td><td>5</td><td></td><td></td></tr>
<tr><td>6</td><td>装机准备是否完善</td><td>10</td><td></td><td></td></tr>
<tr><td>7</td><td>工具运用规范</td><td>5</td><td></td><td></td></tr>
<tr><td>8</td><td>装机顺序的合理</td><td>5</td><td></td><td></td></tr>
<tr><td>9</td><td>组装成功，正常启动</td><td>10</td><td></td><td></td></tr>
<tr><td>10</td><td>清理工作现场</td><td>10</td><td></td><td></td></tr>
<tr><td>11</td><td>设备的使用</td><td>5</td><td></td><td></td></tr>
<tr><td>12</td><td>工作记录</td><td>10</td><td></td><td></td></tr>
<tr><td>13</td><td>作业单</td><td>20</td><td></td><td></td></tr>
<tr><td>14</td><td>总分</td><td>100</td><td></td><td>占总评分 50%</td></tr>
<tr><td colspan="5">教师评语：</td></tr>
<tr><td colspan="2">教师签字</td><td colspan="2">日期</td><td></td></tr>
</table>

<table>
<tr><td colspan="4">作业单</td></tr>
<tr><td>学习领域</td><td colspan="3">计算机组装与维修</td></tr>
<tr><td>学习情境 1</td><td colspan="3">计算机系统组装</td></tr>
<tr><td>项目 2</td><td>计算机硬件组装</td><td>学时</td><td>10</td></tr>
<tr><td colspan="4">1．写出微型计算机的主要组成部件，并分别写出其作用。</td></tr>
<tr><td colspan="4">2．写出在 BIOS 中可以对计算机进行的基本操作。</td></tr>
<tr><td colspan="4">3．写出设置计算机启动顺序的 CMOS 项目及其设置的作用。</td></tr>
</table>

任务三

硬盘分区

准备知识（一）　安装操作系统前的硬盘分区

【主要内容】

- DM 分区操作。
- DISKGEN 分区操作。

【技能要求】

- 熟练使用 DM 工具对硬盘进行分区。
- 熟练使用 DISKGEN 工具对硬盘进行分区及删除分区。

一、Disk Manager

当一台计算机组装完成后，第一步要干什么?当然是装软件，只是这新组装的计算机应像新建的房子一样，大都还属于“毛坯房”，没有经过规划和装修，要想住人（装软件）还需先收拾一下，于是大家面临的第一个问题就是硬盘分区。目前随着大容量硬盘的不断推陈出新，进行硬盘分区的工具也日趋丰富，如 DM、EZ-DRIVER 等。

DM 是一个简便高效的分区工具。首先，DM 使用下拉菜单界面，操作直观；其次，DM 功能全面，包含低级格式化、分区、高级格式化等一系列功能；第三就是 DM 支持快速高级格式化功能，可以大大减少分区的时间。

1. 主菜单

先用启动盘启动计算机，完成后执行：DM（回车）

按两次回车键，进入软件主菜单，如图 3.1 所示。

主菜单中共有 4 个选项，当光带移至某个选项时，右侧会显示对应的快速说明，便于用户使用。

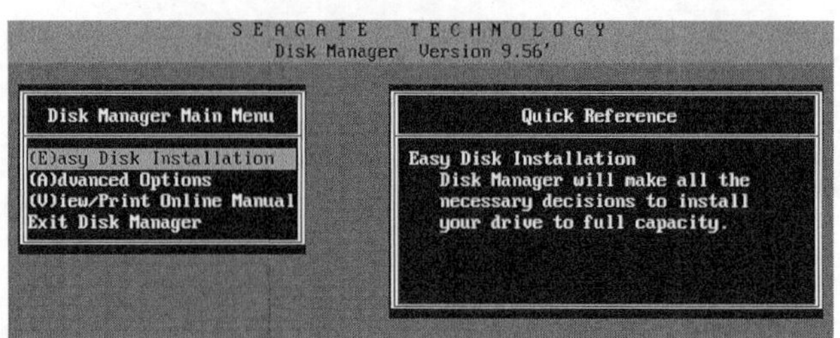

图 3.1 DM 主菜单

2. Easy Disk Installation（简易磁盘安装）

使用简易磁盘安装，DM 将自动安装硬盘全部容量为一个分区，且不可手工更改。整个操作过程非常简单，只需按提示回答几个问题即可。

选择 Easy Disk Installation 项，按回车键（这部分相对简单，不用图例说明）。

（1）DM 会自动找到已经安装的硬盘，并显示一个硬盘列表，如果正确，选择 Yes；否则，选择 No。这里，选择 Yes。

（2）按两次回车键，接下来出现的对话框将提示用户是否使用 FAT32 文件系统（注意：该对话框只有使用支持 FAT32 分区的启动盘启动计算机时才能出现，如果用 DOS 6.x 盘启动系统，则不会出现这个提示）。

（3）接下来出现的对话框将提示用户 DM 已经在当前硬盘中检测到一个分区，如果继续，则硬盘中的数据将会丢失，按“Alt+C”组合键继续；按其他键取消。

（4）按“Alt+C”组合键后，出现的对话框显示了当前硬盘的有关信息，并再次提醒用户如果继续，将删除硬盘中的所有数据。选择 Yes 继续，DM 将会对硬盘快速格式化。

（5）按任一键继续，出现 Disk Manager Status 对话框，表示硬盘安装成功完成；按“Reset”键或“Ctrl+Alt+Del”组合键重新启动，依提示操作即可。至此，硬盘安装完成。

3. Advanced Disk Installation（高级硬盘安装）

在高级安装中，用户可以自己定义硬盘分区的大小，比简易安装更为灵活。

4. Upgrade Disk Manager（更新 DM）

自动更新 DM 和所有 Ontrack 公司的支持驱动程序。选定好后按回车键，在出现的对话框中选择 Yes 开始更新，完成后，退出 DM 使更新生效。

5. Maintenance Options（维护选项）

选定后按回车键，出现 Maintenance Menu（维护菜单），该维护菜单共有 9 个选项，各选项说明如下：

（1）Create Ontrack Boot Diskette：创建 Ontrack 引导盘，当硬盘启动失败，利用此引导盘启动计算机后可以识别大硬盘，共有两个选项：Make this diskette an Ontrack Boot Diskette（复制 DDO 文件到软盘中，该软盘必须是引导盘）和 Copy this diskette（如果原来已有 Ontrack 引导盘，可以使用该选项直接复制）。

（2）Dynamic Drive Overlay Options：动态驱动覆盖选项，此动态驱动程序可以使老式机器识别大硬盘，以下简称为 DDO，共有两个选项：Update Dynamic Drive Overlay（更新 DDO）和 Remote Dynamic Drive Overlay（从指定驱动器中删除 DDO）。

（3）Master Boot Options：主引导记录选项，用来更新系统主引导记录和当主引导记录被病毒或其他程序破坏时恢复，共有两个选项：Write MBR Root Code（更新主引导记录）和 Restore MBR with Backup Copy（从备份中恢复主引导记录）。

（4）Windows 3.1x Driver Options　Windows 3.1x：驱动选项，安装和删除增强 32 位磁盘访问驱动程序，必须在安装了 Windows 3.1x 后才能安装该驱动，共有两个选项：Install Drivers（安装增强 32 位磁盘访问驱动 ONTRACKW.386）和 Remove Drivers（删除增强 32 位磁盘访问驱动 ONTRACKW.386）。

（5）ONTRACKD.SYS Driver Options：安装、更新和删除 ONTRACKD.SYS 驱动程序，以便使 DOS 和 Windows 3.1x 能访问 8.4GB 以上硬盘，共有两个选项：Install ONTRACKD.SYS Driver（安装和更新 ONTRACKD.SYS 驱动）和 Remove ONTRACKD.SYS Driver（从系统中卸掉 ONTRACKD.SYS 驱动）。

（6）Hard Disk Diagnostics：硬盘诊断，包括单个驱动器的测试和主/从驱动器的测试，共有 3 个选项：Individual Drive Tests（单个驱动器测试）、Master/Slave Drive Tests（测试主/从驱动器之间的数据传输情况）和 Change to Through Test Mode（改变测试模式，有快速和完整性两种，快速测试只需 1 分钟时间，而完整性测试需要 1 个小时，可根据硬盘的工作情况选择）。

Display Drive Information：显示硬盘详细信息。

Convert Drive Format　转换驱动器格式为 Ontrack 驱动器格式。

Return to previous menu：返回上一级菜单。

6. View/Print Online Manaual　查看/打印在线帮助

7. Exit Disk Manager　退出 DM

DM 的功能还不仅仅如此，这里介绍仅是其自动菜单，只需要在主窗口中按“Alt+M”组合键，就可以进入其手工菜单，如图 3.2 所示。

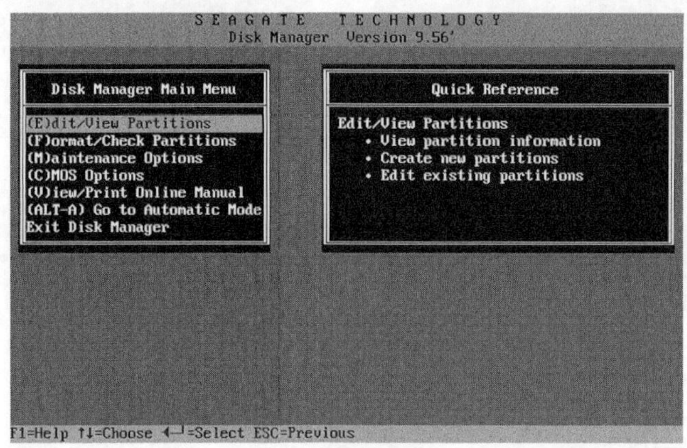

图 3.2　高级菜单

二、DiskGen

DiskGen（原名为 DiskMan）以其操作直观简便的特点为计算机用户所喜爱。它不仅提供了基本的硬盘分区功能（如建立、激活、删除、隐藏分区），还具有强大的分区维护功能（如分区表备份和恢复、分区参数修改、硬盘主引导记录修复、重建分区表等）；此外，它还具有分区格式化、分区无损调整、硬盘表面扫描、扇区拷贝、彻底清除扇区数据等实用功能。

硬盘分区

未建立分区的硬盘空间（即自由空间）在分区结构图中显示为灰色，只有在硬盘的自由空间才能新建分区，如图 3.3 所示。

分区参数表格的第 0～3 项分别对应硬盘主分区表的 4 个表项，而将来新建立的第 4、5、6、…以后的项分别对应逻辑盘 D、E、F。当硬盘只有一个 DOS 主分区和扩展分区时（利用 FDISK 进行分区的硬盘一般都是这样的），“第 0 项”表示主分区（逻辑盘 C）的分区信息；“第 1 项”表示扩展分区的信息；“第 2、第 3 项”则全部为零，不对应任何分区，所以无法选中。

1. 建立主分区

想从硬盘引导系统，那么硬盘上至少需要有一个主分区，所以建立主分区就是我们的第一步。先选中分区结构图中的灰色区域，然后选择分区菜单中的“新建分区”，此时会要求你输入主分区的大小，确定之后软件会询问是否建立 DOS FAT 分区，如果选择“是”，那么软件会根据用户刚刚填写的分区的大小进行设置，小于 640MB 时该分区将被自动设为 FAT16 格式；而大于 640MB 时分区则会自动设为 FAT32 格式。如果选择“否”，则软件将会提示用户手工填写一个系统标志，并在右边窗体的下部给出一个系统标志的列表供用户参考和填写。确定之后主分区的建立就完成了，如图 3.4 所示，主分区就是我们将来的 C 盘。

要建立非 DOS 分区，还需根据提示设定系统标志，如建立 Linux 分区，系统标志为“83”。

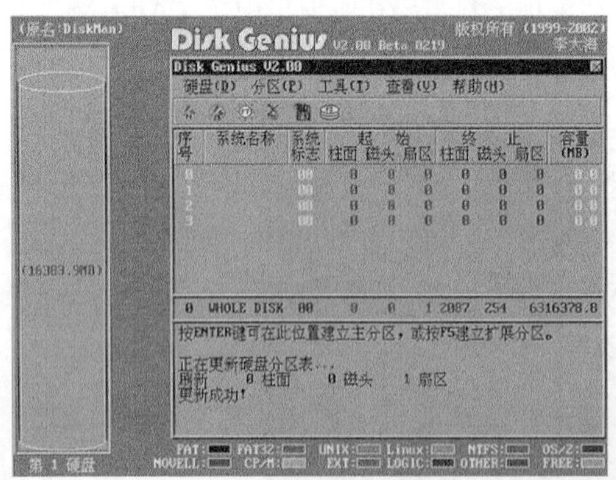

图 3.3 未建立分区的新硬盘

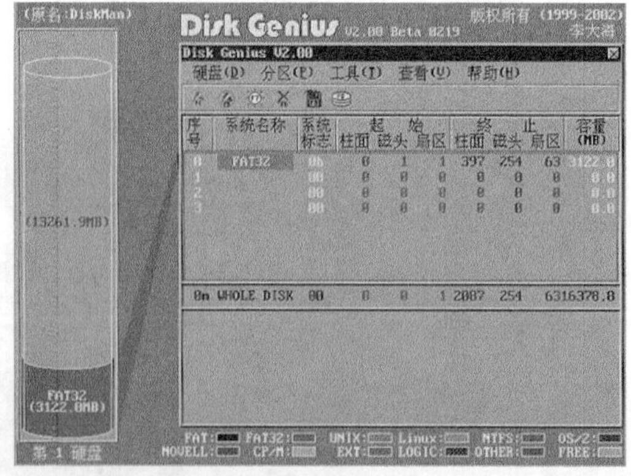

图 3.4 建立了一个 FAT32 主分区

2. 建立扩展分区

在建立了主分区之后，接着要建立扩展分区。首先建立扩展分区，先在柱状硬盘空间显示条

上选定未分配的灰色区域，选择“分区”→“建扩展分区”命令；之后会有提示要求用户输入建立扩展分区的大小，通常情况下应将所有的剩余空间都建立为扩展分区，所以这里可以直接按回车键确定，如图 3.5 所示。

至此我们已经建立好了扩展分区，扩展分区就是那段用绿色表示的部分，如图 3.6 所示。

注意一点：当硬盘上已有一个扩展分区时，就不能再建扩展分区了。如果你想将某个与扩展分区相邻的自由空间再划成扩展分区（即扩大“扩展分区”的范围），只能采取先删除已有的扩展分区，然后再重建才行。

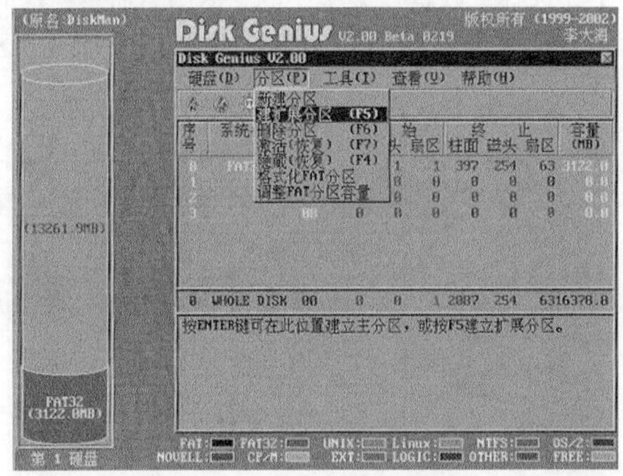

图 3.5　建立扩展分区

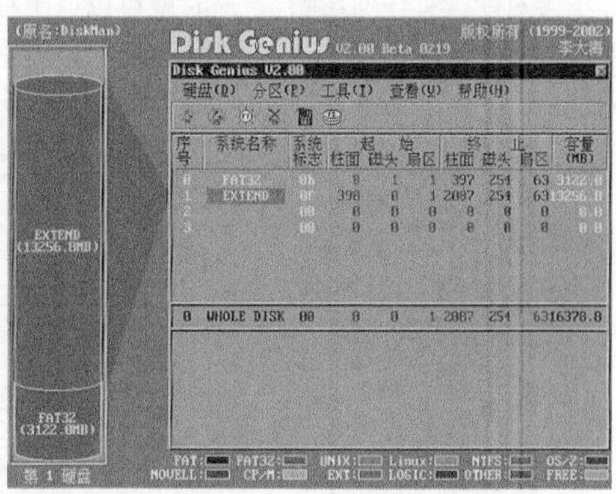

图 3.6　建立好的扩展分区（绿色区域）

3. 建立逻辑分区

在扩展分区上面再划分出逻辑分区，就是将来的 D、E、F 盘等。选中新建立的扩展分区（绿色区域）后，然后在菜单中选择“分区”→“新建分区”命令，其后的操作与建立主分区时相同，如图 3.7、图 3.8 所示。

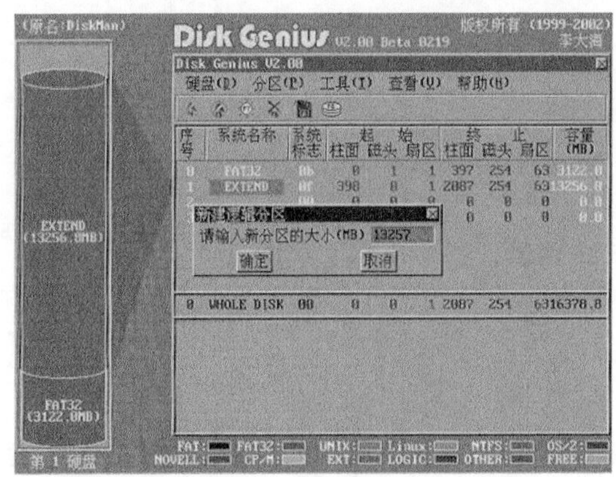

图 3.7　建立逻辑分区

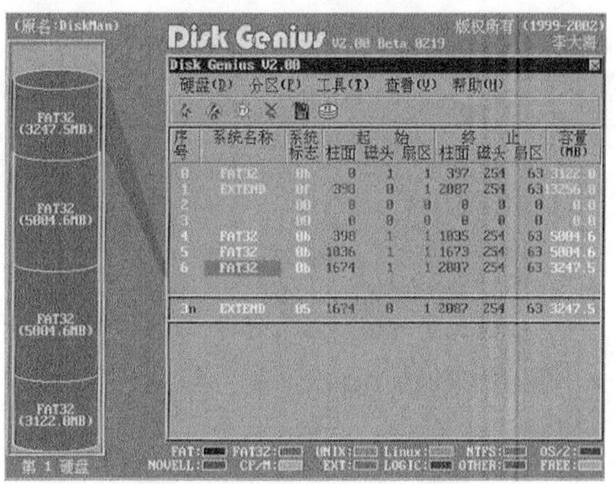

图 3.8　建立好的 3 个逻辑分区

4. 激活主分区

利用本软件，用户最多可以建立 4 个 DOS 主分区，由哪个主分区来引导系统，则取决于哪个主分区被激活了。这里只有一个主分区，所以激活它即可，首先选中主分区，然后选择“分区”

菜单中的“激活（恢复）”命令，如图 3.9 所示，激活分区的系统名称将以红色显示。存盘前如用户未设置启动分区，则自动激活第一个主分区。

5. 保存退出

选择“硬盘”菜单中的“存盘”命令，如图 3.10 所示；然后就可以对刚才分区的结果进行保存了。也就是写入分区表，根据提示确定之后，并再次确定，删除已有的引导信息后存盘完毕（所有的操作都只有在存盘后才会真正对分区表进行操作，只要不存盘用户可以任意对分区进行修改都不会对硬盘有任何影响）。这时就可以退出程序了，选择“硬盘”菜单中的“退出”命令，这时软件会要你选择“退出”、“重新启动”或“取消”，选择“重新启动”，重启之后再对所有的分区进行格式化，之后就可以安装操作系统并使用了。

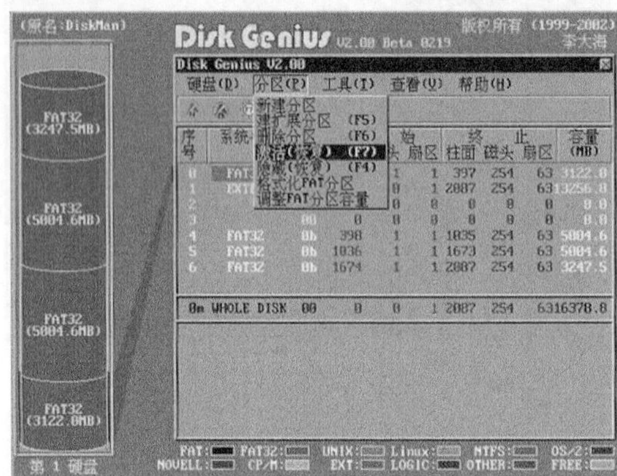

图 3.9 激活主分区

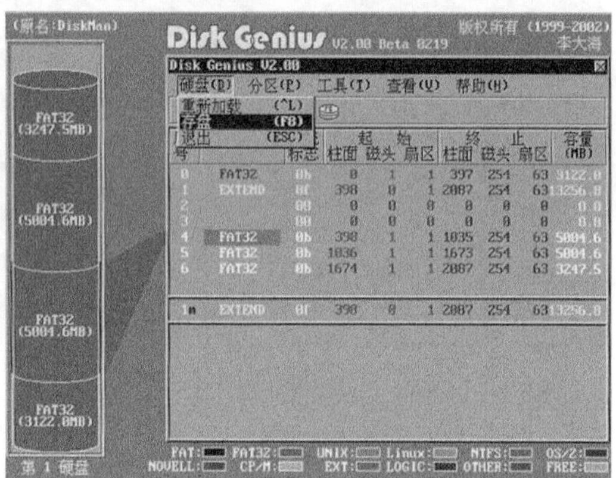

图 3.10 保存退出

准备知识（二） 安装操作系统后的硬盘分区

【主要内容】

- PartitionMagic 分区操作。
- Acronis Disk Director Suite 分区操作。

【技能要求】

- 熟练使用 PartitionMagic 对硬盘分区进行动态调整。
- 熟练使用 Disk Director 对硬盘分区进行动态调整。

一、PartitionMagic

对硬盘进行分区、格式化是安装系统前不可缺少的步骤。一旦系统安装好了，想要调整分区的大小，一般都需要重新分区，而重新分区会破坏硬盘中的所有数据，这常常令我们左右为难。如果没有第二块硬盘来中转数据，可以考虑使用 PartitionMagic 工具，它可在不损害数据的前提下调整硬盘分区的大小，并可对分区进行复制、合并、分割、转换格式等操作。

注意

任何对于硬盘分区的操作都是有相当大危险的。PartitionMagic 功能虽然强大，但也只能在非用不可时才用它。一旦在使用时碰上断电的情况，后果将会是灾难性的。

（一）调整分区容量

由于原来分区时考虑欠周、应用中有新的需要或要安装新的操作系统，经常会出现某个分区容量不够的情况，特别是 C 盘常常会被剩余空间不足所困扰，这时 PartitionMagic 就可以大显身手了。

1. 选择硬盘和分区

运行 PartitionMagic，在软件窗口左边任务栏中选择“调整一个分区的容量”，如图 3.11 所示，会弹出“调整分区容量向导”；单击“下一步”按钮，先选择要调整分区的硬盘驱动器，然后进入下一步选择要调整容量的分区，如图 3.12 所示。

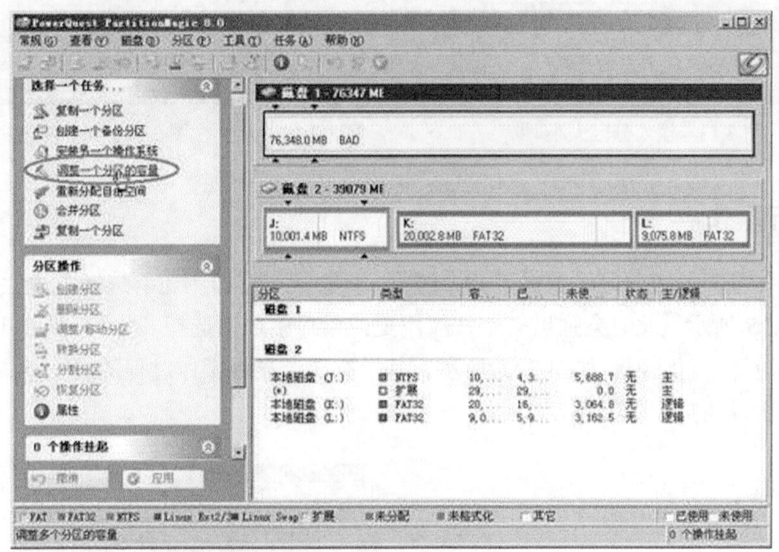

图 3.11　PartitionMagic 主界面

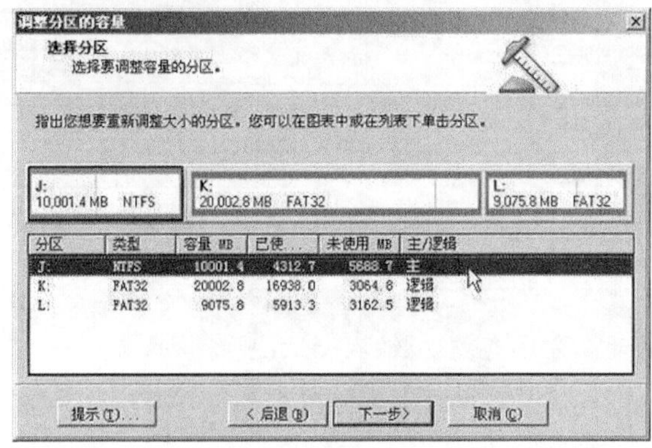

图 3.12　选择分区

2. 调整分区的大小

在接下来出现的对话框中会显示出当前硬盘容量的大小以及允许的最小和最大容量，如图 3.13 所示。用户可在“分区的新容量”栏的数值框中输入改变后的分区大小。注意最大值不能超

过上面提示中所允许的最大容量。然后在下一个对话框中选择要减少哪一个分区的容量来补充给所调整的分区。

最后需要确认在分区上所做的更改。在图3.14所示的对话框中会出现调整之前和之后的对比，在核对无误后就可以单击“完成”按钮回到主界面。

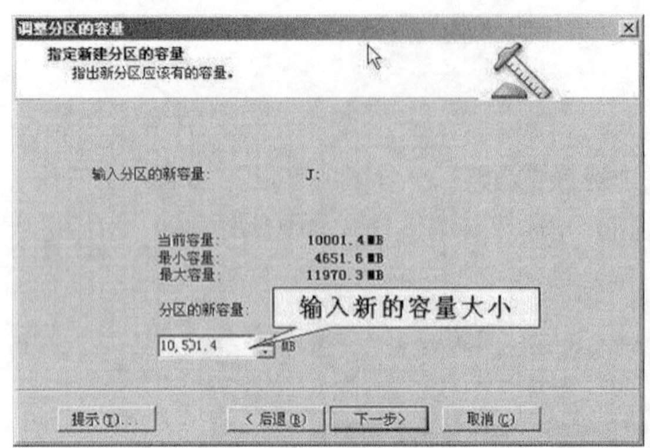

图 3.13　输入分区大小

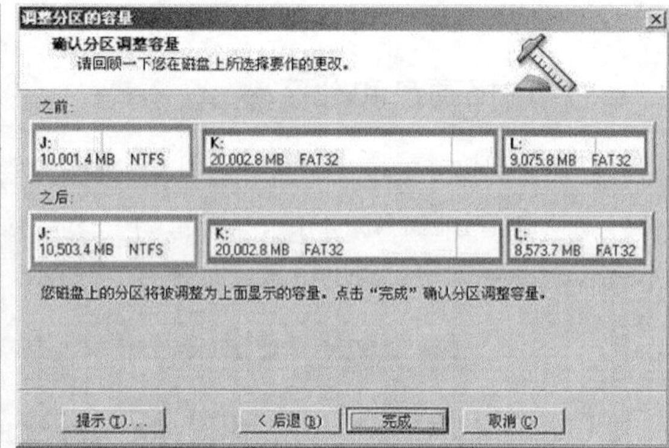

图 3.14　确认更改

3. 执行操作

以上的操作还只是对分区调整做了一个规划，要想让它起作用还要选择左边栏下方的“应用”按钮，如图 3.15 所示。此时会弹出一个“应用更改”对话框，选择“是”，即可开始进行调整，然后会弹出“过程”对话框，如图 3.16 所示；其中有 3 个显示操作过程的进度条，完成后重新启动计算机方才大功告成。

图 3.15　执行操作

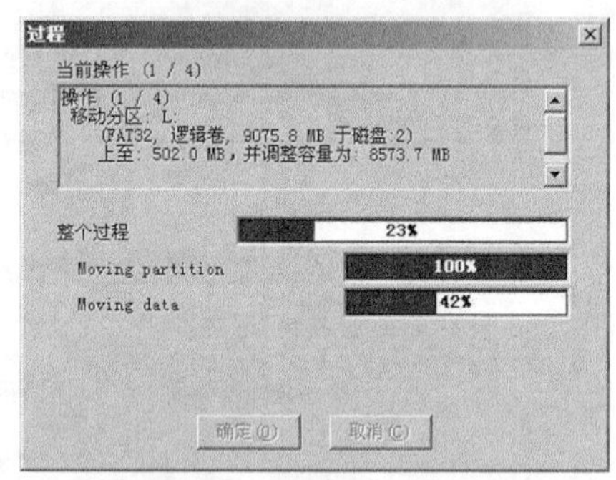

图 3.16　“过程”对话框

如果调整的两个分区有重要数据，记住要备份。在调整过程中，不要对正在执行操作的分区进行读写操作。另外，操作过程耗时较长，在这个过程中一定不要运行其他应用程序，并且不能断电。

（二）合并、分割分区

早期的硬盘分区都比较小，已经不能适应现在的应用需求了，可以使用 PartitionMagic 将两个较小的分区合并成一个大的分区。如果分区过大，不便管理，也可以用 PartitionMagic 将它分割成

几个较小的分区。这些操作除了可以通过选择左边栏中的命令并根据操作向导进行操作外，还可直接选择欲操作的分区，通过鼠标右键的快捷菜单来进行。

在 PartitionMagic 主界面中选中要合并的分区，然后单击鼠标右键，在弹出的快捷菜单中选择“合并”命令，会打开“合并邻近的分区”对话框，如图 3.17 所示。先在“合并选项”栏中选择要合并的分区，然后在“文件夹名称”文本框中指定用于存放合并分区数据的文件夹名称（如果把两个分区合并成为一个分区，参加合并的其中一个分区的全部内容会被存放到另一个分区的指定的文件夹中）。最后单击“确定”按钮。

分割操作与合并类似，先选择分割的分区，单击鼠标右键，然后在弹出的快捷菜单中选择“分割”命令，打开“分割分区”对话框，如图 3.18 所示。先在数据选项卡中指定好新建分区的卷标、盘符，然后移动想要存放到新分区的文件夹，可以双击左侧的文件夹把它放在新建的分区中，最后在“容量”选项卡中设定新建分区的容量。完成后单击“确定”按钮。

分割分区的操作对 NTFS 分区无效。

合并邻近的分区

您可以以它后面的分区：L:　(FAT32) 合并选定的分区 K:　(FAT32)。

合并选项

L:　(FAT32)　成为它的一个文件夹　K:　(FAT32)

K:　(FAT32)　成为它的一个文件夹　L:　(FAT32)

不可用

不可用

合并文件夹

所有 L:　(FAT32) 中的文件将被作为一个文件夹添加在分区 K:　(FAT32) 的根目录中。请输入新文件夹的名称。

文件夹名称(N): data

文件系统类型

FAT　FAT32　NTFS

确定(O)　取消(C)　帮助(H)

图 3.17 “合并邻近的分区”对话框

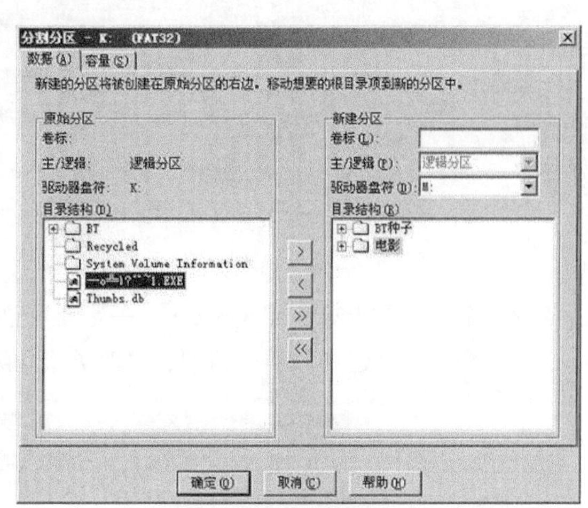

图 3.18　分割分区

（三）转换格式

分区的文件系统有多种多样的类型，如常见的 FAT16、FAT32、NTFS 等，可以使用 PartitionMagic 来实现分区格式的转换。

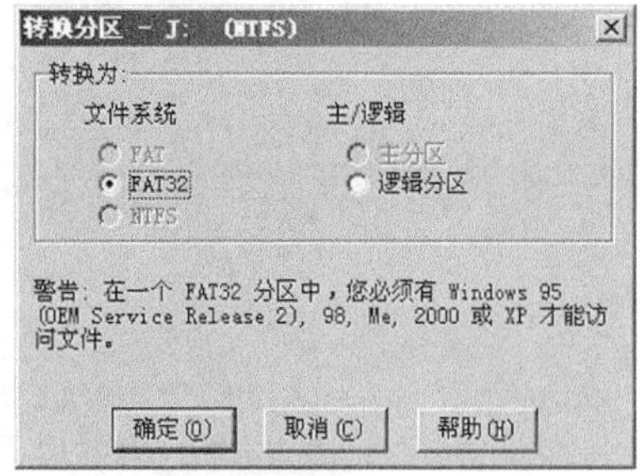

图 3.19 “转换分区”对话框

用鼠标右键单击要转换分区的盘符，然后选择“转换”命令，会弹出“转换分区”对话框，如图 3.19 所示，在其中选择要转换的格式后单击“确定”按钮即可。如果使用的是 Windows 98 之类的系统，则只能把 FAT16 转换为 FAT32，而对于 Windows NT/2000/XP 系统，则可实现 FAT32 与 NTFS 格式之间的转换。

以上是 PartitionMagic 最常用的应用，除此之外，使用 PartitionMagic 还可用来复制和格式化分区，操作方式基本都差不多，此处不再介绍。

二、Acronis Disk Director Suite

PartitionMagic 适用于 Windows 2000/XP 系统，但在 Windows 7/Vista 系统中并不能使用，而 Acronis Disk Director Suite 软件是适合于在 Windows 7/Vista 系统中分区使用的，功能与 PartitionMagic 软件基本相同。Acronis.Disk.Director Suite 软件安装完成后在桌面上会出现 Acronis 的图标，打开会出现使用界面，这时会出现两个选项。

- 自动模式（Automatic Mode）。

在置顶菜单的视图（View）中可以切换这两种模式。在自动模式下能够对硬盘进行的操作很少，该模式类似“我的电脑”，可以查看分区内容，增加分区容量等，不推荐用此模式，如图 3.20 所示。

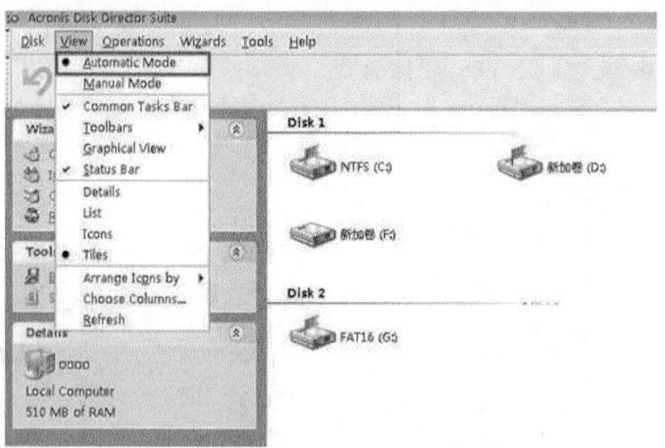

图 3.20 自动模式

- 手动模式（Manual Mode）（一定要用这个模式）。在手动模式下可以对硬盘的分区进行删除、创建、移动、切割、更改类型和编辑等操作，如图 3.21 所示。

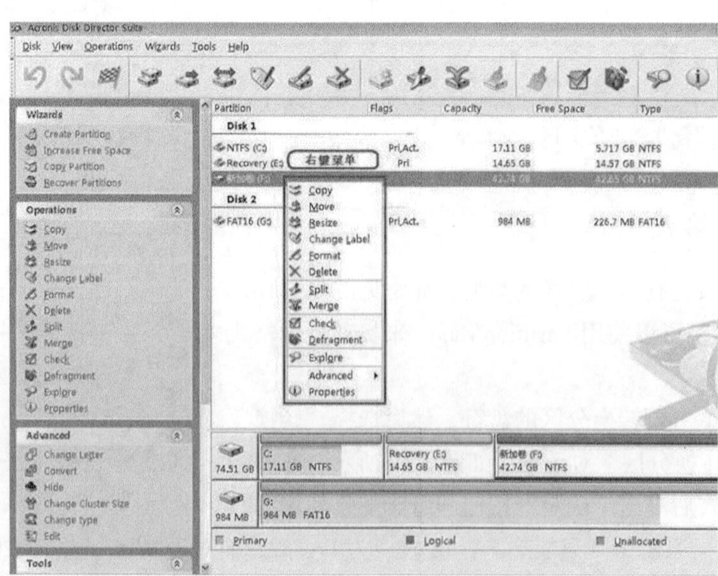

图 3.21 手动模式中可进行的操作

如下图所示，黄色的是主分区，蓝色的是逻辑分区，绿色的是未划分的空间。

1. 更改分区类型

众所周知，Vista 安装时分的区都是主分区，要如何将除了 C 盘以外的主分区改成逻辑分区呢？使用 Vista 自带的磁盘管理工具显然是不适合的，其一，它不能直接转换分区，其二，要第三个分区以后才能分成逻辑分区。此时用 Acronis.Disk 就可以很快速地实现安全转换。

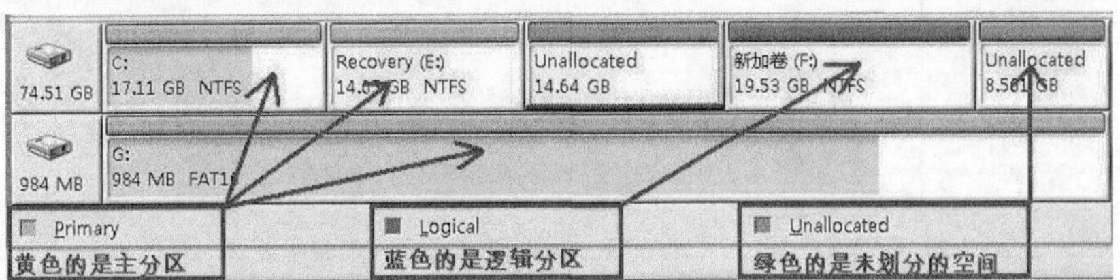

在要转换的 D 分区上单击鼠标右键，选择高级选项(Advanced)，再选择其中的转换(Convert)，或者是选定 D 分区后直接单击左边任务条下方的转换（Convert）按钮，如图 3.22 所示。

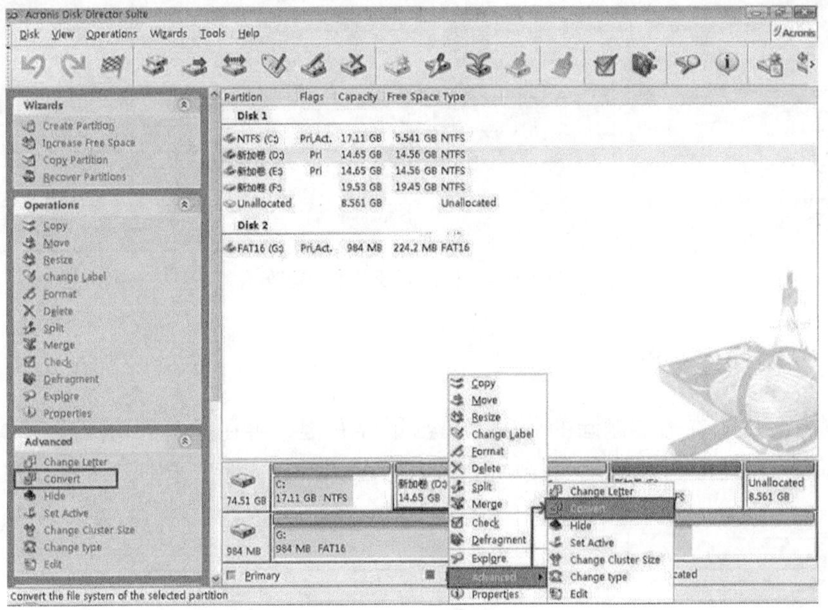

图 3.22　分区转换

转成逻辑分区（Logical Partition），如图 3.23 所示，然后单击 OK 按钮。

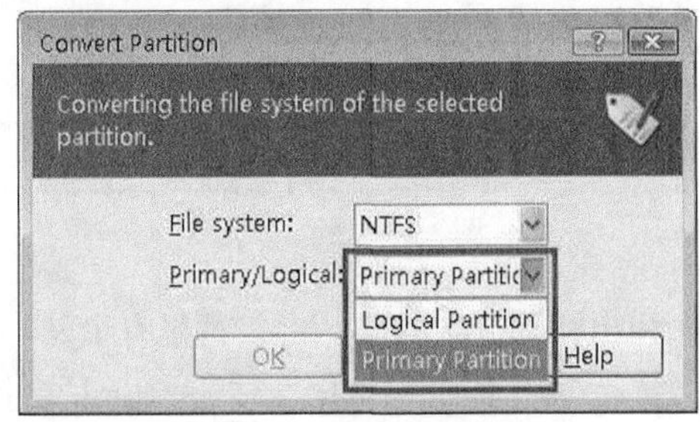

图 3.23　逻辑分区的选择

不过这样有可能会在分区前面留出一些空间，要注意这些空间是无法合并到其他分区的，通过调整大小（Resize）功能可以了解详细信息。从图 3.24 中可以看出 D 分区已经转换成逻辑分区了，不过该操作还没有实际被应用，需要单击上方的花格旗子样的提交（Commit）按钮来执行该操作，如图 3.24 所示。

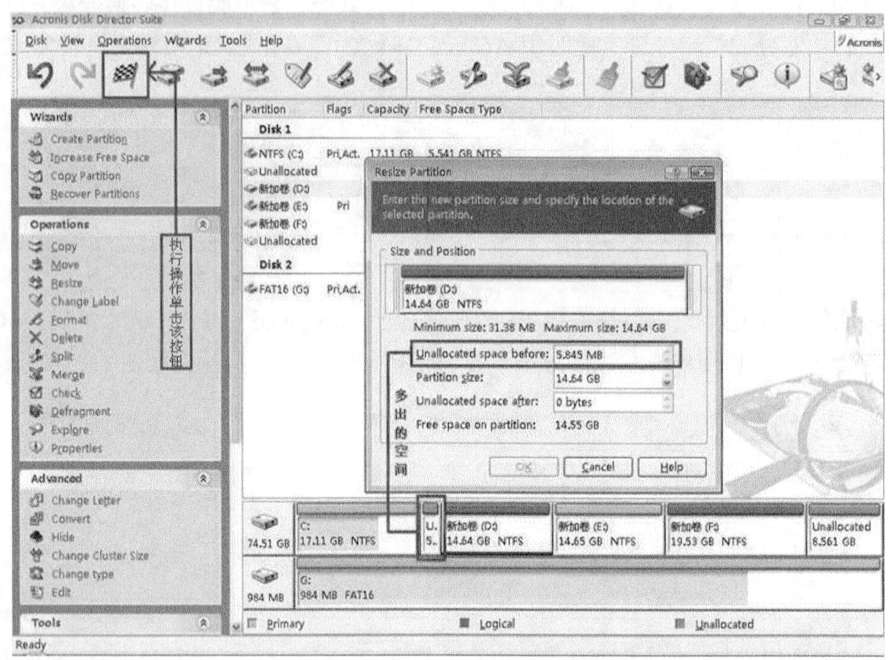

图 3.24　执行分区类型的更改

2. 删除和创建分区

（1）删除分区。在需要删除的分区上单击鼠标右键，再在弹出的快捷菜单中选择“删除（Delete）”命令，或者选中分区后直接单击左边任务栏中的“删除”按钮，如图 3.25 所示。

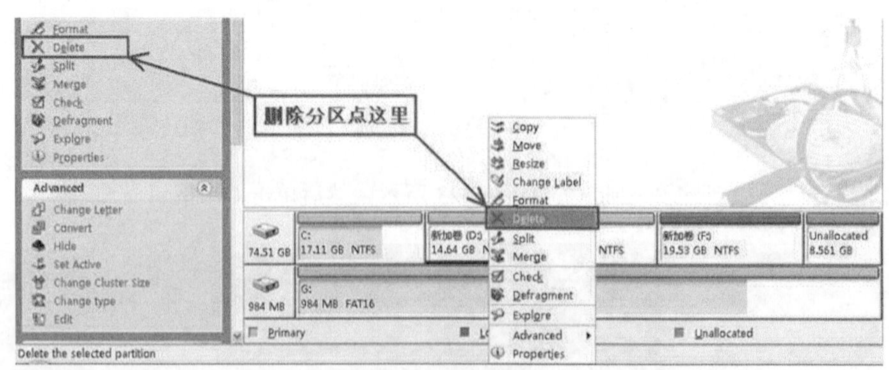

图 3.25　删除分区

单击“删除”按钮以后会弹出删除分区的确认框，这里有个贴心的设计就是有彻底摧毁数据的功能，可以手动设置覆盖数据（Over-Write）的次数来达到保护数据不外流的目的。

（2）创建分区。在绿色的未划分的分区（Unallocated）上单击鼠标右键，再在弹出的快捷菜单中选择“创建分区（Create Partition）”命令，或者选中未划分的分区后直接单击左边任务栏中的“创建分区”按钮，如图 3.26 所示。

单击“创建分区”按钮以后会弹出创建分区选项界面，这里可以设置分区的卷标（Partition Label）、分区的文件系统（File System）、分区类型（Create as）（主分区/逻辑分区）、此分区前部剩余空间（Unallocated Space Before）、分区大小（Partition Size）、此分区后部剩余空间（Unallocated Space After），如图 3.27 所示。

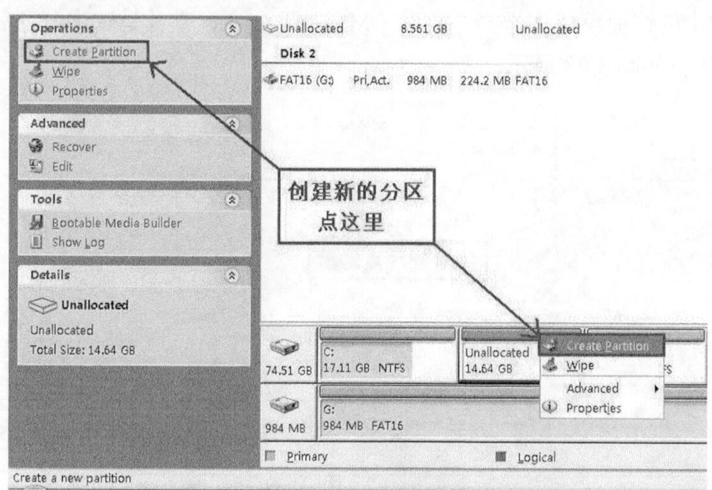

图 3.26　创建分区

图 3.27　分区属性

3. 移动分区

移动分区功能主要是用于把一个重要的分区完整地移动到其他的空间，从而让不同位置的未划分空间可以合并到一起，方便统一创建分区。

如下图所示，在删除了 D 盘后，未划分的空间被 E 盘和 F 盘隔开了，需要移动 E 盘和 F 盘以达到空间合并的目的。

这里有两种移动方法，其一，用移动（Move）选项来移动，这个是正统的移动方法，其二，

用调整大小（Resize）选项来移动。

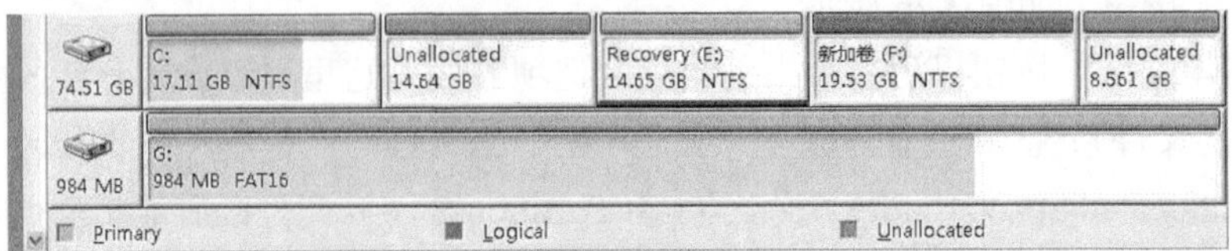

（1）用移动（Move）选项来移动分区。在要移动的分区上单击鼠标右键（这里以 Recovery E 盘做示范），在弹出的快捷菜单中选择“移动（Move）”命令，或者是选中分区后单击左边任务栏中的“移动”按钮，如图 3.28 所示。

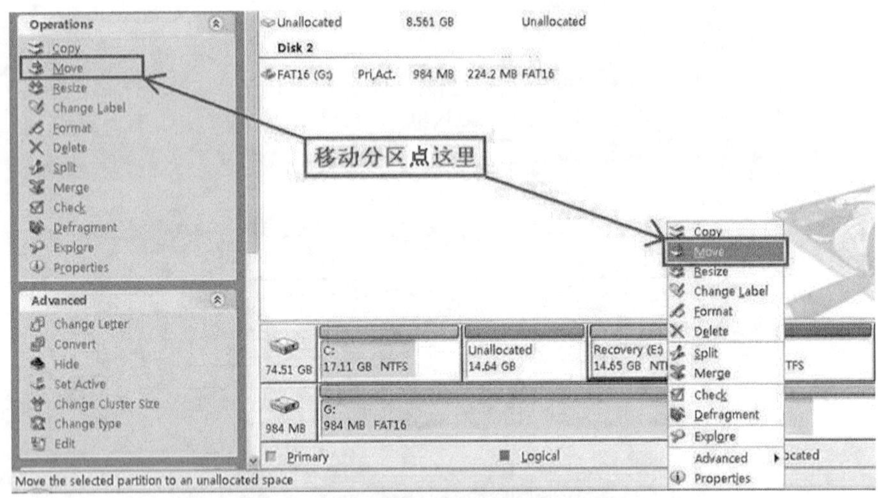

图 3.28 移动分区

在弹出的移动分区选项框中选中要移动的位置（注意必须是未划分的空间），然后单击 Next 按钮，如图 3.29 所示，需要注意的是，图中在 F 盘后还有一个未划分的空间，这个空间也是可以移动的，不过如果 E 盘中的资料若是超过了未划分空间大小则是不能移动的。移动分区不会损坏分区资料。

单击 Next 按钮以后，可以看见更详细的信息，同时也可以改变分区的类型，选择好后单击 OK 按钮即可完成移动分区，如图 3.30 所示。

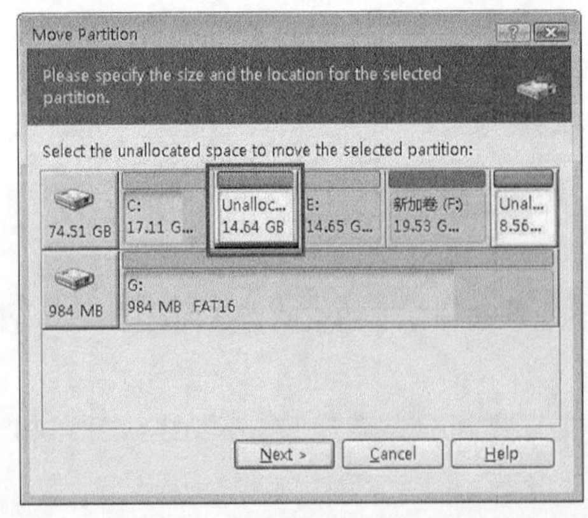

图 3.29 选择要移动的分区

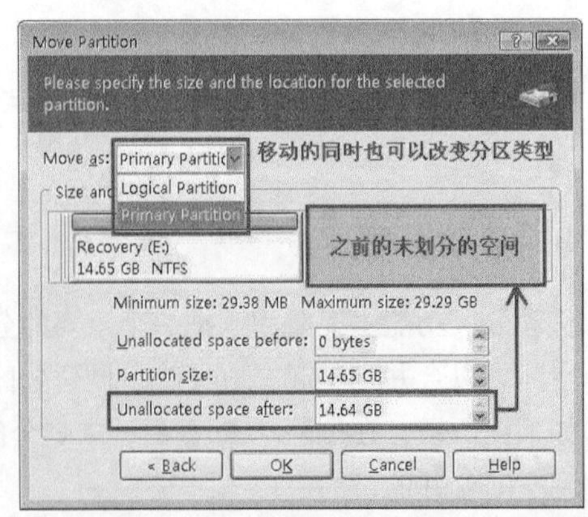

图 3.30 移动分区的属性

当E盘移动完成以后，再把F盘也同样的往左移动就可以让剩余的空间全部合并了。全部操作完成后，需要单击"提交（Commit）"按钮才能执行命令。

特别注意

如果分区呈以下零散状况：

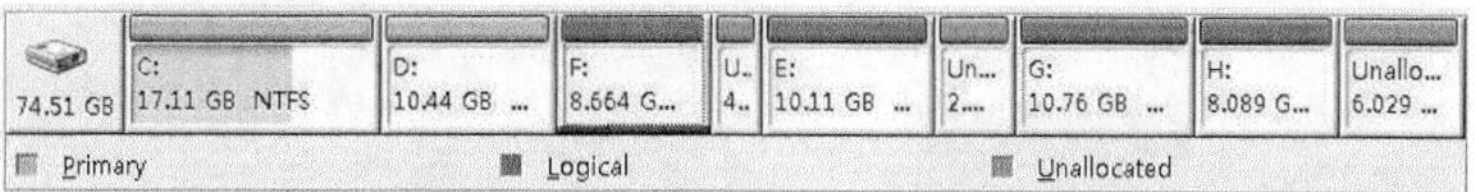

若要把F盘移动到最后一个未划分的空间，那么F盘的大小会自动变为目标分区的大小，只要是跨一个已经分好的分区来移动原有分区，那么这个要移动的分区大小就会自动变为目标分区的大小。不过分区中的资料会完整保留。

（2）用调整大小（Resize）选项来移动分区。在要移动的分区上单击右键，在弹出的快捷菜单中选择"调整大小（Resize）"命令，如图3.31所示。

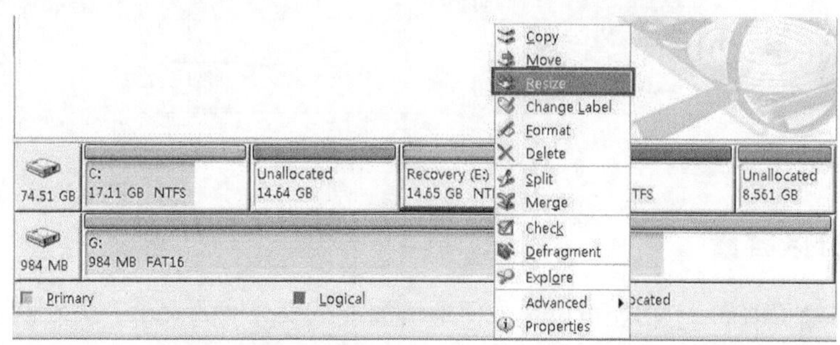

图3.31　选择Resize命令

在弹出的调整框中将光标移动到分区的图案上，当出现十字型时，按住鼠标左键不放，把整个分区往左拖即可。不同于移动命令的是，这样的移动不能同时改变分区类型，如图3.23所示。

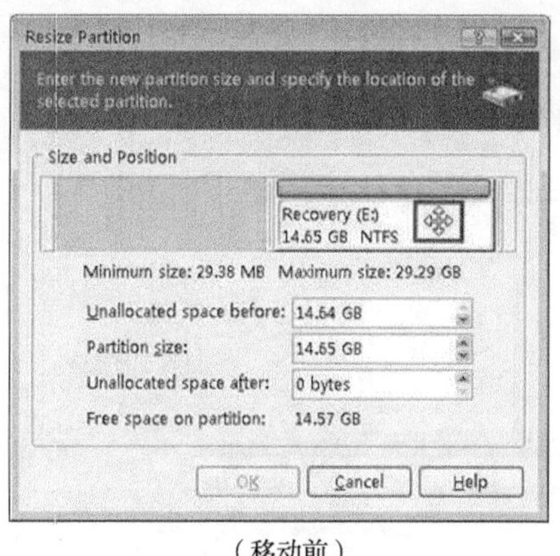

（移动前）

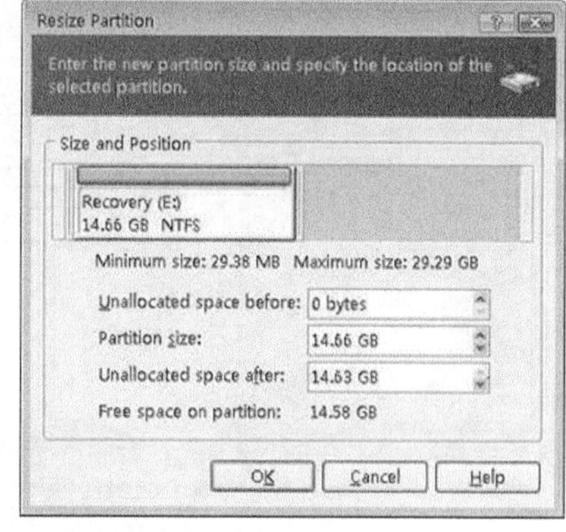

（移动后）

图3.32　分区移动前后对比

特别注意

如果移动了C盘，如下图所示，则说明C盘被往后移动了。

在单击"提交（Commit）按钮"时，软件会要求重新启动，此时需要单击"重启（Reboot）"按钮以完成操作，如图3.33所示。移动C盘多用于磁盘0磁道附近出现不可修复的坏道。

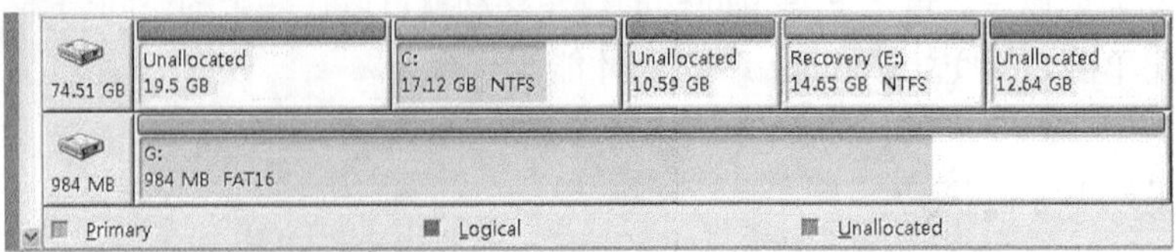

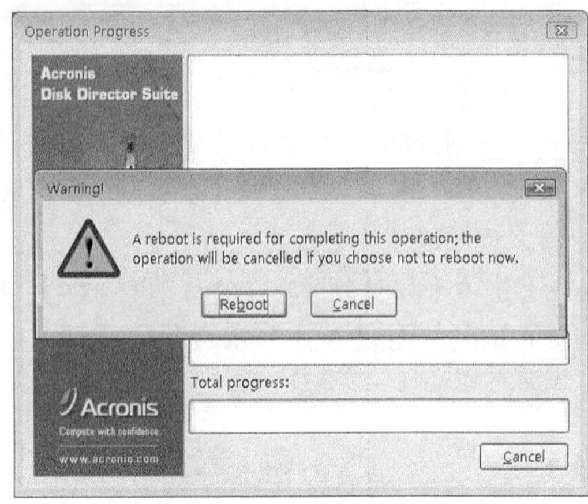

图 3.33　重新启动

4. 调整分区容量

调整分区容量（Resize）功能可以很方便地增加或减少分区的大小，当然也可以移动分区到特定的位置（见移动分区）。

如图 3.34 所示，F 盘在两个未划分的分区中间，通过调整大小功能就可以很方便地把两个未划分的分区合并到 F 盘。在 F 盘上单击鼠标右键，在弹出的快捷菜单中选择“调整大小（Resize）”命令或者选中分区后单击左边任务栏中的“调整大小”按钮。

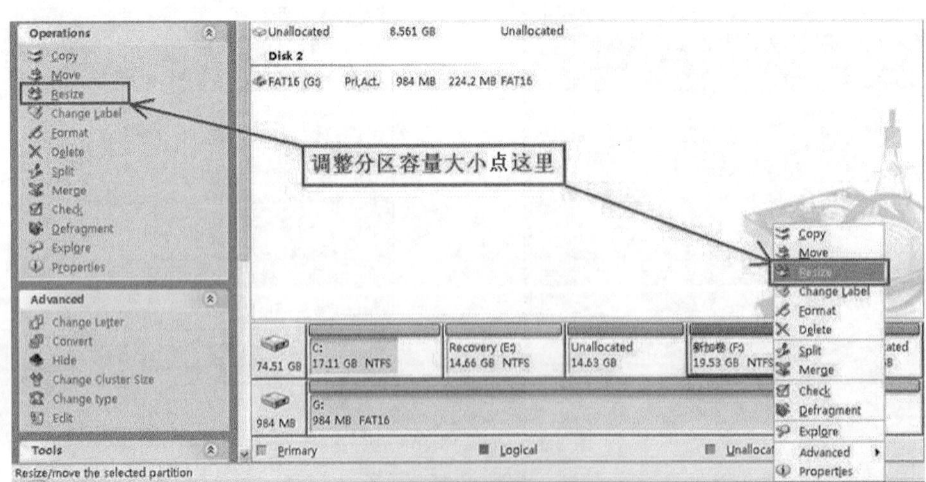

图 3.34　选择调整分区

在弹出的界面中把鼠标指针移动到分区的边缘，当出现如图 3.35 的左右箭头时按住鼠标左键不放，然后往左拖到头即可把前面的未划分空间归入 F 盘，同理把往右拖到头即可。当然还有个

更快速的方法，即在分区大小（Partition Size）右边的输入框中输入一个足够大的数字后按回车键就会自动扩大分区容量，不过这个仅用于把所有空间都归入 F 盘的场合。

（调整前）

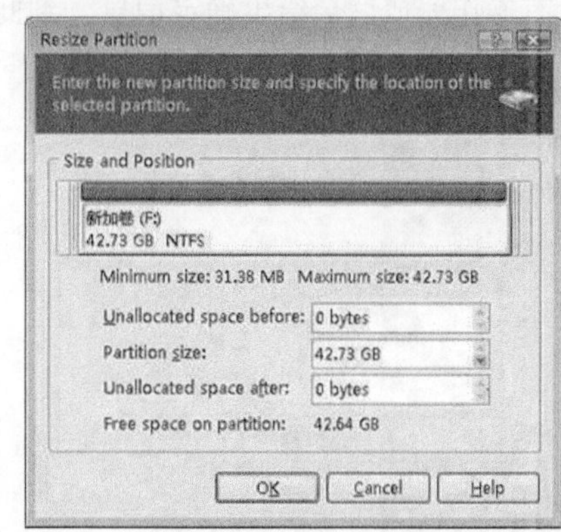

（调整后）

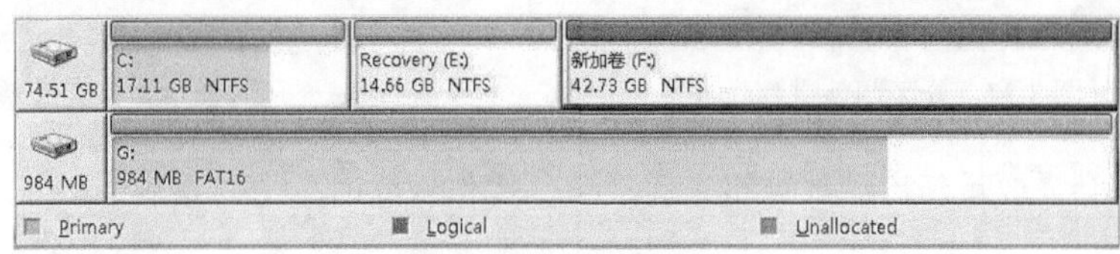

（调整完毕后的分区状况）

图 3.35　分区容量调整过程

调整完大小后需单击“提交（Commit）”按钮。

在此软件中所有的操作都不会马上执行，也就是说可以任意修改并不会影响当前硬盘的数据和状态，只有单击“提交”按钮以后才会执行之前的操作。

以上面调整分区大小为例，调整完以后单击图 3.36 中左上方花格旗子样的“提交”（Commit）按钮，就会弹出未决定的操作（Pending Operation）列表，列表中间是做过的所有操作，单击下方的“进行（Proceed）”按钮就可以执行操作。

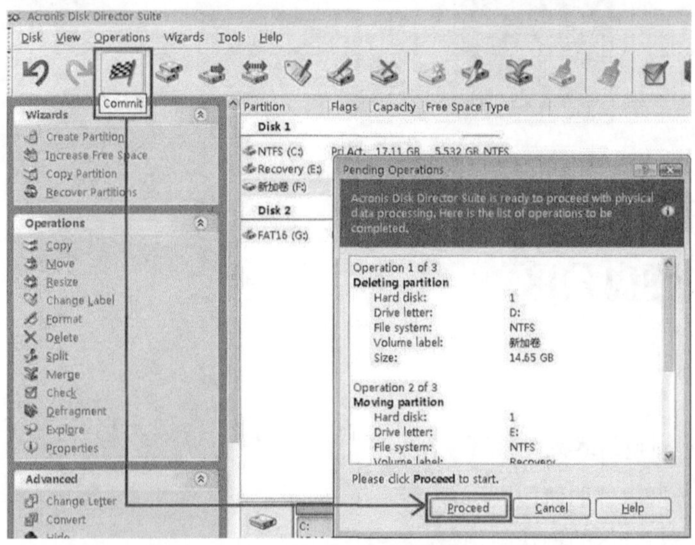

图 3.36　执行分区调整

之后会出现操作进度表，如图 3.37 所示。从里面可以知道做到哪个步骤，如果临时想取消操作可以单击“取消（Cancel）”按钮，但是之前已经执行完的操作不会被取消。

所有操作完成后会给出确定信息，到此所有分区操作就已完成，如图 3.38 所示。

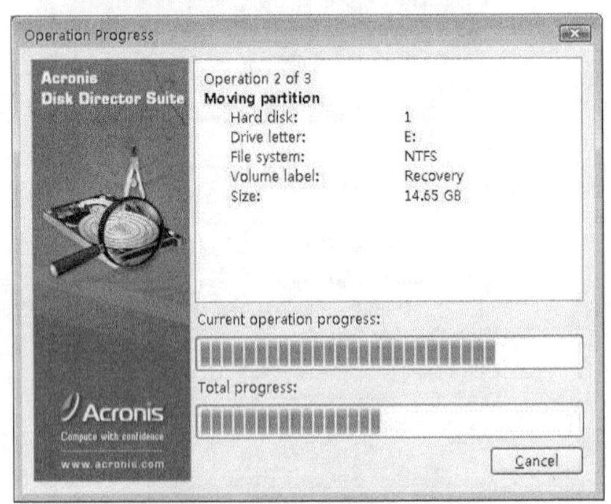

图 3.37　分区调整进程

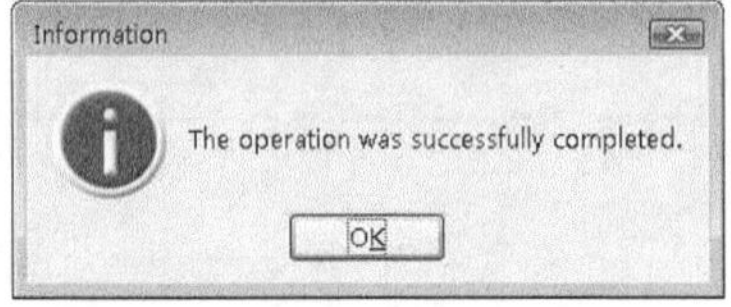

图 3.38　分区调整结束

但有时系统会需要重新启动计算机来完成分区操作，此时单击“重启（Reboot）”按钮即可，如图 3.39 所示。

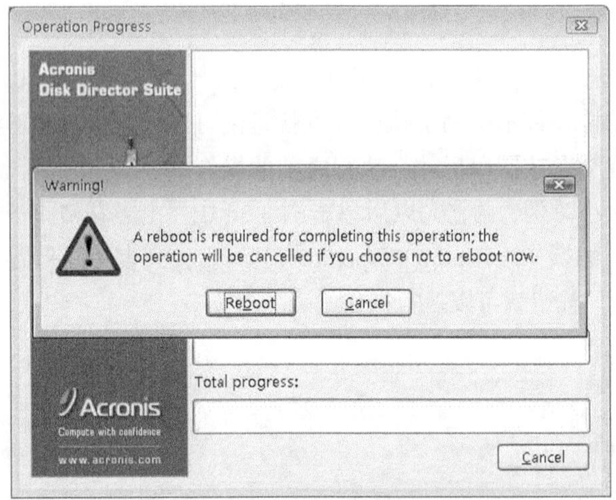

图 3.39　重新启动

任务实施　硬盘分区

一、任务目标

1. 熟悉 BIOS 的常用设置。
2. 掌握硬盘分区软件的使用方法。
3. 能够实现硬盘分区的创建与调整。

二、工具清单

PC 机一台、工具盘一张。

三、工作场景

“XXXX 室内装装饰设计”公司的林先生新买了一台计算机，要求电脑销售人员在新组装的计算机中为其分成 4 个分区，C：20GB、D：40GB、E：30GB、F：30GB，用来存放不同用途的文件。

四、工作过程

因为是新购买的计算机，从 DM、Disk Gen、PQ 和 Disk Director 中选择，可以考虑采用 DM 或 Disk Gen 来进行分区。

具体执行过程如下（以 DM 操作为例）：

1．用工具盘从光盘启动，选择 DM 命令项，进入 DM 欢迎界面，如图 3.40 所示。

2．在 DM 的主菜单中选择高级选项，如图 3.41 所示。

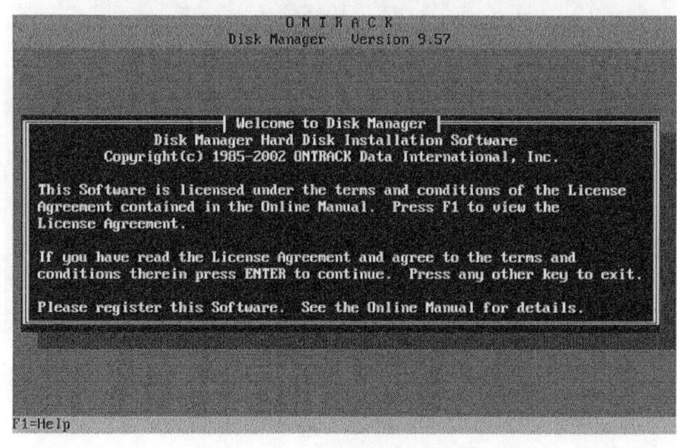

图 3.40　DM 欢迎界面

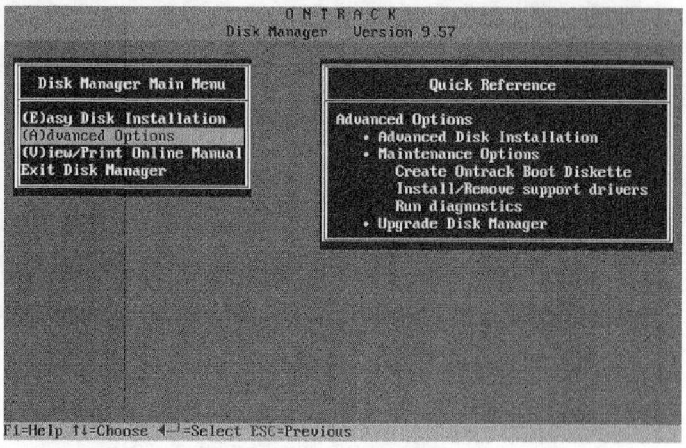

图 3.41　选择高级选项

3．选择高级磁盘管理选项，如图 3.42 所示

4．确认是否对当前硬盘进行操作，如图 3.43 所示。

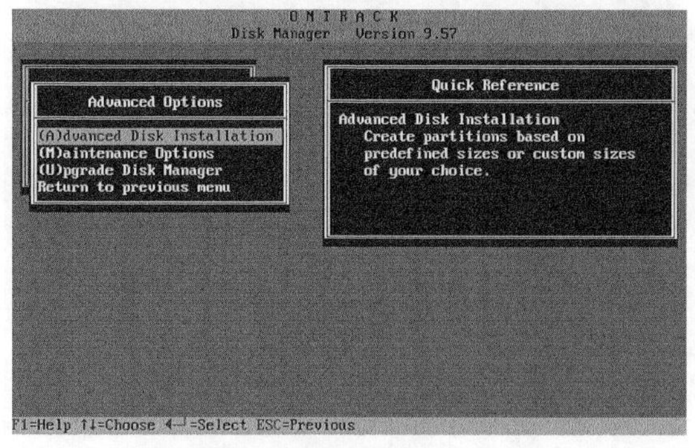

图 3.42　选择高级磁盘管理选项

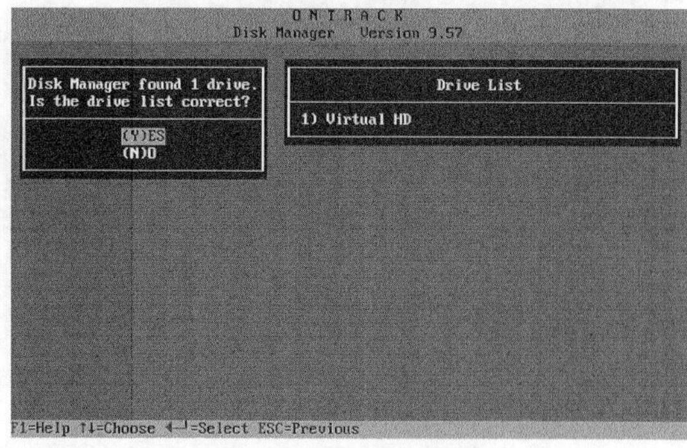

图 3.43　确认硬盘选择

5．选择将要使用的操作系统类型，如图 3.44 所示。

6．确认是否将硬盘格式化为 FAT 32 的文件系统，如图 3.45 所示。

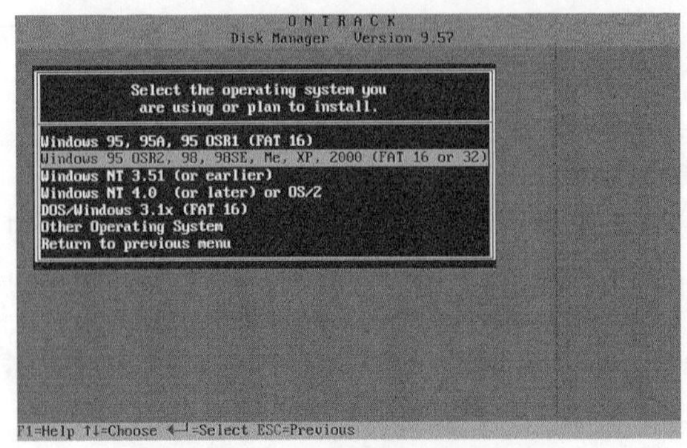

图 3.44　选择操作系统类型

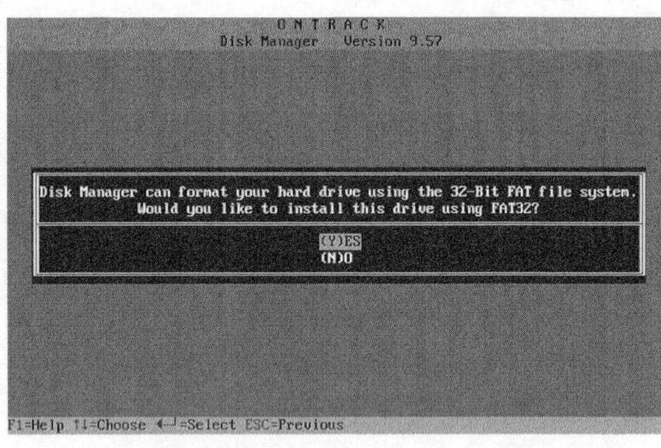

图 3.45　将硬盘格式化为 FAT 32 类型

7．选择分区方式，如图 3.46 所示。

8．显示当前最大的磁盘分区容量，如图 3.47 所示。

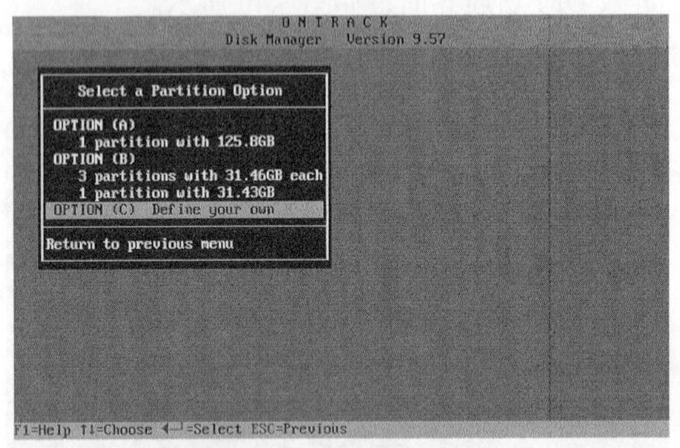

图 3.46　自定义分区容量

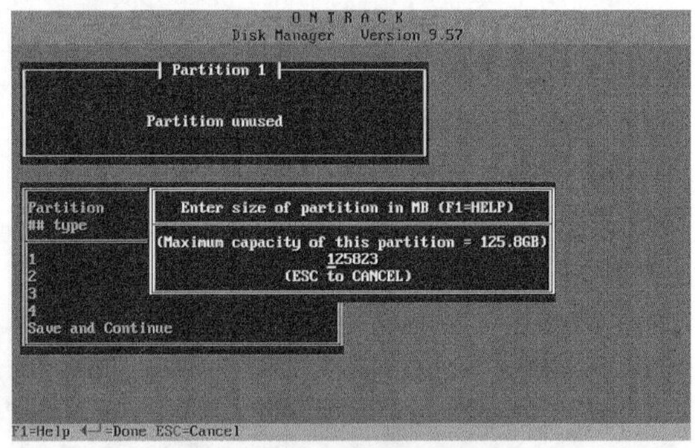

图 3.47　磁盘最大空间

9．输入第一分区容量，如图 3.48 所示。

10．输入第二分区容量，如图 3.49 所示。

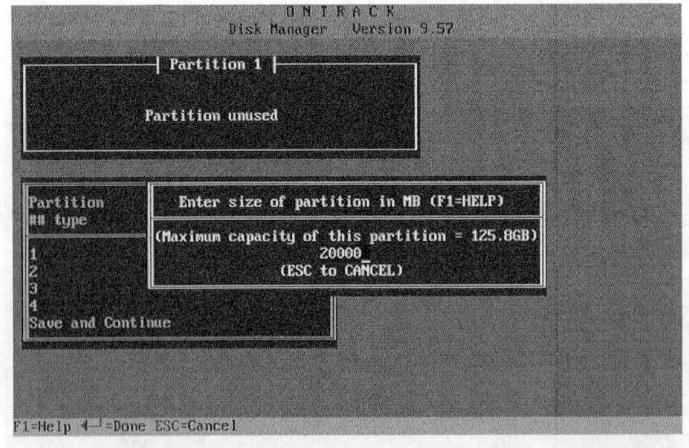

图 3.48　第一分区容量

图 3.49　第二分区容量

11．输入第三分区容量，如图 3.50 所示。

12．余下的第四分区容量，如图 3.51 所示。

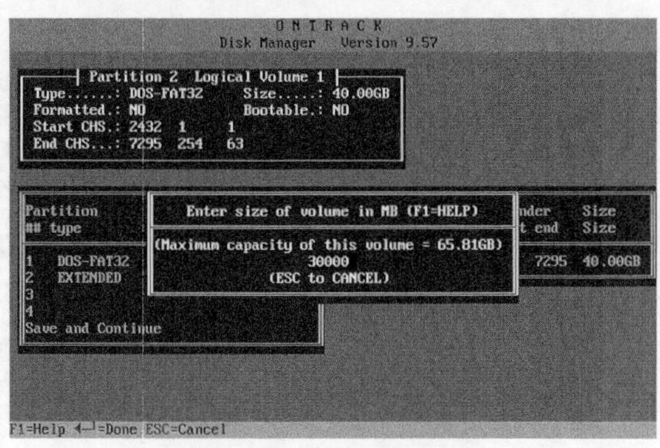

图 3.50　第三分区容量

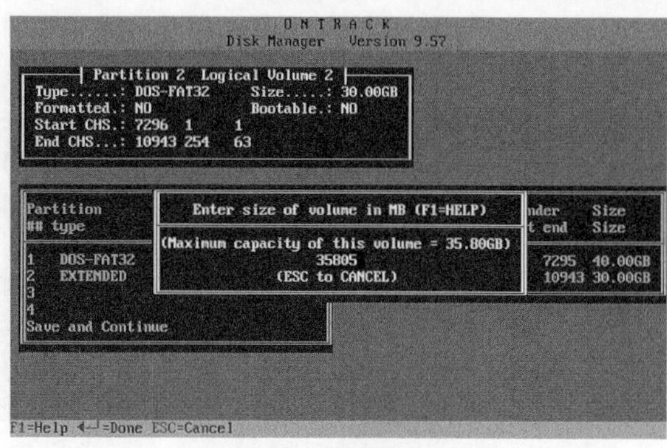

图 3.51　剩余分区

13．分区结束后的显示信息如图 3.52 所示。

14．保存分区结束并继续，如图 3.53 所示。

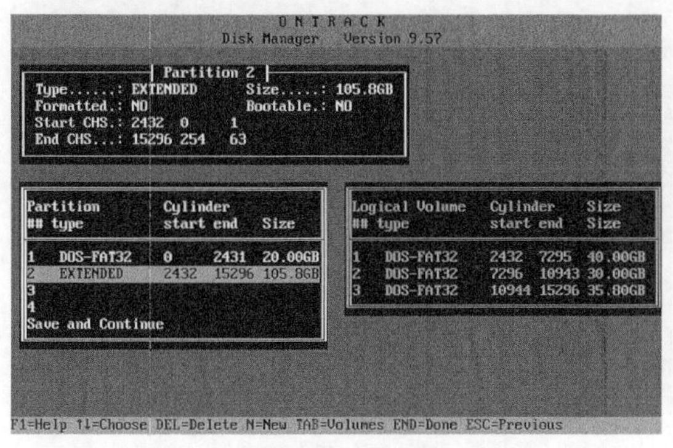

图 3.52　分区信息

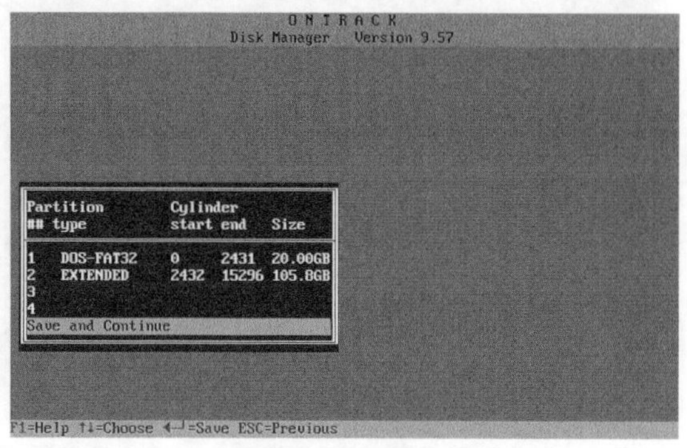

图 3.53　保存分区

15．对分区进行快速格式化，如图 3.54 所示。

16．使用默认的簇值如图 3.55 所示。

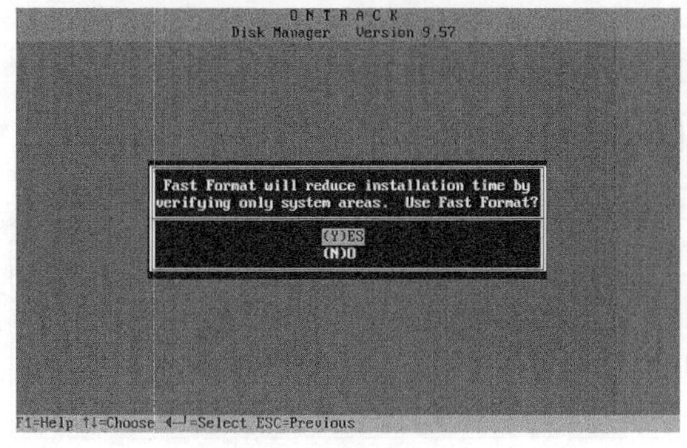

图 3.54　分区格式化

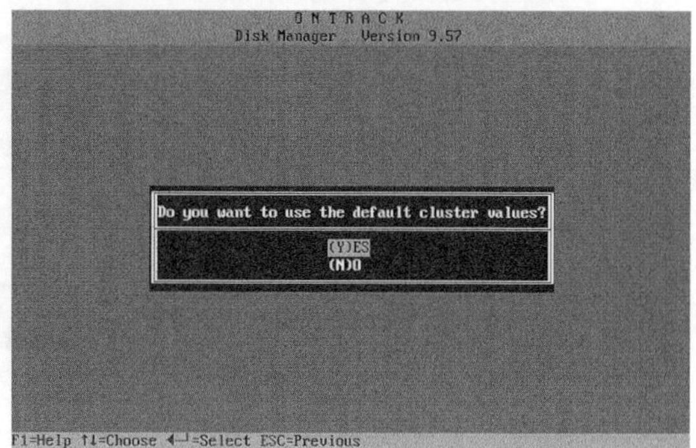

图 3.55　默认簇值

17．提示是否继续执行如图 3.56 所示。

18．开始执行分区，如图 3.57 所示。

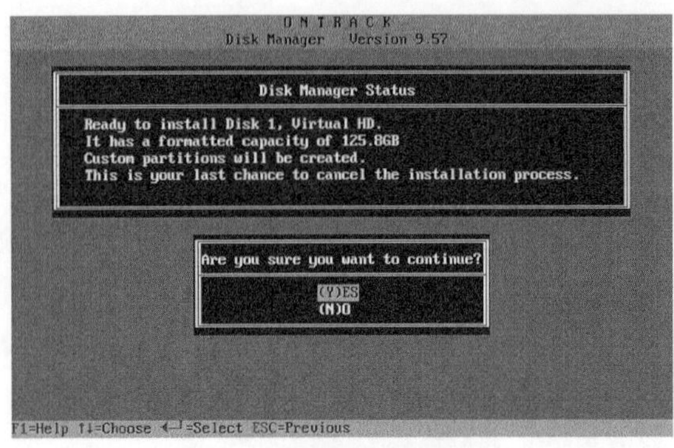

图 3.56 提示是否继续执行

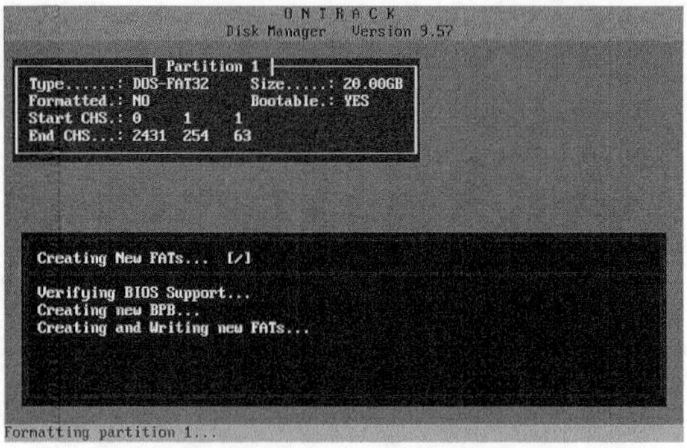

图 3.57 开始执行分区

19．分区完成，如图 3.58 所示。

20．重新启动，如图 3.59 所示。

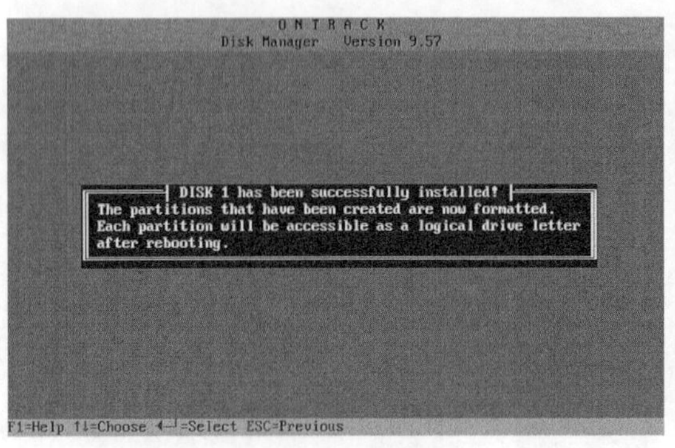

图 3.58 分区完成

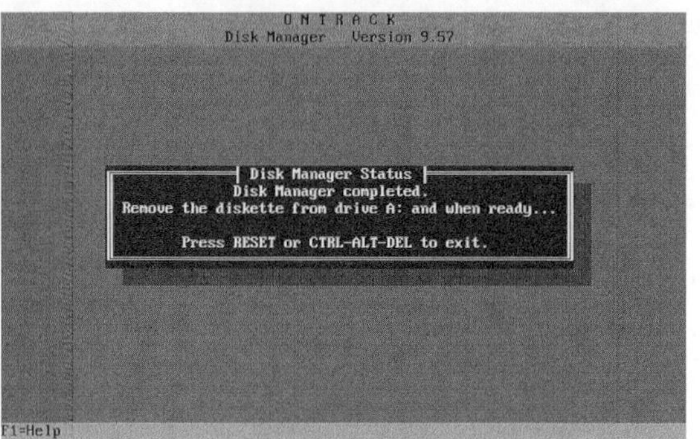

图 3.59 重新启动

五、项目验收

1．操作规范，符合给定要求。

2．速度快捷，按时完成。

实训三 硬盘分区

<table>
<tr><td colspan="4">任务单</td></tr>
<tr><td>学习领域</td><td colspan="3">计算机组装与维修</td></tr>
<tr><td>学习情境 1</td><td colspan="3">计算机系统组装</td></tr>
<tr><td>项目 3</td><td>硬盘分区</td><td>学时</td><td>10</td></tr>
<tr><td colspan="4">布置任务</td></tr>
<tr><td>学习目标</td><td colspan="3">● 熟悉 BIOS 的常用设置
● 掌握硬盘分区软件的使用方法
● 能够实现硬盘分区的创建与调整</td></tr>
<tr><td>任务描述</td><td colspan="3">林先生购买了一台用于视频处理的计算机，要求电脑销售人员在新组装的计算机中为其分成 4 个分区，用来存放不同用途的文件</td></tr>
</table>

续表

学时安排	资讯 2 学时	计划 0.5 学时	决策 0.5 学时	实施 5 学时	检查 1 学时	评价 1 学时
提供资料	● 计算机组装与维修教材 ● 计算机组装与维修课件 ● 192.168.20.8 计算机组装与维修精品课程网站学习资源 ● 计算机组装与维修学习音频、视频资源					
对学生的要求	● 认真阅读任务描述，掌握所需完成的任务 ● 根据资讯引导，通过查找资料、网上搜索、观看录像的方式认真完成资讯 ● 每名学生根据工作任务制定计划，由组长组织讨论，做出决策并实施 ● 实施结束后进行自我评价、组内互评、教师评价 ● 将所完成任务形成规范的文档进行存档					

资讯单			
学习领域	计算机组装与维修		
学习情境 1	计算机系统组装		
项目 3	硬盘分区	学时	10
资讯问题	1．常用的硬盘分区工具有哪些		
	2．FDISK 分区有哪些功能		
	3．主 DOS 分区、扩展 DOS 分区、逻辑 DOS 驱动器都表示什么		
	4．活动分区有什么作用		
	5．磁盘格式化的 DOS 命令是什么		
	6．DM 分区有哪些功能		
	7．DM 进行自动硬盘安装的步骤有哪些		
	8．DM 进行手动磁盘分区的步骤有哪些		
	9．DM 维护选项有哪些作用		
	10．PartitionMagic 有哪些功能		
	11．PartitionMagic 如何进行分区容量的调整		
	12．Acronis.Disk.Director Suite 如何进行分区维护操作		
资讯引导	● 在《计算机组装与维修》教材以及配套的课件中进行相关资料的查找 ● 在“计算机硬件组装”视频中进行学习		
计划单			
学习领域	计算机组装与维修		
学习情境 1	计算机系统组装		
项目 3	硬盘分区	学时	10
计划方式	根据资讯单进行设计		

续表

<table>
<tr><td>计划项</td><td colspan="5">内容</td><td>备注</td></tr>
<tr><td>新硬盘分区的步骤</td><td colspan="5"></td><td></td></tr>
<tr><td>硬盘分区时注意事项</td><td colspan="5"></td><td></td></tr>
<tr><td>硬盘数据无损分区的工具及其步骤</td><td colspan="5"></td><td></td></tr>
<tr><td>制定计划说明</td><td colspan="6"></td></tr>
<tr><td rowspan="3">计划评价</td><td>班级</td><td></td><td>第　　组</td><td>组长签字</td><td colspan="2"></td></tr>
<tr><td>教师签字</td><td colspan="2"></td><td>日期</td><td colspan="2"></td></tr>
<tr><td colspan="6">评语：</td></tr>
</table>

<table>
<tr><td colspan="6">实施单</td></tr>
<tr><td colspan="2">学习领域</td><td colspan="4">计算机组装与维修</td></tr>
<tr><td colspan="2">学习情境 1</td><td colspan="4">计算机系统组装</td></tr>
<tr><td colspan="2">项目 3</td><td colspan="2">硬盘分区</td><td>学时</td><td>10</td></tr>
<tr><td colspan="2">实施方式</td><td colspan="4">依据计划单，按照步骤进行实施</td></tr>
<tr><td>序号</td><td colspan="4">实施步骤</td><td>使用资源</td></tr>
<tr><td></td><td colspan="4"></td><td></td></tr>
<tr><td></td><td colspan="4"></td><td></td></tr>
<tr><td></td><td colspan="4"></td><td></td></tr>
<tr><td></td><td colspan="4"></td><td></td></tr>
<tr><td></td><td colspan="4"></td><td></td></tr>
<tr><td></td><td colspan="4"></td><td></td></tr>
<tr><td></td><td colspan="4"></td><td></td></tr>
<tr><td colspan="6">实施说明：</td></tr>
<tr><td colspan="2">班级</td><td></td><td>第　　组</td><td>组长签字</td><td></td></tr>
<tr><td colspan="2">教师签字</td><td colspan="2"></td><td>日期</td><td></td></tr>
</table>

<table>
<tr><td colspan="4">评价单</td></tr>
<tr><td>学习领域</td><td colspan="3">计算机组装与维修</td></tr>
<tr><td>学习情境 1</td><td colspan="3">计算机系统组装</td></tr>
<tr><td>项目 3</td><td>硬盘分区</td><td>学时</td><td>10</td></tr>
</table>

续表

<table>
<tr><td colspan="2">姓名：</td><td colspan="2">班级：</td><td>小组：</td></tr>
<tr><td colspan="2">地点：</td><td colspan="2">时间：</td><td>总分：</td></tr>
<tr><td>序号</td><td>评价内容</td><td>分值</td><td>得分</td><td>备注</td></tr>
<tr><td>1</td><td>任务认知程度</td><td>5</td><td></td><td></td></tr>
<tr><td>2</td><td>情感态度</td><td>5</td><td></td><td></td></tr>
<tr><td>3</td><td>团队协作</td><td>5</td><td></td><td></td></tr>
<tr><td>4</td><td>工作计划制定</td><td>5</td><td></td><td></td></tr>
<tr><td>5</td><td>实施单</td><td>5</td><td></td><td></td></tr>
<tr><td>6</td><td>分区软件的操作规范性</td><td>10</td><td></td><td></td></tr>
<tr><td>7</td><td>分区软件运用熟练度</td><td>5</td><td></td><td></td></tr>
<tr><td>8</td><td>分区顺序的合理</td><td>5</td><td></td><td></td></tr>
<tr><td>9</td><td>按要求完成硬盘分区</td><td>10</td><td></td><td></td></tr>
<tr><td>10</td><td>清理工作现场</td><td>10</td><td></td><td></td></tr>
<tr><td>11</td><td>设备的使用</td><td>5</td><td></td><td></td></tr>
<tr><td>12</td><td>工作记录</td><td>10</td><td></td><td></td></tr>
<tr><td>13</td><td>作业单</td><td>20</td><td></td><td></td></tr>
<tr><td>14</td><td>总分</td><td>100</td><td></td><td>占总评分 50%</td></tr>
<tr><td colspan="5">教师评语：</td></tr>
<tr><td colspan="2">教师签字</td><td></td><td>日期</td><td></td></tr>
</table>

<table>
<tr><td colspan="4">作业单</td></tr>
<tr><td>学习领域</td><td colspan="3">计算机组装与维修</td></tr>
<tr><td>学习情境 1</td><td colspan="3">计算机系统组装</td></tr>
<tr><td>项目 3</td><td>硬盘分区</td><td>学时</td><td>10</td></tr>
<tr><td colspan="4">1. 常见的分区格式有哪几种？</td></tr>
<tr><td colspan="4">2. 写出 DM、Diskgen、Pq 和 Disk Director 的共同点与不同点。</td></tr>
<tr><td colspan="4">3. 说明各分区工具适用于哪种系统或状态？</td></tr>
</table>

任务四

操作系统的安装

准备知识（一） 操作系统的安装

【主要内容】

- 操作系统的安装方法。

【技能要求】

- 能够对一台裸机正确安装操作系统，其中包括 Windows XP 和 Windows 7。

Windows XP 中文版的安装

中文版 Windows XP 内置了高度自动化的安装程序向导，使整个安装过程更加简便、易操作，它会自动复制所需要的安装文件，然后向硬盘复制所有的系统文件，并加载各种设备的驱动程序，用户只需要输入产品密钥、用户名称和密码等简单信息即可完成整个安装过程。

（一）安装类型

中文版 Windows XP 的安装可以通过多种方式进行，通常使用升级安装、全新安装、双系统共存安装 3 种方式：

1. 升级安装

如果用户的计算机上已经安装了 Microsoft 公司其他版本的 Windows 操作系统，则可以覆盖原有的系统而升级到 Windows XP 版本。中文版的核心代码是基于 Windows 2000 的，所以从 Windows NT4.0/2000 上进行升级安装是非常方便的。

2. 全新安装

如果用户新购买的计算机还未安装操作系统，或者机器上原有的操作系统已被格式化，则可以采用这种方式进行安装。在安装时需要在 DOS 状态下进行，用户可先运行 Windows XP 的安装光盘，找到相应的安装文件，然后在 DOS 命令行下执行 Setup 安装命令，在安装系统向导提示下用户可以完成相关的操作。

3. 双系统共存安装

如果用户的计算机上已经安装了操作系统，也可以在保留现有系统的基础上安装 Windows XP，新安装的 Windows XP 将被安装在一个独立的分区中，与原有的系统共同存在，但不会互相影响。当这样的双操作系统安装完成后，重新启动计算机后，在显示屏上会出现系统选择菜单，用户可以选择所要使用的操作系统。这种安装方式适合于原有操作系统为非中文版的用户，如果要安装中文版 Windows XP，由于语言版本不同，不能从非中文版直接升级到中文版，可以选择双系统共存安装。

（二）安装过程

中文版 Windows XP 的安装过程是非常简单的，它使用高度自动化的安装程序向导，用户不需要做太多的工作就可以完成整个安装工作。其安装过程可分为收集信息、动态更新、准备安装、安装 Windows、完成安装 5 个步骤。

1. 升级安装

中文版 Windows XP 的升级安装是系统推荐的安装方式，它的过程可参照以下步骤进行：

（1）用户可以直接使用安装光盘进行安装，也可以在安装前先把中文版 Windows XP 的所有文件都复制到计算机的硬盘上，然后调用文件进行安装。

（2）如果用户是使用光盘进行安装，可以在打开的光盘中找到所需文件的正确路径，如果事先进行了文件的复制，则可以在现有的操作系统中通过“我的电脑”或“资源管理器”窗口找到相应的安装文件，双击 Setup 图标，这时会打开“欢迎使用 Microsoft Windows XP”窗口，如图 4.1 所示。

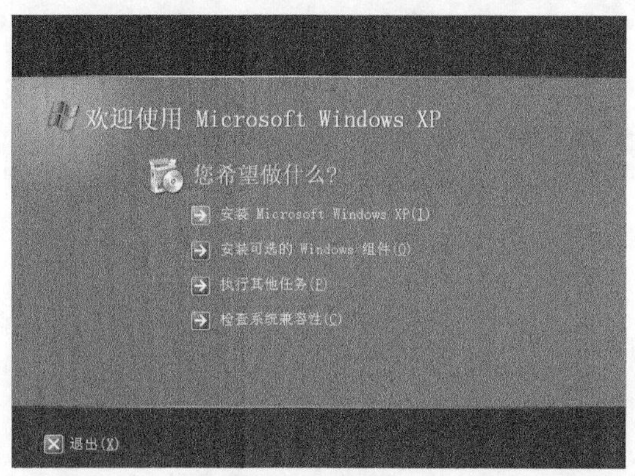

图 4.1　“欢迎使用 Microsoft Windows XP”窗口

（3）在图 4.1 所示窗口的“您希望做什么？”选项组中，用户可以选择“安装可选的 Windows 组件”选项，对系统组件进行自定义安装，用户可以把自己暂时不需要的选项去掉，这样可以减少文件的复制数量，缩短安装时间，在此用户也可以执行其他任务或者检查系统的兼容性。

（4）选择“安装 Microsoft Windows XP”选项，可以打开中文版 Windows XP 的安装界面，如图 4.2 所示。

图 4.2　中文版 Windows XP 的安装界面

在界面左侧显示安装的进程以及安装总共所需要的时间，在右侧的“欢迎使用 Windows 安装程序”对话框中用户可以选择执行哪一类型的安装，在“安装类型”下拉列表框有“升级安装”和“全新安装”两种选项，提醒用户“升级安装”会保留已安装的程序、数据文件和现有的计算机设置，而“全新安装”将替换原有的 Windows 或在不同的硬盘或磁盘分区上安装 Windows，它会造成硬盘上所有数据的丢失。这里选择“升级安装”，单击“下一步”按钮继续。

（5）在接下来的对话框中要求用户阅读许可协议，当用户看完此协议后可以选中“我接受这个协议”单选按钮，只有接受此协议，才能继续进行安装。

（6）在“许可协议”对话框中进行选择后，单击“下一步”按钮打开“您的产品密钥”对话框，要求用户输入所安装的 Windows 产品的密钥，并提示用户这 25 个字符的产品密钥在 Windows CD 文件背面的黄色不干胶纸上，通常在安装光盘中会有一个名称为 SN 的文件，双击该文件，也可以得到产品的密钥。在输入时用户要确保所输内容正确无误，否则安装过程不能继续，如图 4.3 所示。

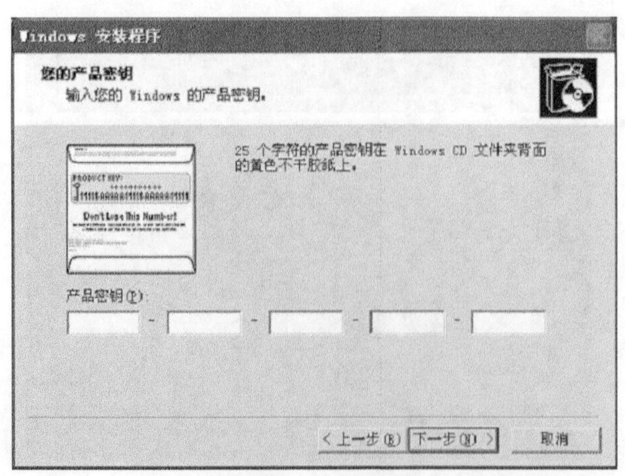

图 4.3　“您的产品密钥”对话框

（7）在“产品密钥”文本框中输入正确的内容后，单击“下一步”按钮可以打开“获得更新的安装程序文件”对话框，用户可以使用动态更新从 Microsoft 的网站上获得更新的安装程序文件，以保证现在所安装的程序是最新的，Internet 用户如果选中“是，下载更新的安装程序文件”单选按钮后，安装程序能够使用用户的 Internet 连接来检查 Microsoft 的网站；如果用户不需要这项服务，可以选中“否，跳过这一步继续安装 Windows”单选按钮，然后单击“下一步”按钮继续安装，如图 4.4 所示。

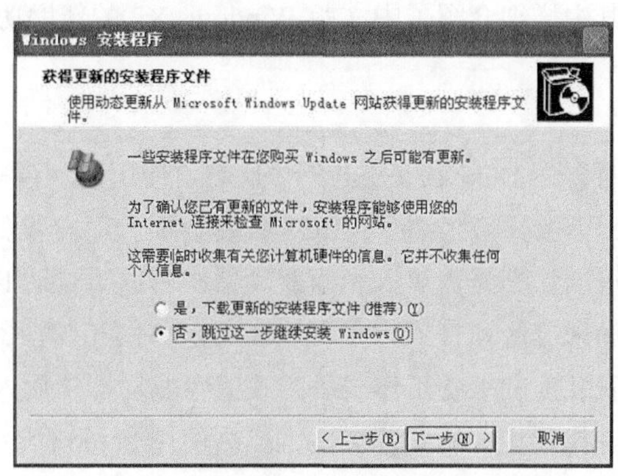

图 4.4　“获得更新的安装程序文件”对话框

（8）这时已经进入“准备安装”阶段，系统开始复制安装所需要的文件，在“正在复制安装文件”进度栏中显示文件复制的进度，在界面的右侧将出现中文版 Windows XP 的新增功能的介绍，如果用户在此时要退出安装，可以在键盘上按下“Esc”键，即可取消程序的安装，如图 4.5 所示。

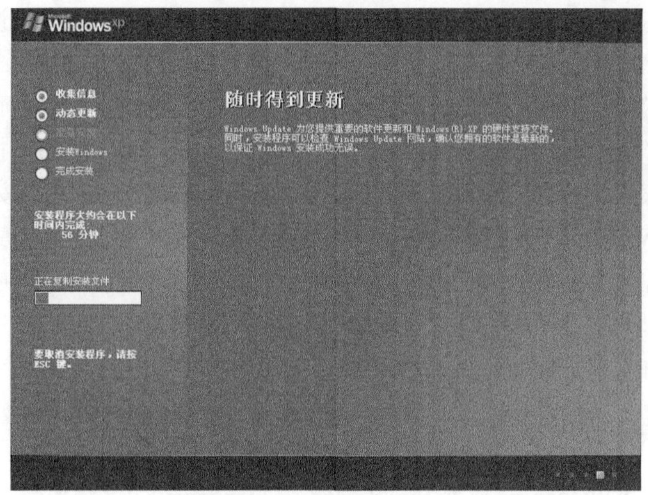

图 4.5　复制安装文件

（9）当复制完安装文件后，系统将自动重新启动计算机，进入“安装 Windows”阶段，在整个安装过程中，这一阶段是耗时最长的，它将复制和配置各种文件，由于要确保所加载的各种设备的驱动程序生效，在此过程中会陆续自动重新启动计算机，而后继续运行安装程序，用户可不必对其进行操作。

（10）当完成安装后，系统会自动登录，这时会要求用户输入用户名称，并且提供多个用户名可选项，用户可以在此设置多个用户，系统将会为每个用户建立用户账户，这样各个用户都可以拥有个性化的使用空间，而相互之间不会受到影响。

（11）当用户根据提示输入一些个人信息后，就可以登录到计算机系统中了，在进行登录时的欢迎界面上会出现所有的用户账户，单击所要使用的用户名称前的图标，就可以进入中文版 Windows XP 的界面了，在任务栏上会出现“漫游 Windows XP”的图标，双击这个小图标就可以打开一个多媒体教程，在其中详细介绍了中文版 Windows XP 的新增功能。

2. 全新安装

用户在进行全新安装时要在 DOS 状态下进行，这需要使用启动盘进行引导，当用户在刚开机时，要在键盘上按“Delete”键，这时会进入 BIOS 设置界面，用户需要把第一启动顺序改为从光盘驱动器启动，然后保存退出，把光盘放入光盘驱动器中，这时将从 DOS 状态启动。

（1）如果用户的硬盘尚未分区和格式化，可以在 DOS 命令下输入相应的 DOS 命令，对硬盘进行分区和格式化，做好安装前的准备工作之后，在光盘驱动器中放入中文版 Windows XP 的安装光盘，在所打开的光盘中找到相应的安装文件，然后使用 Setup 命令。

如果用户此前安装过操作系统，只是把原来安装操作系统的分区进行了格式化，而在其他硬盘分区有中文版 Windows XP 的备份，可在 DOS 状态下找到相应的安装文件进行安装。

（2）无论采用哪种方式，在执行了安装命令后，安装程序都将对磁盘进行检测，当扫描磁盘完毕后，将会出现正在复制文件的界面，在其中将会表明文件复制的进度。

（3）当复制完所需要的安装文件后会自动重新启动计算机，开始“安装 Windows”阶段，在整个过程中，会要求用户输入各种信息，例如区域和语言选项、个人信息、计算机名称、日期和时间设置，如果用户的计算机是连入网络的，安装程序还会自动对网络进行设置。

（4）完成安装过程后，安装程序还会根据用户的显示器以及显卡的性能自动调整最合适的屏幕分辨率，当再次启动计算机后，就可以登录到中文版 Windows XP 系统中了。

双系统共存的安装过程和全新安装大致上相同，其可以在 DOS 状态下执行安装命令进行安装，也可以在升级安装时的选择时出现选择安装类型的对话框时选择“全新安装”类型可以安装。

总之，中文版 Windows XP 的安装是非常简单的，无论采用哪种安装方式，都不需要用户做太多的工作，除了输入少量的个人信息外，整个过程几乎是全自动的。由于使用安装方式的不同，整个安装过程进行步骤也是不同的，用户可根据实际情况具体对待，只要按安装程序向导的提示进行即可成功安装中文版 Windows XP。

3. 双系统共存安装

以 Windows XP 和 Windows 7 双系统安装为例，将 Windows XP 系统安装在 C 盘，而将 Windows 7 系统安装在 D 盘。

（1）Windows 7 的安装环境

CPU：2.0GHz 及以上；

内存：1GB DDR 及以上；

硬盘：40GB 以上可用空间；

显卡：显卡支持 DirectX 9、WDDM1.1 或更高版本（显存大于 128MB）。

（2）Windows 7 的安装过程

注意：在安装前，要把安装 Windows 7 的那个磁盘分区格式化为 NTFS 格式，否则无法进行安装。

总之，Windows 7 的安装过程与 Winodws XP 的安装过程基本相同，只是目标盘应选择 D 盘。

准备知识（二） 驱动程序的安装

【主要内容】

- 硬件驱动程序的安装方法。

【技能要求】

- 能够对硬件设备进行驱动。

设备驱动程序是计算机软硬件系统之间的接口，硬件设备只有在正确驱动之后才能在 Windows 操作系统中正常使用。

Windows 操作系统中已经内置了相当数量的驱动程序，对于这些设备，操作系统安装后就已经驱动完成。而对于一些较新的或是不常见的设备，则必须安装厂商提供的驱动程序。

对于已经驱动、能够正常使用的设备，若用厂商提供的新程序更新驱动，可以取得更好的兼容性并实现性能的提升。

这里以 Windows XP 为例介绍驱动程序安装的方法。

一、设备驱动安装的一般方法

1. 使用“设备管理器”安装设备驱动程序

使用鼠标右键单击“我的电脑”，在弹出的快捷菜单中选择“属性”命令，或者在“控制面板”中双击“系统”将会出现如图 4.6 所示的对话框。

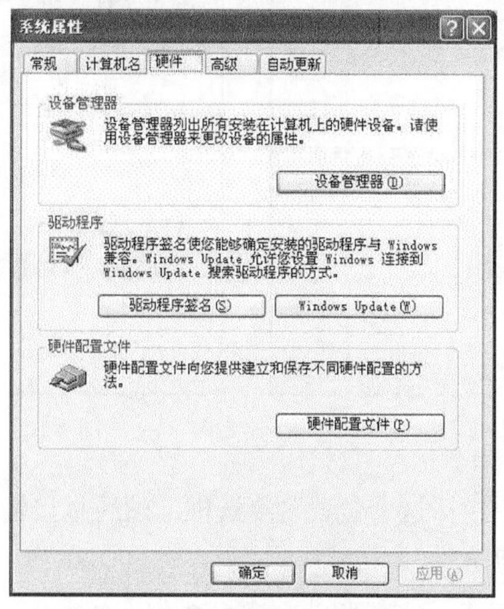

图 4.6 “系统属性”对话框

然后单击“硬件”选项卡，再单击“设备管理器”按钮，将会出现“设备管理器”窗口，如图 4.7 所示。

一般若是有未驱动的设备，就会出现在“其它”项目下。下面以 Realtek RT8139D 网卡为例，说明驱动程序安装的一般步骤。

首先，双击网卡项目（对于未曾驱动的设备，需要单击带有黄色问号的相关项目），将会出现如图 4.8 所示的画面。

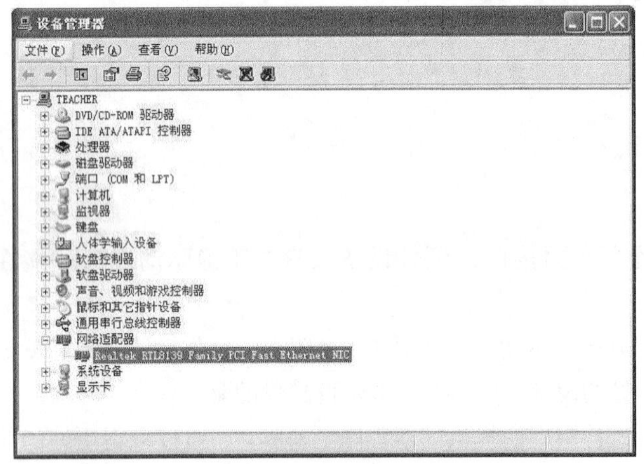

图 4.7 “设备管理器”窗口

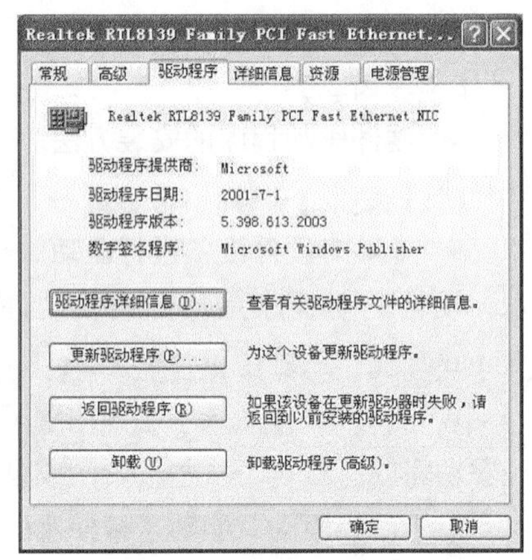

图 4.8 驱动属性

然后单击“更新驱动程序”按钮，将会出现硬件更新向导，如图 4.9 所示。如果用户对所要更新的驱动不了解，此时可以将驱动光盘放入驱动器，然后选中“自动安装软件”单选按钮，由向导自动查找合适的驱动程序，不过需要较长的时间，而且可能会出现驱动选择错误的情况。如果用户对所要更新的驱动已有所了解，特别是从网上下载的驱动程序，一般要选中“从列表或指定位置安装”单选按钮，而后单击“下一步”按钮，出现如图 4.10 所示的画面。

图 4.9 硬件更新向导

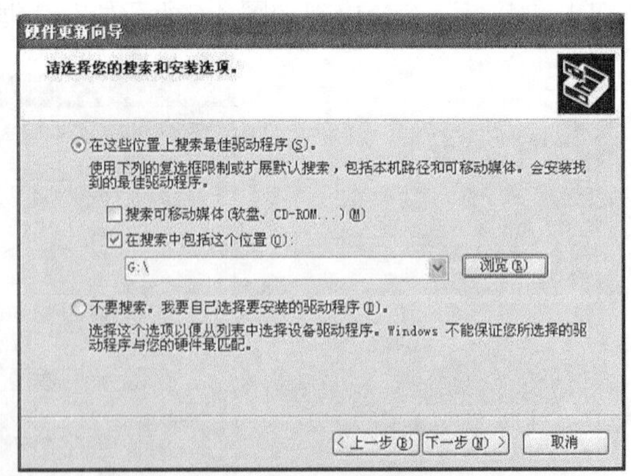

图 4.10 选择搜索和安装选项

这时需要选中“在搜索中包括这个位置”复选框，然后直接输入安装路径或单击“浏览”按钮选择安装路径，如图 4.11 所示。

然后出现如图 4.12 所示画面，表示驱动完成，注意，许多设备需要重新启动计算机才能最终

完成驱动。

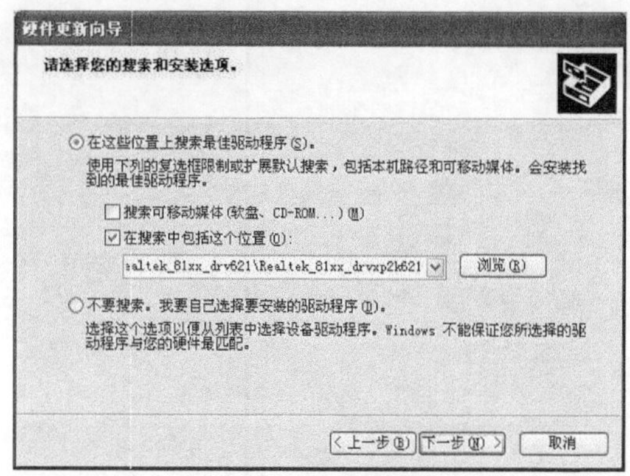

图 4.11　输入安装路径

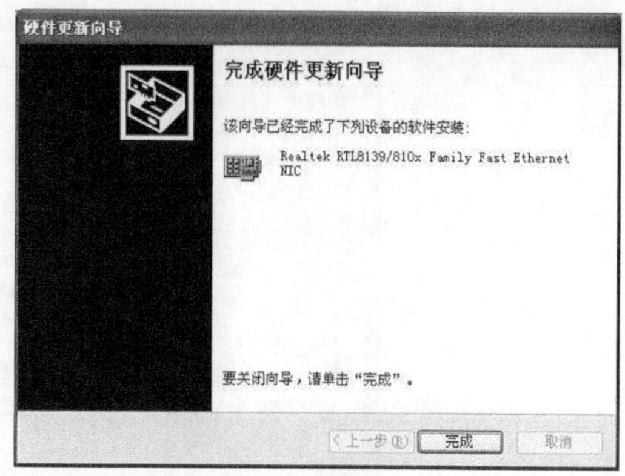

图 4.12　驱动完成

2. 通过“添加/删除硬件”安装

对于各类即插即用（PnP）设备，通过“添加/删除硬件”安装与前述操作过程相似。而对于一些传统的、不支持即插即用的设备，Windows XP 原则上已经不提供支持。对于 Windows 98/2000，由于操作系统不能自动检测到设备及其参数，所以只能通过“添加/删除硬件”安装。

首先，打开控制面板，双击“添加/删除硬件”图标，出现添加硬件向导，如图 4.13 所示。

然后单击“下一步”按钮，Windows 将搜索硬件设备，如图 4.14 所示。

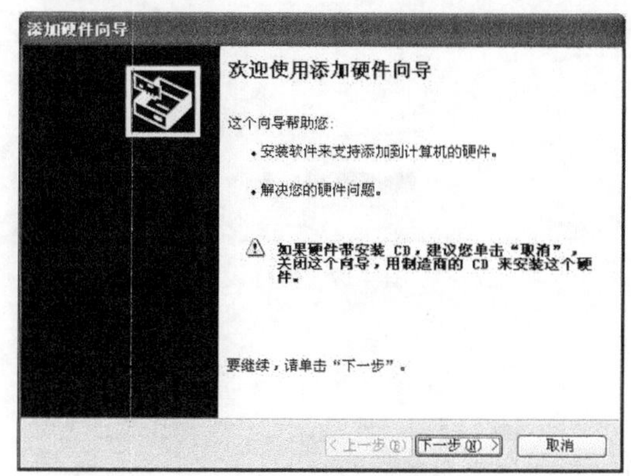

图 4.13　添加硬件向导

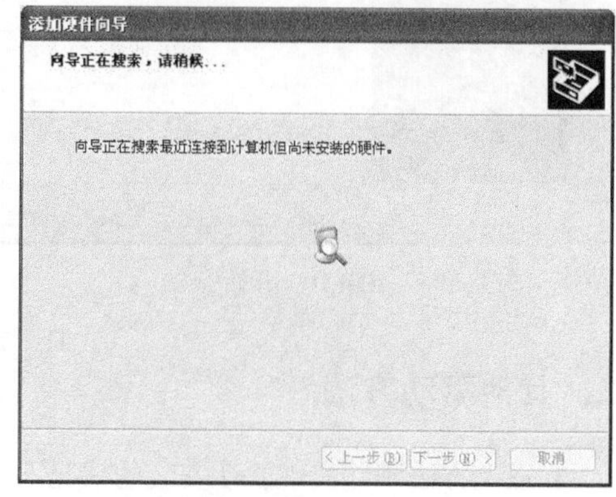

图 4.14　搜索硬件设备

3. 使用厂商提供的自动安装程序安装设备驱动程序

主板及显卡等设备都附带有驱动光盘，其中包含有厂商提供的设备驱动程序，打开光盘找到自动安装程序运行即可。

许多厂商都提供了设备驱动自动安装程序，这样可以简化安装过程。例如上述 Realtek RT8139 网卡也可以这样安装。

首先找到自动安装程序包，找到其中的安装程序，如图 4.15 所示。

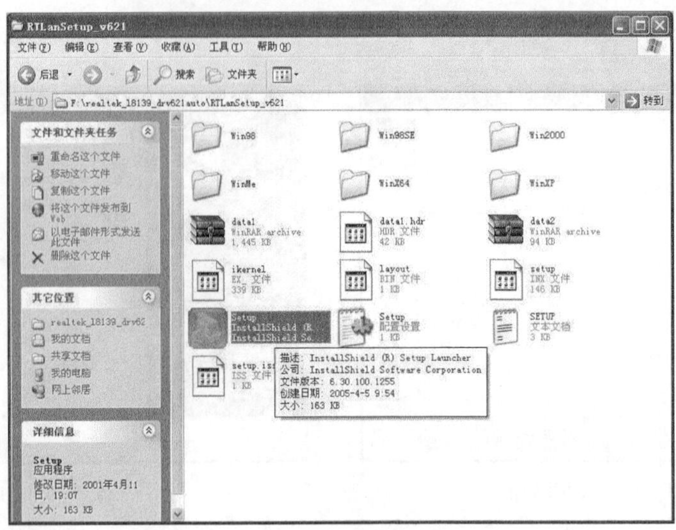

图 4.15　Realtek RT8139 网卡的设备驱动程序

然后双击安装程序图标运行，出现如图 4.16 所示的画面。单击“下一步”按钮，出现如图 4.17 所示的驱动程序安装进度栏后，驱动程序开始安装。

图 4.16　开始安装

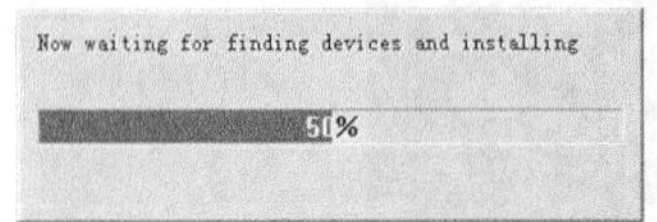

图 4.17　搜寻设备并安装驱动

二、其他驱动方法

在以上方法不能实现驱动安装的情况下，还可以参照以下方法进行：

1．品牌机的驱动

品牌机硬件设备的驱动可以通过该产品的官方网站来下载安装，下面以联想启天 M430E 为例来简单说明。

（1）在机箱后找到机器的出厂编号：NA09134242。

（2）打开联想的官方网站：www.lenovo.com。

（3）输入主机编号，单击“搜索”按钮，如图 4.18 所示。

（4）选择下载驱动的相关部件及操作系统，如图 4.19 所示。此时可以选择“一键下载此系统所有驱动”，也可以自己选择驱动下载，然后安装即可。

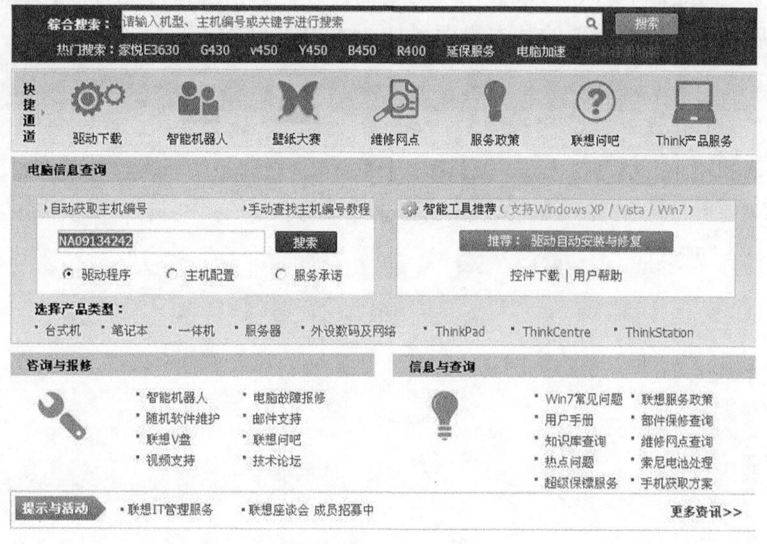

图 4.18 输入主机编号

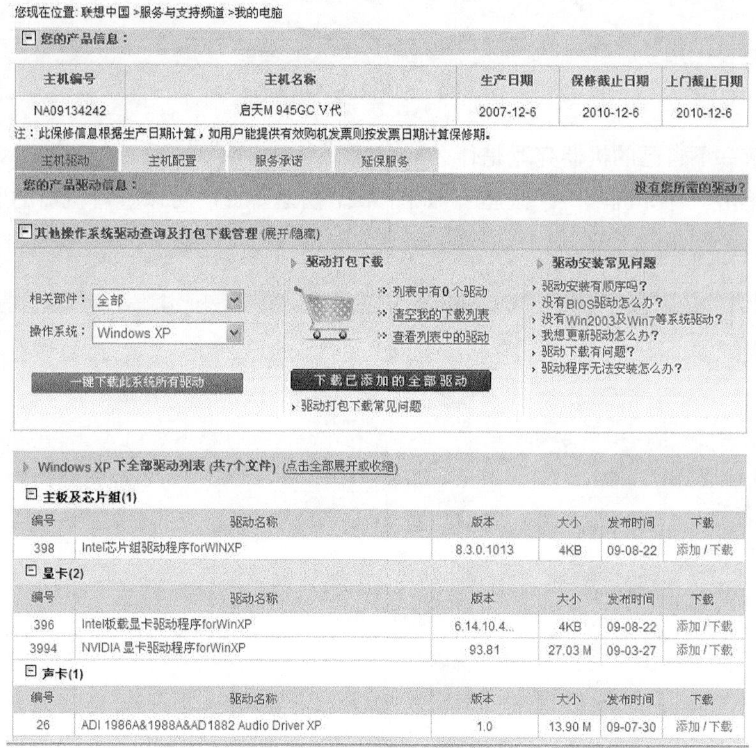

图 4.19 选择部件与操作系统

2. 兼容机的驱动

（1）使用 EVEREST 软件安装驱动。EVEREST Ultimate（原名为 AIDA32）是一个测试软硬件系统信息的工具，它可以详细地显示出 PC 每一个方面的信息，同时支持上千种（3400+）主板，支持上百种（360+）显卡，支持对并口/串口/USB 这些 PNP 设备的检测，以及支持对各式各样的

处理器的侦测。通过这款软件，可以让用户对自己计算机的信息及性能有个直观的认识。

运行软件后出现 EVEREST 的基本界面，如图 4.20 所示。

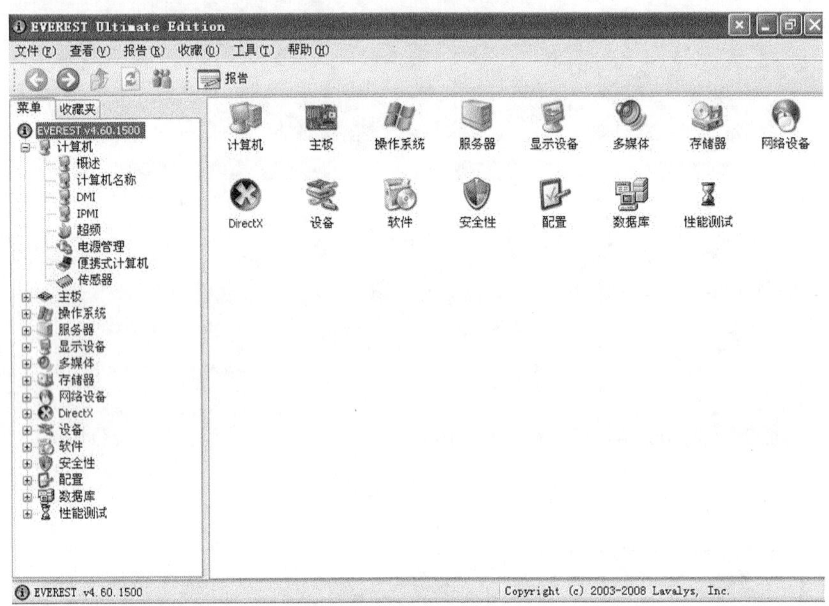

图 4.20　EVEREST 主界面

接下来了解一下自己的机器究竟是什么配置？

第一步：单击“计算机”→“概述”，如图 4.21 所示。此时可以查看机器的所有信息，对机器的软硬件有一个初步的了解。

图 4.21　计算机概述信息

第二步：单击“计算机”→“超频”，如图 4.22 所示。此时可以查看 CPU 的具体型号与性能指标，更能查看是否超频。

图 4.22　CPU 的具体型号与性能指标

第三步：单击“计算机”→“DMI”→“内存控制器”，如图 4.23 所示。此时可以查看内存的类型以及插槽和最大支持的容量。

图 4.23　内存类型

第四步：单击“主板”→“内存”，如图 4.24 所示。此时可以查看内存的大小。

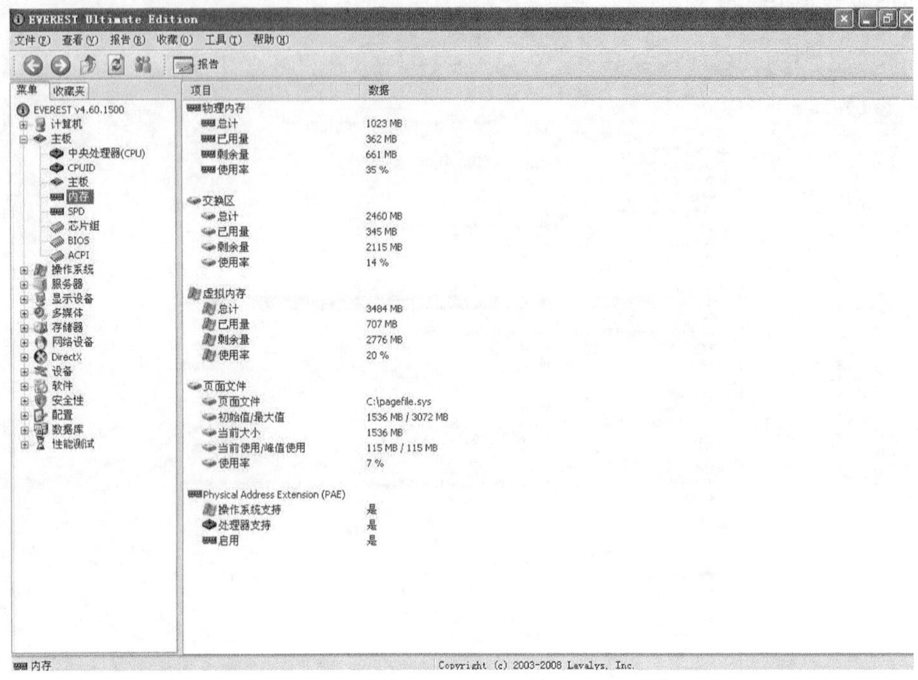

图 4.24 内存容量

第五步：单击“显示设备”→“图形处理器”，如图 4.25 所示。此时可以查看显卡的信息以及显存大小。

图 4.25 显卡信息

第六步：单击“存储器”→“ATA”，如图 4.26 所示。此时可以查看硬盘的规格。

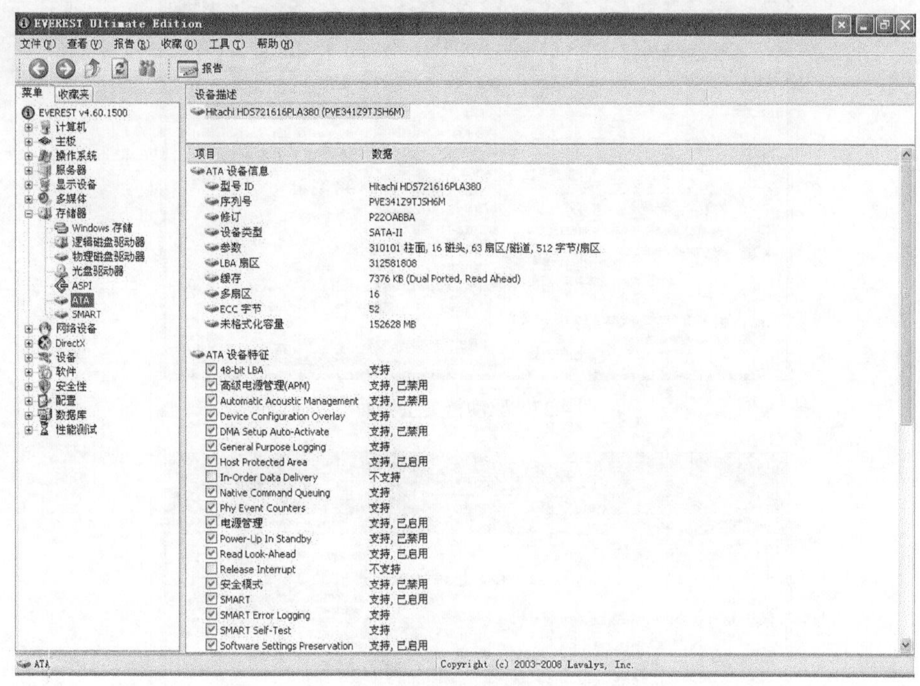

图 4.26　硬盘信息

通过以上的检测，我们可以检测出需要进行设备驱动硬件的规格与型号，在没有驱动程序的情况下就可以通过网络来查找相应的驱动程序下载并安装，使设备正常工作。

（2）使用驱动精灵安装驱动。驱动精灵是由驱动之家研发的一款集驱动自动升级、驱动备份、驱动还原、驱动卸载、硬件检测等多功能于一身的专业驱动软件。驱动精灵 2009 和 2010 均通过了 Windows 7（Win7）的兼容认证，支持包含 Windows 2000、XP、Vista、7 在内的所有微软 32/64 位操作系统。为了确保驱动精灵在线智能检测、升级功能可正常使用，用户需要确认计算机具备正常的互联网连接能力。在非联网状态，驱动精灵部分功能将不可用。

- 系统需求。X86 以上处理器，128MB 以上内存，50MB 硬盘空间（安装所需）及 100MB 或更多硬盘空间（驱动程序下载所需），微软 Windows 2000/XP/Vista/Win7 操作系统（暂不支持 64 位操作系统）。
- 软件版本。驱动精灵提供有集成网卡驱动的完全版本和未集成网卡驱动的版本供用户选择，以上两个版本的区别仅在于离线模式下的网卡驱动自动安装功能的不同。下面以驱动精灵 2010 为例来简单说明使用方法。

①安装驱动精灵 2010 后的程序主界面如图 4.27 所示。

②单击“驱动更新”按钮，驱动精灵将自动搜索可用的最新官方可执行文件包，如图 4.28 所示。驱动存放的位置为用户在安装时设定的路径，因为完整可执行驱动包的体积较大，驱动精灵支持断点续传功能，如果用户的时间有限不能一次下载完所有的驱动，则可以在其他时间继续下载。

图 4.27　驱动精灵主界面

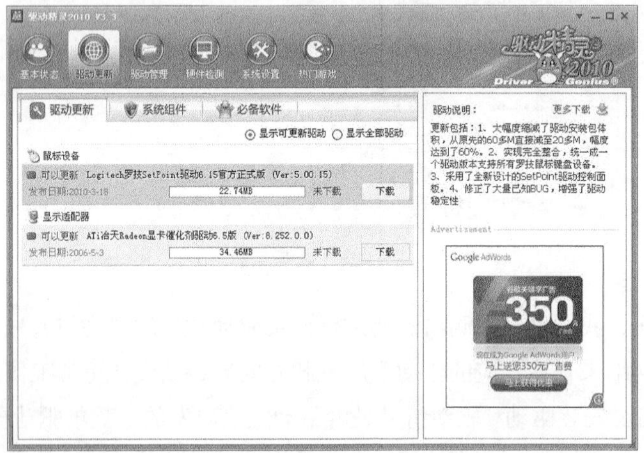

图 4.28　驱动更新界面

③单击“下载”按钮，驱动精灵将下载驱动更新，当驱动下载完成后，其界面中将会出现“安装”按钮，如图 4.29 所示。

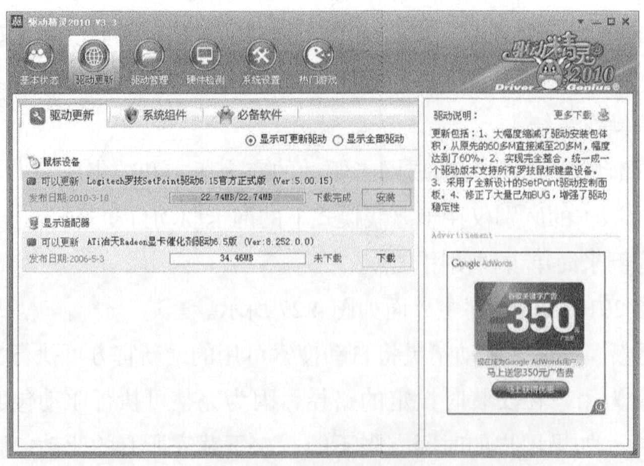

图 4.29　驱动程序下载完成

④单击“安装”按钮，驱动程序开始安装，安装结束后设备就可以正常使用了。

任务实施　操作系统的安装

一、任务目标

1．熟悉操作系统的安装类型。
2．掌握操作系统安装的步骤。
3．熟悉设备驱动的常用方法。
4．能够实现操作系统的安装及设备驱动。

二、工具清单

PC 机一台、系统盘及工具盘若干张。

三、工作场景

“XXXX 室内装装饰设计”公司的林先生到恒升电脑销售公司购买了一台能进行 Photoshop、3ds Max 制图的计算机，现要求计算机销售人员在新做完分区的计算机中为其安装 Windows 7 操作系统，并查看设备是否驱动正确，对不能正常工作的设备根据现有条件选择适当的方法进行驱动。

四、工作过程

1．安装 Windows 7 操作系统

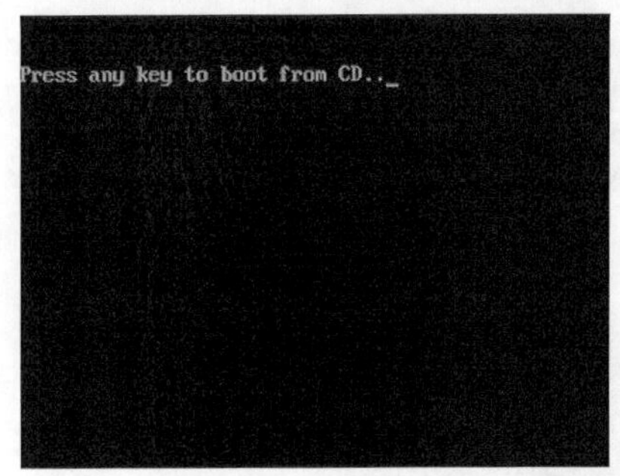

图 4.30　光盘启动

图 4.31　Windows 正在装载文件

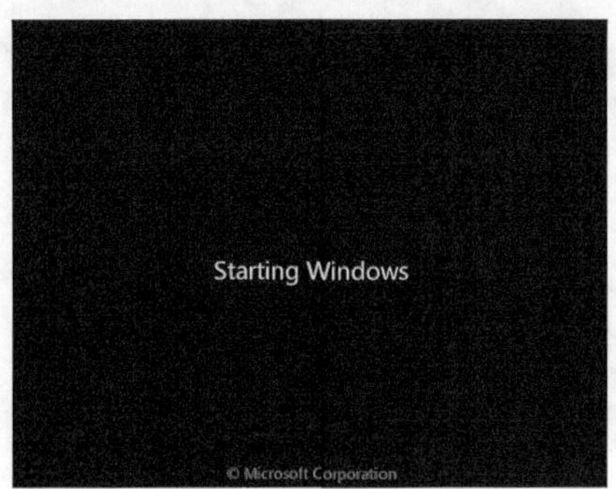

图 4.32　开始启动 Windows

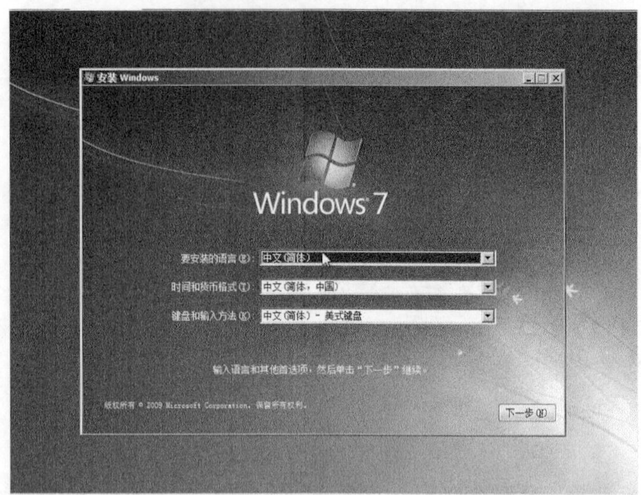

图 4.33　选择安装的语言界面

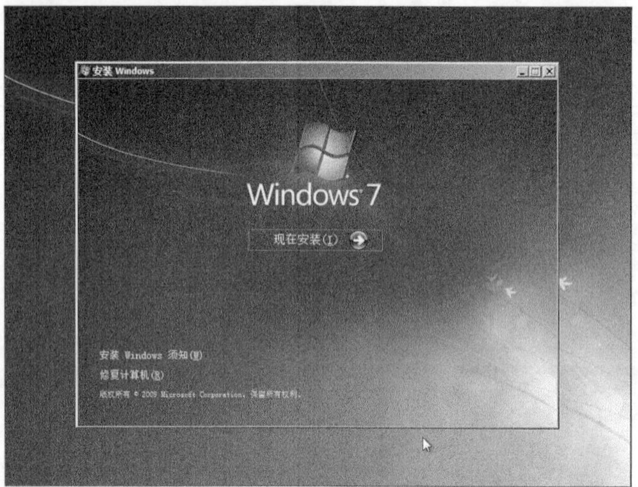

图 4.34　开始安装

图 4.35　启动安装程序

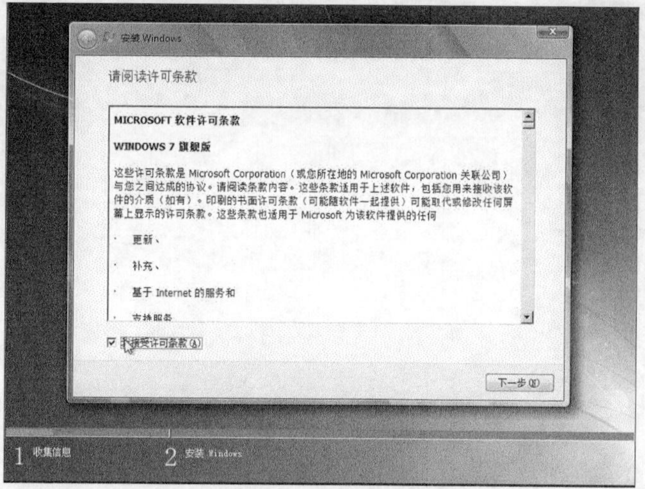

图 4.36　接受许可条款

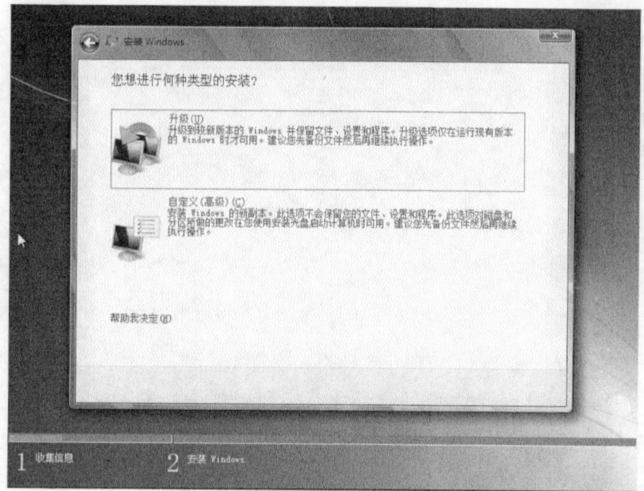

图 4.37　选择安装类型

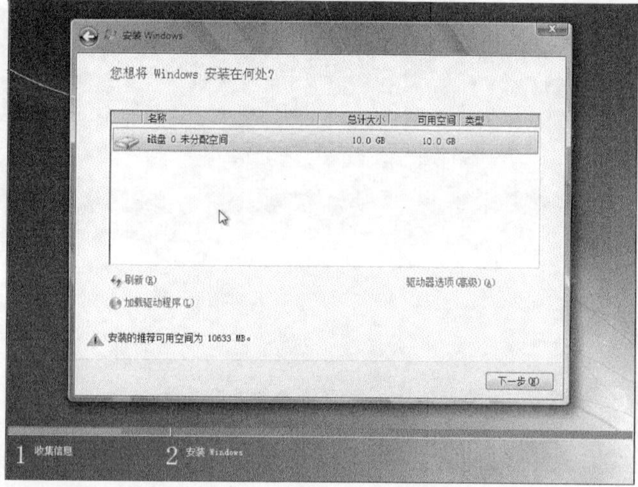

图 4.38　选择将 Windows 7 安装到硬盘的哪个分区

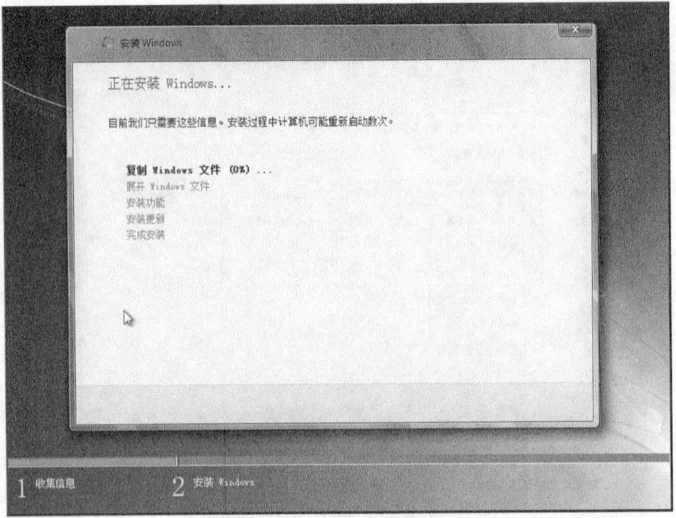

图 4.39　复制文件到硬盘

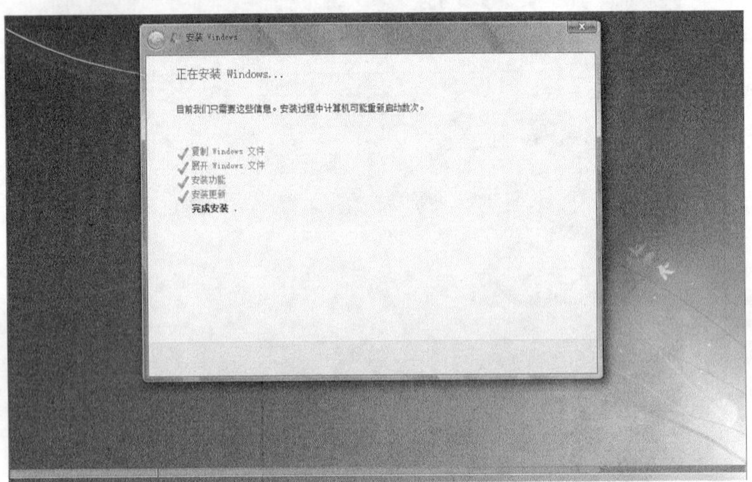

图 4.40　完成安装

图 4.41　系统需要重新启动

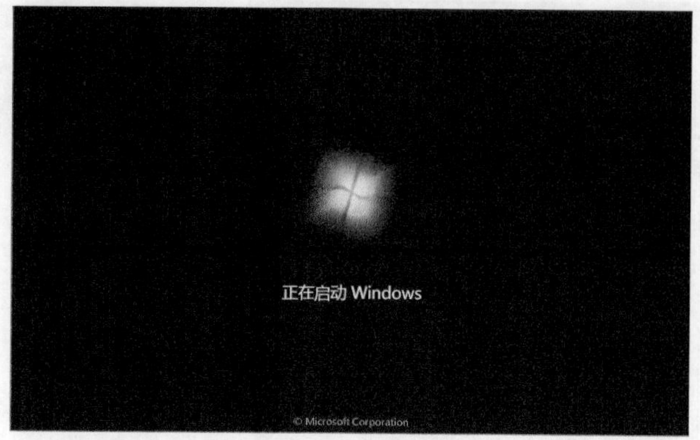

图 4.42　系统重新引导，出现 Windows 7 的标志

图 4.43　进入 Windows 7 系统桌面

2. 查看设备驱动

图 4.44　在控制面板中找到设备管理器

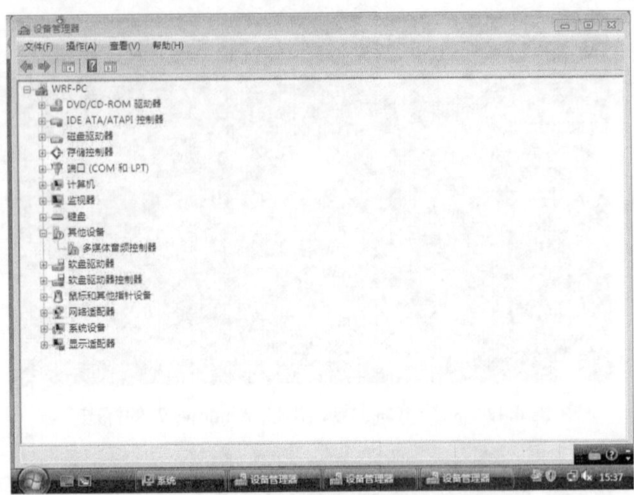

图 4.45　查看设备管理器中的设备状态

查看结果为：在 Windows 7 系统下，基本上所有设备都已驱动了。

五、项目验收

1．操作规范，系统安装准确完整。
2．符合给定要求，速度快捷，按时完成。

实训四　操作系统的安装

<table>
<tr><td colspan="7">任务单</td></tr>
<tr><td>学习领域</td><td colspan="6">计算机组装与维修</td></tr>
<tr><td>学习情境 1</td><td colspan="6">计算机系统组装</td></tr>
<tr><td>项目 4</td><td colspan="3">操作系统的安装</td><td>学时</td><td colspan="2">4</td></tr>
<tr><td colspan="7">布置任务</td></tr>
<tr><td>学习目标</td><td colspan="6">● 熟悉操作系统的安装类型
● 掌握操作系统安装的步骤
● 熟悉设备驱动的常用方法
● 能够实现操作系统的安装及设备驱动</td></tr>
<tr><td>任务描述</td><td colspan="6">林先生购买了一台用于视频处理的计算机，现要求计算机销售人员在新做完分区的计算机中为其安装 Windows XP/Vista 双操作系统，要求设备正确驱动</td></tr>
<tr><td>学时安排</td><td>资讯
0.5 学时</td><td>计划
0.5 学时</td><td>决策
0.5 学时</td><td>实施
1.5 学时</td><td>检查
0.5 学时</td><td>评价
0.5 学时</td></tr>
<tr><td>提供资料</td><td colspan="6">● 计算机组装与维修教材
● 计算机组装与维修课件
● 192.168.20.8 计算机组装与维修精品课程网站学习资源
● 计算机组装与维修学习音频、视频资源</td></tr>
</table>

续表

对学生的要求	● 认真阅读任务描述，掌握所需完成的任务 ● 根据资讯引导，通过查找资料、网上搜索、观看录像的方式认真完成资讯 ● 每名学生根据工作任务制定计划，由组长组织讨论，做出决策并实施 ● 实施结束后进行自我评价、组内互评、教师评价 ● 将所完成任务形成规范的文档进行存档

资讯单			
学习领域	计算机组装与维修		
学习情境 1	计算机系统组装		
项目 4	操作系统的安装	学时	4
资讯问题	1．试述 DIR 命令的作用、功能及格式		
	2．试述 MD 命令的作用、功能及格式		
	3．试述 CD 命令的作用、功能及格式		
	4．试述 COPY 命令的作用、功能及格式		
	5．试述 DEL 命令的作用、功能及格式		
	6．试述 TYPE 命令的作用、功能及格式		
	7．试述 Vista 系统对计算机有什么要求		
	8．Windows XP 全新安装步骤有哪些		
	9．驱动程序安装的方式有哪些		
	10．双系统如何进行安装		
	11．常用的驱动程序都包含什么		
资讯引导	● 在《计算机组装与维修》教材以及配套的课件中进行相关资料的查找 ● 在“计算机硬件组装”视频中进行学习		

计划单			
学习领域	计算机组装与维修		
学习情境 1	计算机系统组装		
项目 4	操作系统的安装	学时	4
计划方式	根据资讯单进行设计		
计划项	内容		备注
安装操作系统前的准备工作			
操作系统的安装过程			

续表

<table>
<tr><td>设备的驱动方法</td><td colspan="5"></td><td></td></tr>
<tr><td>制订计划说明</td><td colspan="6"></td></tr>
<tr><td rowspan="3">计划评价</td><td>班级</td><td></td><td>第　　组</td><td>组长签字</td><td colspan="2"></td></tr>
<tr><td>教师签字</td><td colspan="2"></td><td>日期</td><td colspan="2"></td></tr>
<tr><td colspan="6">评语：</td></tr>
<tr><td colspan="7">实施单</td></tr>
<tr><td>学习领域</td><td colspan="6">计算机组装与维修</td></tr>
<tr><td>学习情境 1</td><td colspan="6">计算机系统组装</td></tr>
<tr><td>项目 4</td><td colspan="3">操作系统的安装</td><td>学时</td><td colspan="2">4</td></tr>
<tr><td>实施方式</td><td colspan="6">依据计划单，按照步骤进行实施</td></tr>
</table>

序号	实施步骤	使用资源

<table>
<tr><td colspan="5">实施说明：</td></tr>
<tr><td>班级</td><td></td><td>第　　组</td><td>组长签字</td><td></td></tr>
<tr><td>教师签字</td><td colspan="2"></td><td>日期</td><td></td></tr>
<tr><td colspan="5">评价单</td></tr>
<tr><td>学习领域</td><td colspan="4">计算机组装与维修</td></tr>
<tr><td>学习情境 1</td><td colspan="4">计算机系统组装</td></tr>
</table>

续表

<table>
<tr><td>项目 4</td><td colspan="2">操作系统的安装</td><td>学时</td><td>4</td></tr>
<tr><td colspan="2">姓名：</td><td>班级：</td><td colspan="2">小组：</td></tr>
<tr><td colspan="2">地点：</td><td>时间：</td><td colspan="2">总分：</td></tr>
<tr><td>序号</td><td>评价内容</td><td>分值</td><td>得分</td><td>备注</td></tr>
<tr><td>1</td><td>任务认知程度</td><td>5</td><td></td><td></td></tr>
<tr><td>2</td><td>情感态度</td><td>5</td><td></td><td></td></tr>
<tr><td>3</td><td>团队协作</td><td>5</td><td></td><td></td></tr>
<tr><td>4</td><td>工作计划制定</td><td>5</td><td></td><td></td></tr>
<tr><td>5</td><td>实施单</td><td>5</td><td></td><td></td></tr>
<tr><td>6</td><td>安装准备工作是否充分</td><td>10</td><td></td><td></td></tr>
<tr><td>7</td><td>安装过程是否正确</td><td>5</td><td></td><td></td></tr>
<tr><td>8</td><td>驱动程序是否正确安装</td><td>5</td><td></td><td></td></tr>
<tr><td>9</td><td>按要求完成系统和驱动的安装</td><td>10</td><td></td><td></td></tr>
<tr><td>10</td><td>清理工作现场</td><td>10</td><td></td><td></td></tr>
<tr><td>11</td><td>设备的使用</td><td>5</td><td></td><td></td></tr>
<tr><td>12</td><td>工作记录</td><td>10</td><td></td><td></td></tr>
<tr><td>13</td><td>作业单</td><td>20</td><td></td><td></td></tr>
<tr><td>14</td><td>总分</td><td>100</td><td></td><td>占总评分 50%</td></tr>
<tr><td colspan="5">教师评语：</td></tr>
<tr><td colspan="2">教师签字</td><td></td><td>日期</td><td></td></tr>
</table>

<table>
<tr><td colspan="4">作业单</td></tr>
<tr><td>学习领域</td><td colspan="3">计算机组装与维修</td></tr>
<tr><td>学习情境 1</td><td colspan="3">计算机系统组装</td></tr>
<tr><td>项目 4</td><td>操作系统的安装</td><td>学时</td><td>4</td></tr>
<tr><td colspan="4">1．简述将一台裸机从分区格式化到安装操作系统的全过程。</td></tr>
<tr><td colspan="4">2．写出安装驱动程序的各种方法。</td></tr>
<tr><td colspan="4">3．写出双系统安装的要点及开机菜单项的设置方法。</td></tr>
</table>

第二篇
个人计算机维护

1. 用户需求

林先生是某装饰设计公司的一位设计人员，他购买了适合制作 Photoshop、3ds Max 和 Maya 的计算机，使用过程中要使计算机处于最优的工作状态，保护系统及数据安全，必须能够定期对系统进行维护与优化，并具备快速修复系统的能力。

2. 需求分析

（1）需求

- 了解 Windows 系统维护工具的作用。
- 安装系统维护软件。
- 做好系统备份，在系统崩溃后能够及时、快速地进行恢复。

（2）分析

- 能够运用 Windows 系统维护工具进行维护与优化设置。
- 安装安全防护软件对计算机进行保护。
- 使用 Ghost 软件对系统进行备份与恢复工作。

3. 项目归纳

为了满足林先生的维护需求，需要了解常用维护工具及维护软件的作用，掌握维护与优化的设置，以及定期对系统进行维护与优化。需要掌握如下的知识与技能。

知识目标：

常用工具软件的安装方法，计算机安全防护的措施与方法，系统维护的工具与方法。

技能目标：

能够合理安装工具软件，进行计算机安全防护的设置、检测与处理；对系统进行维护、备份与恢复。

任务五

计算机的安全防护

准备知识（一） 工具软件的安装

【主要内容】

- 常用压缩工具的使用。
- 常用系统检查、测试软件的使用。
- 使用 Ghost 复制、备份及恢复分区和硬盘。
- 防病毒软件的使用。

【技能要求】

- 掌握常用压缩工具的使用方法。
- 了解其他各类工具软件的使用方法。
- 掌握常见防病毒软件的使用。

一、应用软件安装的一般方法

很多软件都需要安装序列号，所以应在开始安装之前将其准备好。用光盘安装的应用软件往往提供了自动运行功能，把光盘放入光盘驱动器，安装就会自动开始。另外也可以尝试使用 Windows 提供的“添加或删除程序”进行安装，如图 5.1 所示。

对于其他应用软件，一般都提供了诸如“Setup.exe”、“Install.exe”之类的安装程序，只需直接用鼠标双击即可开始进行安装。之后的安装过程基本是向导形式，按照提示操作即可完成安装。

二、解压缩软件 WinRAR

安装 WinRAR 后，双击 WinRAR 图标便进入操作界面，如图 5.2 所示。WinRAR 采

用了 Windows 中流行的浮动式工具栏，在工具栏下面是文件列表框，文件列表框的用法和我们的资源管理器差不多，双击一个文件夹，可以进入这个文件夹，如果需要改变当前的驱动器，就点一下工具栏下方右侧的这个下拉列表，从中选择合适的驱动器。单击工具栏上的这些按钮可实现 WinRAR 的常用功能。

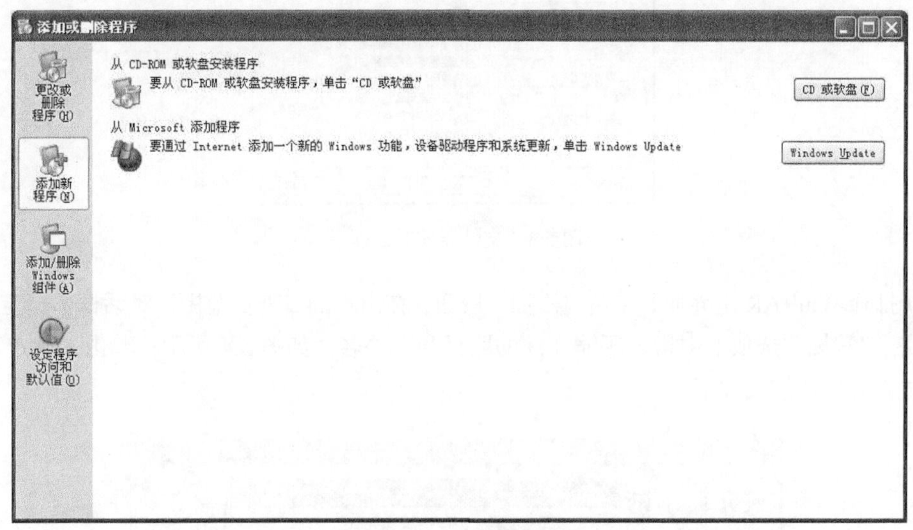

图 5.1　添加或删除程序

图 5.2　WinRAR 界面

1. 压缩文件

如果要压缩文件，通常有两种方法。

（1）用鼠标右键单击要压缩的文件，这时会出现快捷菜单

选择“添加到（T）‘文件名’”将文件压缩到同一路径下，也可以选择“添加到档案文件”，在弹出的对话框中来指定压缩文件的文件名、存放的路径、存放的类型（RAR 或 ZIP），以及其他一些设置，如图 5.3 所示。

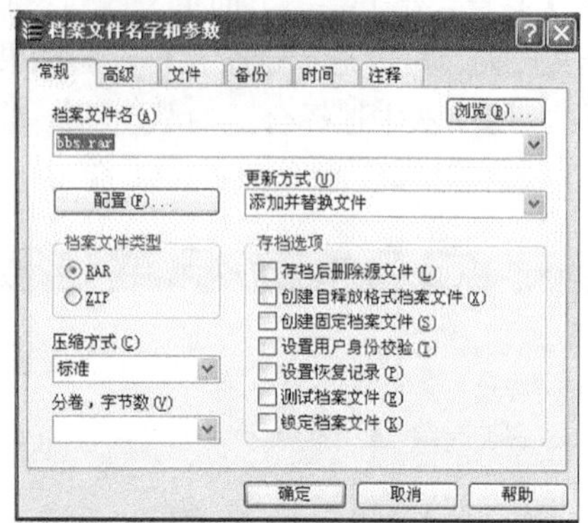

图 5.3　文件压缩对话框一

（2）打开 WinRAR 主界面，单击“添加”按钮，在出现的“查找范围”对话框中指定好文件。接下来在 “常规”选项卡中指定压缩文件的路径和文件名，如图 5.4 所示；单击“确定”按钮，WinRAR 就开始压缩文件了。

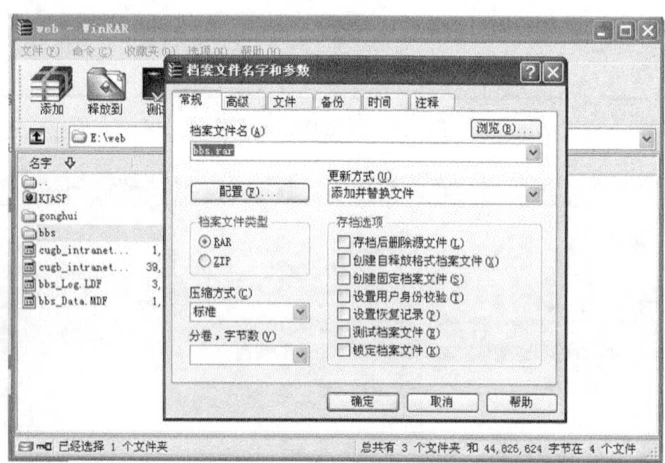

图 5.4　文件压缩对话框二

2. 解压缩文件

解压缩的过程也非常简单，通常也有两种方法。

（1）鼠标右键单击要解压缩的文件，这时菜单会出现快捷菜单。

选择“释放到这里（X）”将文件解压缩到同一路径下，也可以选择“释放到（E）‘文件名’”，将文件释放到一个与压缩文件同名的文件夹中。

（2）打开 WinRAR 主界面，再点一下工具栏上的“释放到”按钮，在弹出对话框的“目标路径”中输入要解压到的目录，如图 5.5 所示；或从右面的目录树中选择一个目录，点“确定”按钮，文件就被解压缩到这个目录中了。

3. 解压缩部分文件

WinRAR 中把压缩文件作为一个文件夹来管理，在它的文件列表中，我们双击一个.Rar 文

件，可以像查看文件夹一样查看压缩文件内部的文件，而且还可以选择这些文件中的一部分进行解压缩。

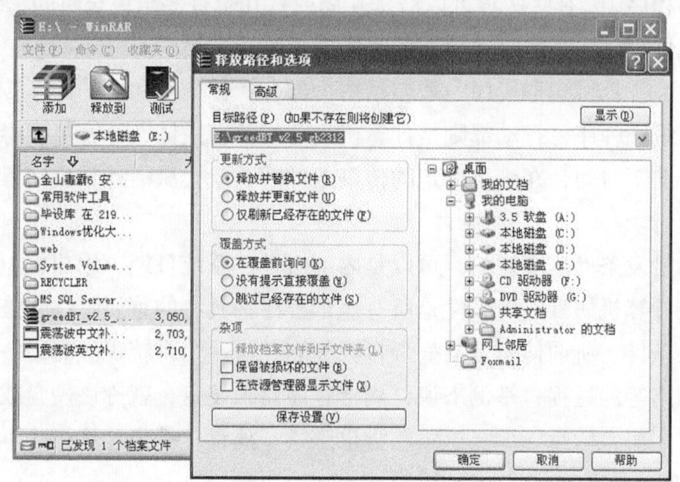

图 5.5　解压缩对话框

其解压缩的方法也很简单，先选定要解压缩的文件，再点一下工具栏上的“释放到”按钮，在弹出的解压缩对话框中选择好要解压的目录，点“确定”按钮，被选定的文件就被解压缩到指定的目录中了。

4. 分卷压缩

WinRAR 有很方便的分卷压缩功能，可以指定每一个压缩包的大小。在压缩窗口中有一项“压缩分卷大小”，我们可以在这里指定一个压缩包的大小，这样，WinRAR 就会把文件按指定的大小压缩成几个压缩包了。

准备知识（二）　计算机病毒与防护

所谓计算机病毒，实际上是一个可以自我复制和传播的程序，该程序可以直接或间接地运行。当计算机运行了带毒程序后，病毒就会驻留在内存中，并在一定的条件下进行自我复制并感染其他文件或磁盘。

计算机病毒具有很大的危害性，可以破坏计算机系统内的可执行文件或数据文件，干扰系统的正常工作，甚至导致整个系统的瘫痪，因此计算机用户应对此引起足够的重视。下面就有关计算机病毒的特点、分类以及防治计算机病毒的一般方法作一简单介绍。

一、计算机病毒的特点

计算机病毒一般具有以下几个特点。

（1）破坏性。计算机病毒的破坏性主要取决于计算机病毒的设计者，一般来说，凡是由软件手段能触及到计算机资源的地方都有可能受到计算机病毒的破坏。事实上，所有计算机病毒都存在着共同的危害，即占用 CPU 的时间和内存开销，从而降低计算机系统的工作效率，严重时病

毒能够破坏数据或文件使系统丧失正常运行能力。

（2）潜伏性。计算机病毒的潜伏性是指其依附于其他媒体寄生而不为人发现的能力。病毒程序大多混杂在正常程序中，有些病毒可以潜伏几周或者几个月甚至更长时间，而不被察觉和发现。计算机病毒的潜伏性越好，在系统中存在的时间就越长。

（3）可触发性。计算机病毒程序一般包括两个部分：传染部和行动部。传染部的基本功能是复制自身到其他系统和程序，行动部则是计算机病毒的危害主体，计算机病毒侵入后一般处于潜伏状态，需要等待若干时间，在满足一定的传染条件时，就会激活计算机病毒的行动部，使之干扰计算机的正常运行。

计算机病毒的触发条件是多样的，可以是内部时钟、系统日期、用户标识符等。

（4）传染性。计算机病毒的传染性是所有病毒程序都具有的重要特性，是衡量一种程序是否为病毒程序的首要条件。所谓传染是指病毒自我复制，由一个系统扩散到另一个系统，或由一个网络传入另一个网络等的过程，举例来说，病毒程序写入硬盘，就称该硬盘或这台计算机感染了病毒；如果病毒程序写入软盘，那么这张软盘也感染了病毒。携带计算机病毒的磁盘或文件称为病毒载体。

在系统运行时，病毒通过病毒载体进入系统内存，获取系统控制权，监视系统的运行并寻找可攻击目标。病毒程序通过修改磁盘扇区信息或文件内容，并与系统中的合法程序连接在一起，达到传染的目的。一旦运行被传染的程序．病毒就会很快地传染到计算机系统中。

计算机病毒的传染是有针对性的，一般不能跨越不同的平台。目前发现的计算机病毒有针对IBM-PC及其兼容机的，有针对Apple的Mac系列机的，以及还有针对UNIX操作系统的，等等。

二、计算机病毒的分类

计算机病毒可以从不同角度分类，按计算机病毒的寄生方式和传染机制，可以将计算机病毒分为引导型、文件型、混合型及宏病毒4类。

（1）引导型病毒将病毒体隐藏于磁盘的引导扇区中，在系统启动时，引导扇区的病毒代码被装入内存的同时取得对计算机系统的控制权。

（2）文件型病毒寄生于可执行文件中（一般是.EXE 文件和.COM 文件），使文件的代码变长。这种病毒在运行程序时即被激活，并感染其他程序文件。

（3）混合型病毒同时具有引导型和文件型病毒的特点，它既寄生在磁盘的引导扇区，又寄生于可执行文件中，发现和清除较为困难。

（4）宏病毒与前几类计算机病毒不同，它只感染支持宏的应用软件，一般为微软公司的字处理软件 Word 生成的图文文件.DOC 和模板文件.DOT。只要用 Word 打开感染了宏病毒的文档，病毒便会侵入计算机中并进行传播。

三、计算机感染病毒后的症状

一般而论，当出现以下现象时，应怀疑计算机可能已感染病毒。

（1）屏幕上显示一些莫名其妙的信息或图像。

（2）系统运行时频繁地死机或突然重新启动。

（3）系统运行速度明显下降。

（4）未读写磁盘期间磁盘指示灯突然发亮。

（5）磁盘空间明显减小。

（6）CMOS 中的信息频繁丢失。

（7）磁盘文件的长度无故增加。

（8）磁盘文件无故消失或数据神秘丢失。

四、防治计算机病毒的一般方法

病毒的侵入必将对系统资源构成威胁，因此防止计算机病毒的侵入要比病毒侵入后的发现和清除更重要。作为计算机用户，应以预防为主，以防病毒软件查杀为辅。下面介绍防治计算机病毒的一般方法。

（1）系统中的数据要定期进行备份。

（2）凡不需要再写入数据的磁盘都应具有写保护。

（3）系统文件和用户数据文件应分别存放在不同的子目录中。

（4）经常检查一些可执行文件的长度，当发现文件长度发生变化时，应考虑是否计算机已染上病毒。

（5）对公用软件和共享软件应谨慎使用，对于来路不明的软件应先用防毒软件检查，确定无毒后再使用。

（6）对于带有硬盘的计算机，不从软盘引导系统可有效地防止引导型病毒的侵入。

（7）使用高版本 BIOS 对硬盘主引导区和 DOS 分区加以保护。

（8）定期用最新版本的杀毒软件对整个系统进行查杀。

（9）对执行重要工作的机器要专机专用、专盘专用。

五、常用杀毒软件

随着计算机应用的日趋深入和普及，计算机病毒在我国的不断出现和蔓延给用户带来了极大的危害，因此也出现了许多反病毒软件。这些软件可以检测和清除大部分病毒，是计算机维护的重要工具。杀毒软件通常集成监控识别、病毒扫描和清除以及自动升级等功能，另外，有些杀毒软件还带有数据恢复等功能。

（1）杀毒软件的原理。杀毒软件的任务是实时监控和扫描磁盘。部分杀毒软件通过在系统添加驱动程序的方式进驻系统，并且随操作系统启动。大部分的杀毒软件还具有防火墙功能。

杀毒软件的实时监控方式因软件而异。有些杀毒软件是通过在内存中划分一部分空间，将计算机中流过内存的数据与杀毒软件自身所带的病毒库（包含病毒定义）的特征码相比较，以判断是否为病毒；另一些杀毒软件则在所划分到的内存空间中虚拟执行系统或用户提交的程序，根据其行为或结果作出判断。

扫描磁盘的方式和上面提到的实时监控的第一种工作方式基本相同，只是在这里，杀毒软件将会将磁盘上所有的文件（或者用户自定义的扫描范围内的文件）做一次检查。

另外，杀毒软件还涉及很多其他方面的技术。

- 脱壳技术。即是对压缩文件和封装好的文件作分析检查的技术。
- 自身保护技术。避免病毒程序杀死自身进程。

- 修复技术。对被病毒损坏的文件进行修复的技术。

（2）世界顶级杀毒软件排名。

第一名：BitDefender

第二名：Kaspersky

第三名：ESET NOD32

第四名：PC-cillin

第五名：McAfee VirusScan

第六名：Norton AntiVirus

任务实施　计算机的安全防护

一、任务目标

1．掌握软件的安装方法。

2．熟悉计算机安全防护的措施。

3．掌握计算机安全防护软件的安装及使用方法。

4．实现计算机的安全防护。

二、工具清单

PC 机一台、工具盘一张。

三、工作场景

“XXXX 室内装装饰设计”公司的林先生到恒升电脑销售公司购买了一台计算机，考虑到今后经常上网和使用 U 盘等进行资料的传送，为了避免受到网络攻击和病毒的感染，要求计算机销售人员在新组装的计算机中为其安装计算机的安全防护软件并进行安全设置。

四、工作过程：

（一）定时更新安装系统补丁

Windows 操作系统存在各种漏洞且不断有新漏洞被发现，这些漏洞可被病毒或黑客入侵造成损失。微软公司于每月中旬推出新补丁，用户应定时更新。更新方式有以下两种。

1．使用系统自动更新方式

操作步骤如下所示。

（1）打开“开始”菜单，选择“Windows Update”命令，或打开 IE 浏览器窗口，在“工具”菜单中选择“Windows Update”命令，如图 5.6 所示。

（2）按照页面提示进行安装即可。

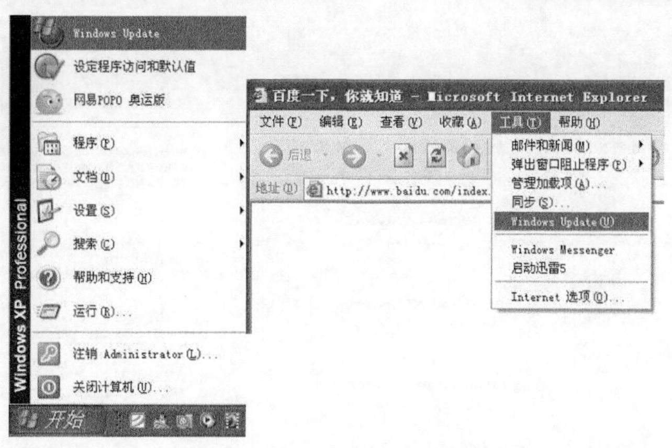

图 5.6　启动 Windows Update

2. 使用工具软件“360 安全卫士”

“360 安全卫士”是一款非常优秀的计算机安全软件，该软件拥有查杀恶意软件、插件管理、病毒查杀、诊断和修复以及数据保护等多个强劲功能，同时还提供弹出插件免疫、清理使用痕迹以及系统还原等特定辅助功能，并且提供对系统的全面诊断报告，方便用户及时定位问题所在，真正为每一位用户提供全方位的系统安全保护。下面介绍“360 安全卫士”的几大主要功能。

（1）修复系统漏洞如图 5.7 所示。全选后单击“立即修复”按钮即可。

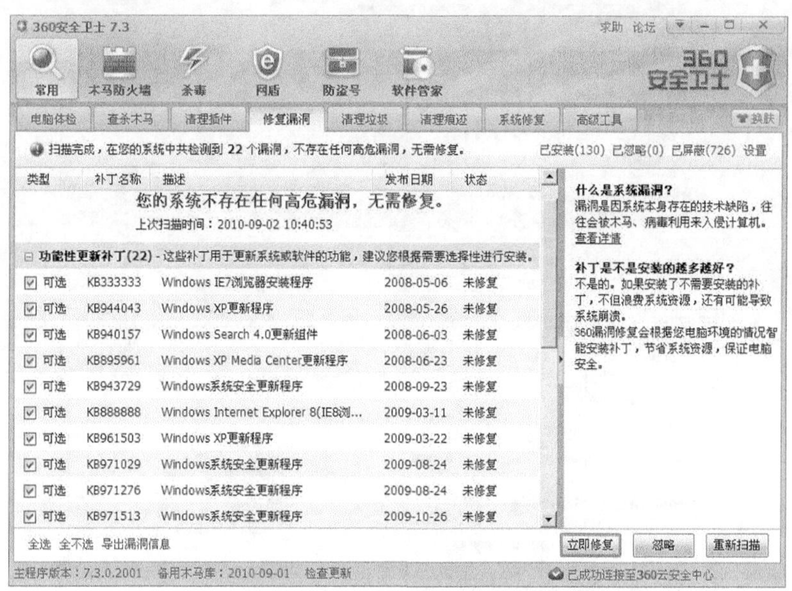

图 5.7　修复系统漏洞

（2）查杀木马如图 5.8 所示。通常使用快速扫描进行木马查杀。

（3）清除恶评插件如图 5.9 所示。对影响系统安全的恶评插件可以选择“立即清理”。

（4）开启系统防护，如图 5.10 所示。将所有的系统防护项都设置为开启状态，局域网中 ARP 防火墙也应设为开启。

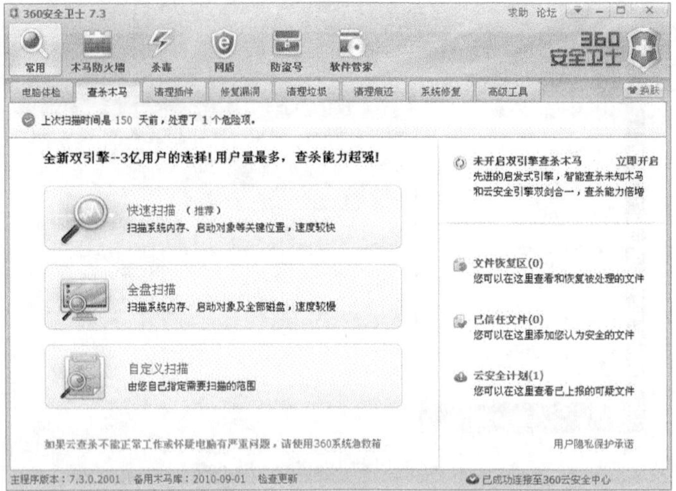

图 5.8 查杀木马

图 5.9 清理恶评插件

图 5.10 开启系统防护

（5）其他高级工具，如开机加速、修复网络、恶意插件免疫等的使用如图 5.11 所示。

图 5.11　高级工具的使用

值得一提的是，“360 安全卫士”是免费软件，用户可通过 http://www.360.cn/免费下载使用。

（二）安装防火墙

杀毒软件只能查杀病毒和监视读入内存的病毒，它并不能监视连接到因特网的计算机是否受到网络上其他计算机的攻击，因此需要一种专门监视网络的工具来监测、限制网络中传输的数据流，这种工具就是防火墙。防火墙分为硬件防火墙和软件防火墙，一般所说的都是软件防火墙，而硬件防火墙具有更高的安全性。

常见的网络防火墙有诺顿防火墙、金山网镖、瑞星防火墙、ZONELABS 防火墙、费尔个人防火墙、天网防火墙、江民黑客防火墙、蓝盾防火墙等，Windows XP 也自带有防火墙。

1. Windows 系统防火墙的使用

对于 Windows XP SP2 的系统来说，系统本身就带有防火墙，它集成在系统的“安全中心”中。启动安全中心的方法是：在“控制面板”窗口中双击“安全中心”图标，即可打开“Windows 安全中心”对话框，用来管理“防火墙”、“自动更新”和“病毒防护”的设置，如图 5.12 所示。

单击“Windows 防火墙”图标，即可打开“Windows 防火墙”对话框，如图 5.13 所示。

2. 专用防火墙软件的使用

（1）天网防火墙个人版是一款共享软件。安装了该程序之后，会在系统的任务栏中出现一个“天网防火墙”的实时监控图标，表示其正在监视着网络。

（2）当打开某个应用程序或计算机遭到访问时，会弹出“天网防火墙警告信息”对话框，并询问用户是否允许该操作访问本地计算机或因特网。此外，如果某个程序存在安全隐患，也会给出相应的警告信息。当第一次启动某个应用程序时，需要用户对系统经常要访问网络的程序有个大致了解，先根据其路径找到该程序，然后查看程序的属性。此时要特别注意程序的版本信息，

有时无法做出正确的判断，可以先允许程序访问网络，然后在网络状态中监视该程序，根据程序路径、监听特点和是否在发送数据等来判断该程序是否合法。如果判断该程序非常可疑，可以单击“结束进程”链接，再打开可疑进程所在的位置，进一步查看信息，或使用其他杀毒软件检测，另外还可以把它提交至杀毒软件公司分析。

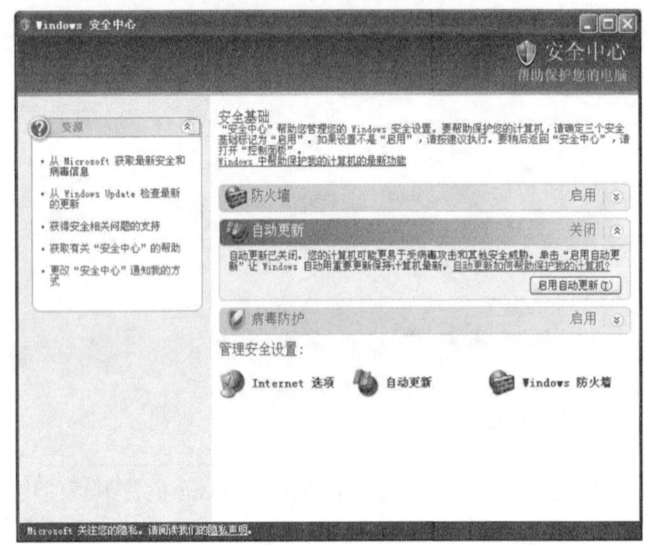

图 5.12　安全中心

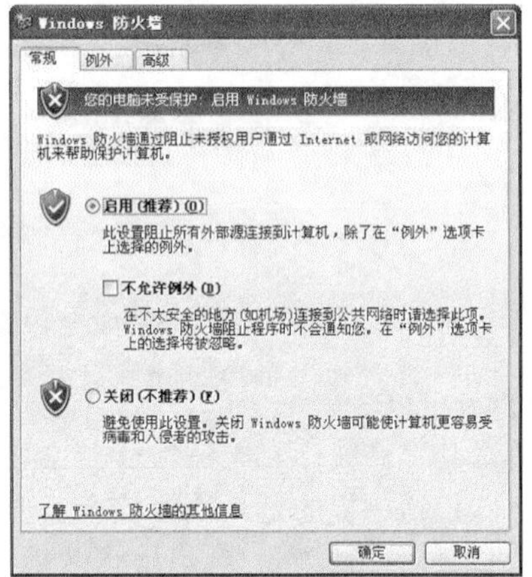

图 5.13　“Windows 防火墙”对话框

（3）单击“系统区域”中的图标，打开天网防火墙的主界面，如图 5.14 所示。

（4）在该主界面中单击“系统设置”按钮，打开“系统设置”对话框，如图 5.15 所示。在该对话框中可以设置天网个人版防火墙在操作系统启动时自动启动还是手工启动。同时也可以单击“重置”按钮，把安全规则全部恢复为默认设置。其中，“局域网地址”文本框用来设置用户在局域网的内部地址。如果用户的机器是在局域网中使用的，一定要设置好这个地址，因为防火墙将会以该地址来区分局域网或 Internet 的 IP 来源。

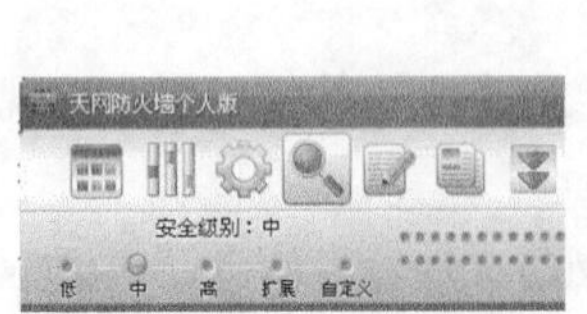

图 5.14　天网防火墙的主界面

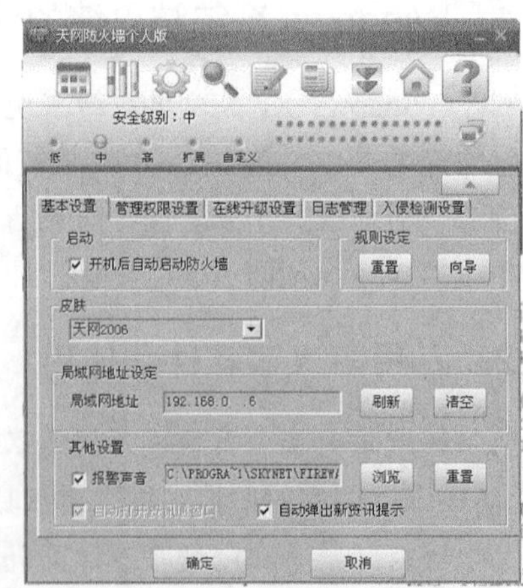

图 5.15　防火墙的系统设置

（5）天网个人版防火墙的默认安全级别分为高、中、低和自定义 4 个等级，如图 5.16 所示。在默认情况下的安全级别为十级，如果设置为高级，则除了已经被认可的程序打开的端口外，系

统会屏蔽向外部开放的所有端口。

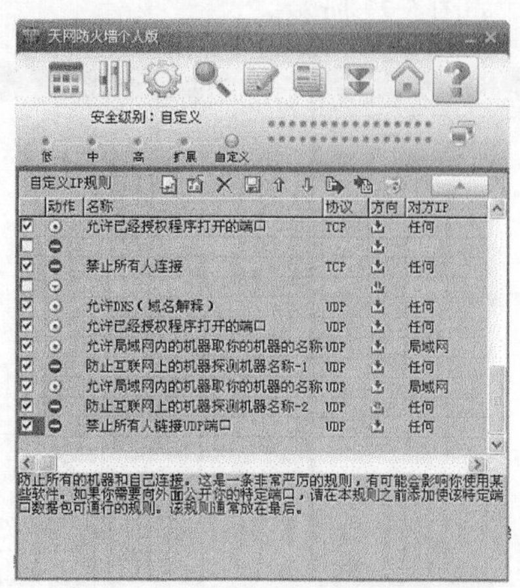

图 5.16　防火墙的安全级别设置

（三）安装防病毒软件并定时升级

下面以 360 杀毒软件为例，简单介绍其使用方法。

（1）安装了 360 杀毒软件后，它会随着 Windows 系统启动，在系统任务栏中出现图标，此时系统处于保护状态，如果发现病毒，就会弹出一个“发现威胁”对话框，提示用户需要进行相应的处理。

（2）使用鼠标右键单击图标，将弹出一个快捷菜单，如图 5.17 所示。

（3）选择“打开 360 杀毒主程序”命令，打开 360 杀毒软件的主界面，如图 5.18 所示。

打开360杀毒主程序
升级
关闭文件实时防护
进入免打扰模式
关于
退出

图 5.17　快捷菜单

图 5.18　360 杀毒软件的主界面

（4）在使用杀毒软件进行杀毒之前应对杀毒软件进行必要的设置，如是否自动升级、定期查毒和发现病毒的处理方式等，如图 5.19、图 5.20 所示。

（5）如果要手动升级，可以单击“产品升级”选项卡，再单击“检查更新”按钮，如图 5.21 所示，开始更新病毒库。

（6）若要查杀病毒，可以在 360 杀毒软件的主界面中打开“病毒查杀”选项卡，有 3 种默认

扫描方式，分别是“快速扫描”、“全盘扫描”和“指定位置扫描”，这里选择“指定位置扫描”，此时出现可以选择的详细项目，如图 5.22 所示。

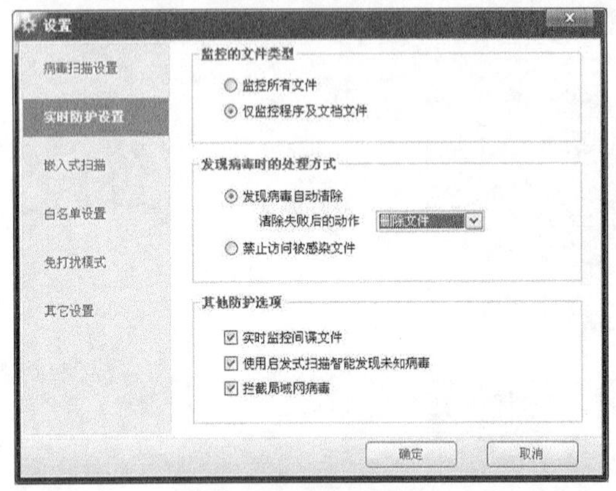

图 5.19　病毒处理方式的设置

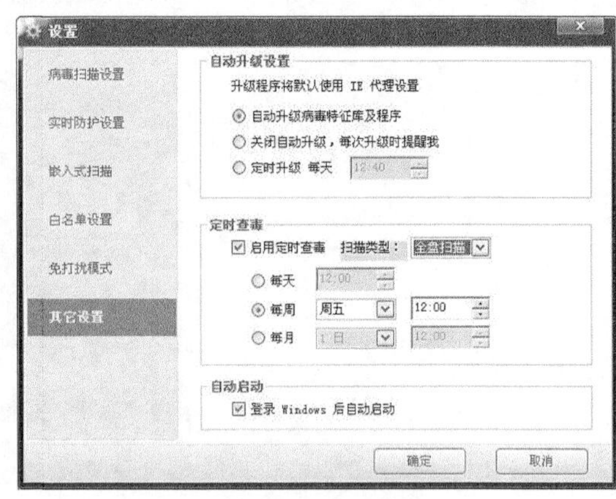

图 5.20　自动升级和定时查毒设置

图 5.21　手动升级

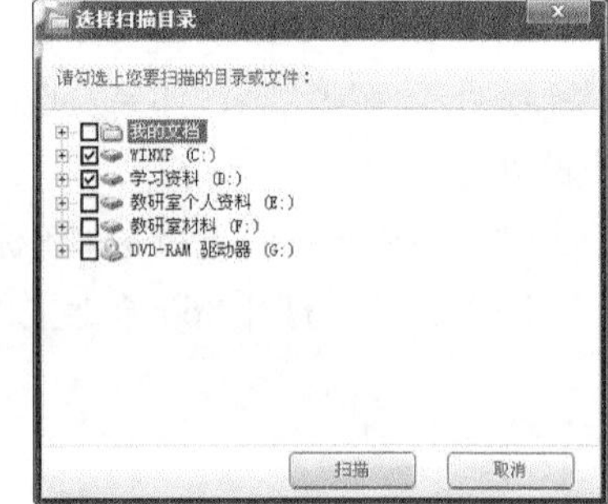

图 5.22　指定病毒查杀路径

（7）选择扫描的项目后单击“扫描”按钮，即开始扫描病毒。当扫描到病毒后，会在扫描窗口中列出染毒对象，如图 5.23 所示。

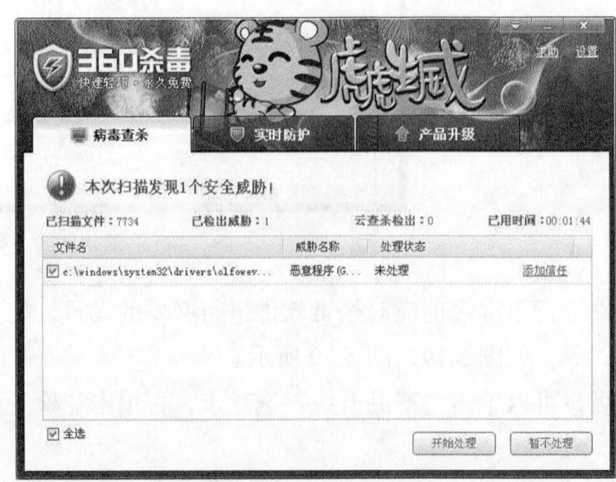

图 5.23　列出染毒对象

（8）扫描完成后单击“开始处理”按钮，即可成功处理病毒威胁，如图 5.24 所示。

图 5.24　成功处理病毒威胁

五、项目验收

1. 操作系统是否存在安全漏洞？
2. 计算机是否启用了防火墙？
3. 计算机是否安装了功能强劲的杀毒软件？
4. 系统的安全设置是否合理？

实训五　计算机安全防护

<table>
<tr><td colspan="7">任务单</td></tr>
<tr><td>学习领域</td><td colspan="6">计算机组装与维修</td></tr>
<tr><td>学习情境 2</td><td colspan="6">计算机系统维护</td></tr>
<tr><td>项目 1</td><td colspan="3">计算机的安全防护</td><td>学时</td><td colspan="2">3</td></tr>
<tr><td colspan="7">布置任务</td></tr>
<tr><td>学习目标</td><td colspan="6">• 掌握软件的安装方法
• 熟悉计算机安全防护的措施
• 掌握计算机安全防护软件的安装及使用方法
• 实现计算机的安全防护</td></tr>
<tr><td>任务描述</td><td colspan="6">林先生购买了一台计算机，考虑到今后经常上网和使用 U 盘等进行资料的传送，为了避免受到网络攻击和病毒的感染，要求计算机销售人员在新组装的计算机中为其安装计算机的安全防护软件并进行安全设置</td></tr>
<tr><td>学时安排</td><td>资讯
0.5 学时</td><td>计划
0.25 学时</td><td>决策
0.25 学时</td><td>实施
1 学时</td><td>检查
0.5 学时</td><td>评价
0.25 学时</td></tr>
<tr><td>提供资料</td><td colspan="6">• 计算机组装与维修教材
• 计算机组装与维修课件
• 192.168.20.8 计算机组装与维修精品课程网站学习资源
• 计算机组装与维修学习音频、视频资源</td></tr>
</table>

续表

对学生的要求	● 认真阅读任务描述，掌握所需完成的任务 ● 根据资讯引导，通过查找资料、网上搜索、观看录像的方式认真完成资讯 ● 每名学生根据工作任务制定计划，由组长组织讨论，做出决策并实施 ● 实施结束后进行自我评价、组内互评、教师评价 ● 将所完成任务形成规范的文档进行存档

资讯单

学习领域	计算机组装与维修		
学习情境 2	计算机系统维护		
项目 1	计算机的安全防护	学时	3
资讯问题	1. 应用软件的一般安装方法有哪些		
	2. WinRAR 的作用和使用方法分别有哪些		
	3. 计算机病毒的特点有哪些		
	4. 计算机病毒如何分类		
	5. 计算机感染病毒后的症状是什么		
	6. 防止病毒的一般方法有哪些		
	7. 常用的杀毒软件有哪些		
	8. 对于日常使用的计算机应如何进行安全防护		
资讯引导	● 在《计算机组装与维修》教材以及配套的课件中进行相关资料的查找 ● 在“计算机硬件组装”视频中进行学习		

计划单

学习领域	计算机组装与维修		
学习情境 2	计算机系统维护		
项目 1	计算机的安全防护	学时	3
计划方式	根据资讯单进行设计		
计划项	内容		备注
操作系统补丁的安装过程			
防火墙的安装与配置过程			
杀毒软件的安装与配置过程			

续表

<table>
<tr><td>制订计划说明</td><td colspan="5"></td></tr>
<tr><td rowspan="3">计划评价</td><td>班级</td><td></td><td>第　　组</td><td>组长签字</td><td></td></tr>
<tr><td>教师签字</td><td colspan="2"></td><td>日期</td><td></td></tr>
<tr><td colspan="5">评语：</td></tr>
</table>

<table>
<tr><td colspan="4">实施单</td></tr>
<tr><td>学习领域</td><td colspan="3">计算机组装与维修</td></tr>
<tr><td>学习情境 2</td><td colspan="3">计算机系统维护</td></tr>
<tr><td>项目 1</td><td>计算机的安全防护</td><td>学时</td><td>3</td></tr>
<tr><td>实施方式</td><td colspan="3">依据计划单，按照步骤进行实施</td></tr>
</table>

序号	实施步骤	使用资源

实施说明：

<table>
<tr><td>班级</td><td></td><td>第　　组</td><td>组长签字</td><td></td></tr>
<tr><td>教师签字</td><td colspan="2"></td><td>日期</td><td></td></tr>
</table>

<table>
<tr><td colspan="4">评价单</td></tr>
<tr><td>学习领域</td><td colspan="3">计算机组装与维修</td></tr>
<tr><td>学习情境 2</td><td colspan="3">计算机系统维护</td></tr>
<tr><td>项目 1</td><td>计算机的安全防护</td><td>学时</td><td>3</td></tr>
<tr><td>姓名：</td><td>班级：</td><td colspan="2">小组：</td></tr>
</table>

续表

地点：		时间：		总分：
序号	评价内容	分值	得分	备注
1	任务认知程度	5		
2	情感态度	5		
3	团队协作	5		
4	工作计划制定	5		
5	实施单	5		
6	是否实现系统补丁的安装	10		
7	是否正确安装防火墙	5		
8	是否正确安装杀毒软件	5		
9	计算机最终是否得到安全保护	10		
10	清理工作现场	10		
11	设备的使用	5		
12	工作记录	10		
13	作业单	20		
14	总分	100		占总评分 50%
教师评语：				
教师签字			日期	

作业单

学习领域	计算机组装与维修		
学习情境 2	计算机系统维护		
项目 1	计算机的安全防护	学时	3
1．试归纳各类查病毒软件的组成。			
2．试归纳各类安全软件的作用。			

任务六

系统维护与优化

准备知识（一）　系统维护与优化

【主要内容】

- Windows XP 系统的维护工具。

【技能要求】

- 掌握 Windows XP 系统的维护与优化。
- 掌握操作系统维护与优化的一般内容。

中文版 Windows XP 中拥有许多功能强大的系统管理与维护工具，用户利用这些工具可以更好地管理、维护自己的计算机系统，及时有效地解决系统运行中可能出现的问题。本任务中将重点讲解在中文版 Windows XP 中如何使用这些工具，内容包括使用微软管理控制台（MMC）、事件查看器以及电源管理等。

一、微软管理控制台

微软管理控制台（缩写为 MMC）是一个集成管理工具的工作平台，通过它可以创建、保存或打开系统管理工具，从而管理计算机的硬件、软件和 Windows 系统的网络组件，以及进行系统的维护。MMC 本身并不执行管理功能，它只是集成众多的管理工具，接纳并管理执行各种系统的功能。

当用户需要进入管理控制台进行查看时，可执行以下操作。

（1）单击“开始”按钮，在“开始”菜单中选择“控制面板”命令，打开“控制面板”窗口。

（2）在“控制面板”窗口中单击“管理工具”图标，然后在打开的“管理工具”窗口中双击“组件服务”图标，即可进入控制台的根目录。

（3）MMC 的界面由两个窗格组成，左边是控制台的目录树，在此显示控制台目前可用的项目，右边的窗格是详细资料窗格，当在树目录下选择某选项时，此窗格将显示相应的详细信息，若改变左边的选项，则右边的详细资料也会发生相应的改变，如图 6.1 所示。

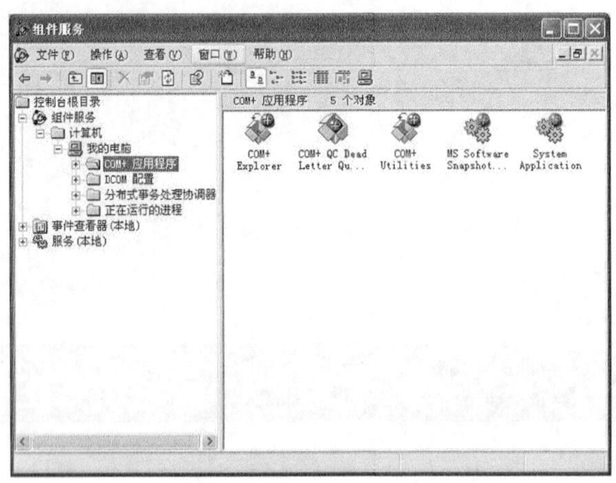

图 6.1 “组件服务”对话框

二、管理系统服务

在中文版 Windows XP 中用户通过“服务”这一管理单元，可以在本地计算机上开始、停止或继续某项服务，并配置启动或故障恢复选项，另外还可以为特定的硬件配置文件进行启用或禁用的服务。

1. 查看系统服务

使用“服务”管理单元，有下列的两项作用。

（1）如果服务失败，则设置如何执行故障恢复的操作，例如自动重新启动或重新启动计算机。

（2）创建服务的自定义名称和描述，从而可以方便地识别它们。

如果用户要查看系统服务，可以通过下面的途径来实现：

（1）在“控制面板”窗口中单击“管理工具”图标，这时打开“管理工具”窗口，在该窗口中双击“服务”图标，即可打开“服务”窗口。

（2）从图 6.2 中可以看出，当用户选择其中的一项服务时，在左侧相应的“描述”中会出现关于此项服务的具体说明，这样可以很清楚地了解该项服务的功能，在对话框下方的状态栏中有“扩展”和“标准”两个选项卡，当选择“扩展”选项卡时，描述在窗格左侧单独列出，这样用户可以更方便地查看。当选择“标准”选项卡时，左侧的描述消失而出现在常规列表中，用户可根据习惯进行选择其显示方式。

2. 启动、停止、暂停、恢复或重新启动服务

在“服务”窗口中选定某项服务，然后右击，在弹出的快捷菜单中包括“启动”、“停止”、“暂停”、“恢复”和“重新启动”几个命令，当执行某命令后，所执行的操作可立刻生效，如图 6.3 所示。

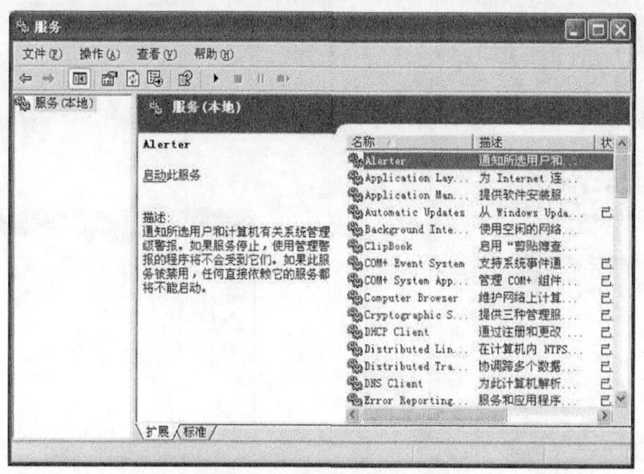

图 6.2 “服务”对话框一

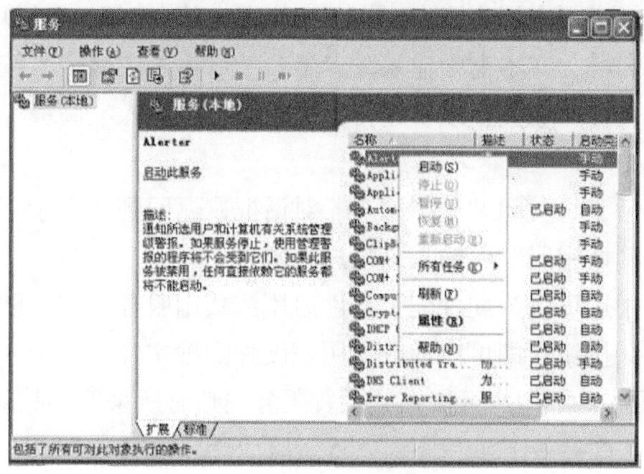

图 6.3 “服务”对话框二

3. 关于服务属性

在“服务”窗口中选择某项服务，然后使用鼠标右键对其进行单击所弹出的快捷菜单中选择“属性”命令，即可打开包括 4 个选项卡的该服务“属性”对话框。

（1）在“常规”选项卡中，用户可以看到服务名称、描述、可执行文件的路径等当前状态的详细情况，当此项服务未启动时，可以在“启动参数”文本框中输入启动该项服务时所需的参数，单击“启动”按钮也可启动该服务，如图 6.4 所示。

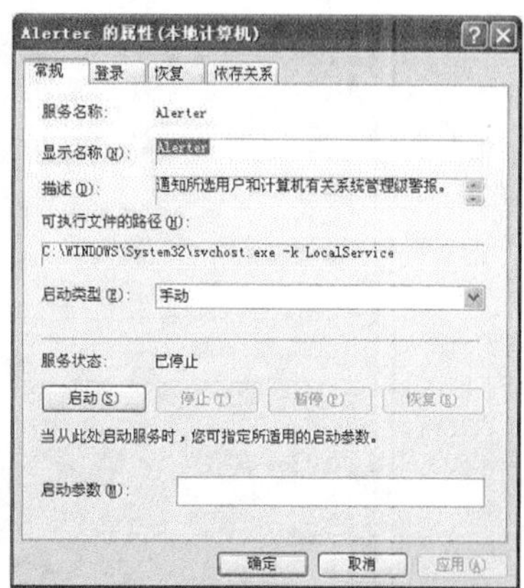

图 6.4 “常规”选项卡

（2）在“登录”选项卡中，用户可以设置服务登录身份，在“登录身份”选项组中用户可以为某项服务指定一个账户，虽然大部分服务都是以系统账户进行登录的，但也可以为一些服务配置特定的账户，这样用户就可以访问被保护的文件或文件夹。如果要在桌面上提供启动服务时任何人登录都能使用用户界面，用户可以选中“允许服务与桌面交互”复选框。

如果在“登录”选项卡中选中“此账户”单选按钮，可以单击“浏览”按钮，出现“选择用户”对话框，如图 6.6 所示。

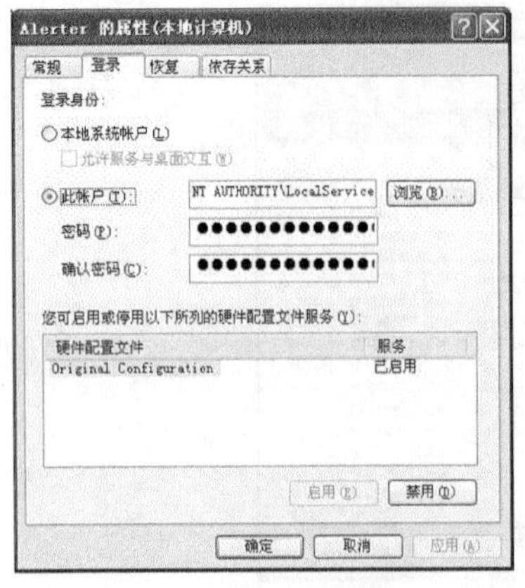

图 6.5 “登录”选项卡

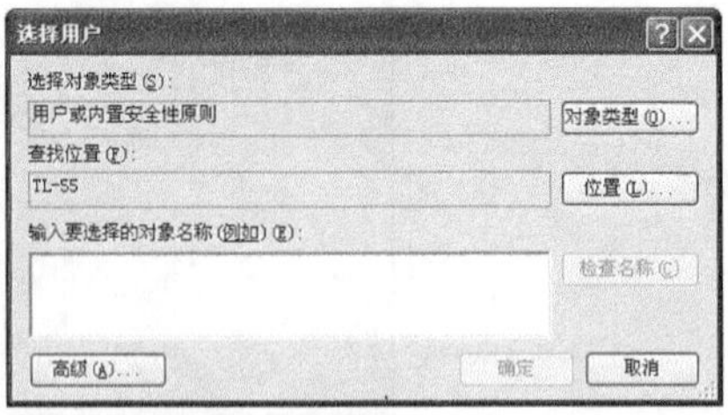

图 6.6 “选择用户”对话框

在此对话框中可以指定一个用户账户，单击“对象类型”按钮，选择用户所在的域或工作组。在“输入要选择的对象名称”文本框中输入账户名，然后单击“确定”按钮。

在该对话框中可以选择对象类型或者进行查找，还可以进入“高级”选项，进行高级的条件设置。

单击“确定”按钮后，将关闭“选择用户”对话框，返回到“登录”选项卡，为保密起见，用户可在“密码”和“确认密码”中输入该账户的密码。

在“登录”选项卡中还可以为配件配置文件启用或禁用服务，在“硬件配置文件”列表框中单击“启动”和“禁用”按钮，即可启动或禁用该硬件配置文件。

（3）在“恢复”选项卡中，用户可以在此设置服务失败时所采取的故障恢复操作，其包括“不操作”、“重新启动服务”、“运行一个程序”、“重新启动计算机”4 种方案，共有 3 次设置的机会，每种方案还有自己的补充项，用户可以根据需要自行设置。

如果选择“重新启动计算机”，可以通过单击“重新启动计算机选项”指定重新启动计算机之前要等待的时间，还可以创建计算机重新启动之前向远程用户显示的消息，如图 6.7 所示。

（4）在“依存关系”选项卡中，用户可以查看各项服务间的依存关系，如图 6.8 所示。如果用户要停止某项系统服务，而要停止的系统服务与其他一些服务之间有依存关系，则停止该服务时，其他的服务也将一同被停止。

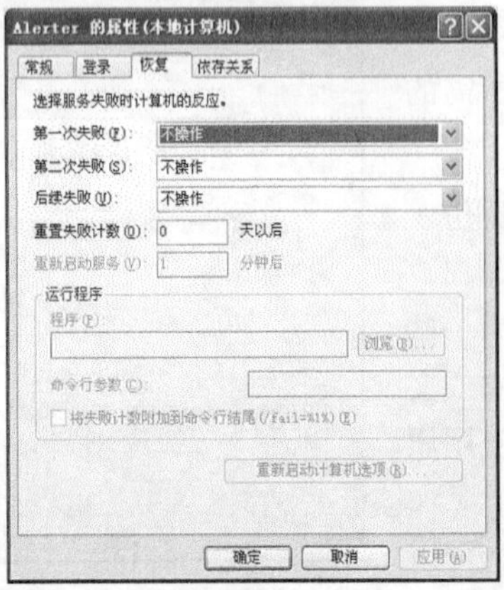

图 6.7 “恢复”选项卡

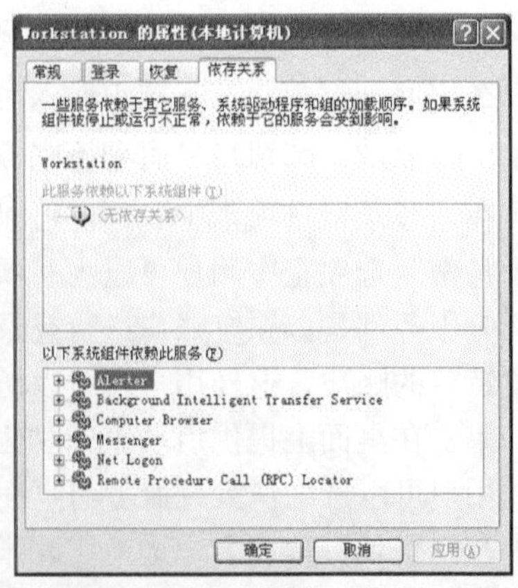

图 6.8 “依存关系”选项卡

"依存关系"选项卡中的"此服务依赖以下系统组件"列表指出运行选定服务所需的其他服务。

"依存关系"选项卡中的"以下系统服务依赖此服务"列表指出需要运行选定服务才能运行的服务，如图 6.8 所示。

三、管理系统设备

在计算机的运行过程中，系统设备是必不可少的，它把硬件和其驱动程序紧密地联系起来，能够保证系统正常高效地工作。系统设备中存放着硬件和设备的信息，用户可以使用"硬件向导"安装、卸载新硬件或配置硬件文件。在设备管理器中会显示计算机上安装的设备并允许更改设备属性，用户还可以为不同的硬件配置创建硬件配置文件。

1. 查看系统设备

如果用户需要了解有关系统设备的详细信息，可以执行下面的操作。

（1）单击"开始"按钮，选择"控制面板"命令，在"控制面板"窗口中选择"管理工具"图标，在打开的窗口中双击"计算机管理"图标，这时在"计算机管理"窗口中选择"设备管理器"选项，左侧的详细资料窗格中即可出现相关信息，用户可对需要的设备进行查看，如果要查看隐藏的设备，可选择工具栏上的"查看"→"显示隐藏的设备"命令来实现。

（2）如果要对已设置好的某设备进行改动，可在该选项上右击（一定要在展开的选项上），在弹出的快捷菜单中选择"停用"（暂时停止运行）或"卸载"（永久删除）命令。

当用户选择"属性"命令时，会出现该设备的属性对话框，在该对话框中显示了此设备的详细信息，例如设备名称、生产商和位置等内容。在"设备状态"列表框中显示了该设备的运转情况。

如果用户在操作过程中碰到问题或者此设备运行不正常，可单击"疑难解答"按钮打开帮助系统寻找解决问题的方法，如图 6.9 所示。

2. 硬件管理

硬件包括任何连接到计算机并由计算机的微处理器控制的设备，包括制造和生产时连接到计算机上的设备以及用户后来添加的外围设备，如网卡、调制解调器等。

如果用户要查看自己计算机系统上的所有设备或者需要排除硬件故障、安装新的硬件设备等，可在桌面上右击"我的电脑"图标，在弹出的快捷菜单中选择"属性"命令，即可出现"系统属性"对话框，选择"硬件"选项卡，在"添加新硬件向导"选项组中单击"添加新硬件向导"按钮，出现"添加硬件向导"对话框，用户可依据提示，在每一步出现的选项中正确选择相应信息，就可以添加一个新的硬件，如图 6.10 所示。

在"设备管理器"选项组中的"驱动程序签名"选项是中文版 Windows XP 新增的功能，在硬件安装期间，它可以检测有没有通过 Windows 徽标测试的驱动程序软件来确认其是否与 Windows XP 兼容。单击"驱动程序签名"按钮，会打开"驱动程序签名选项"对话框，在"在你希望采取什么操作"选项组下有 3 种选项。

- 忽略：不管碰到什么情况，都不出现提示。
- 警告：在操作进行过程中，每一次选择都出现提示。

- 阻止：禁止安装未经签名的驱动程序软件。

计算机系统管理员可以选择其中的一项作为系统默认值应用。

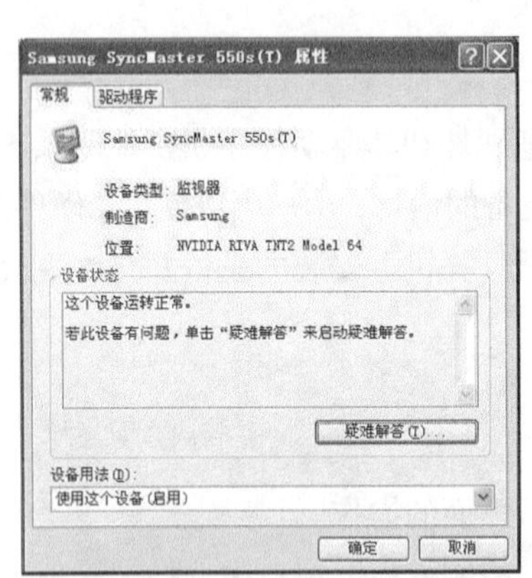

图 6.9 “属性”对话框

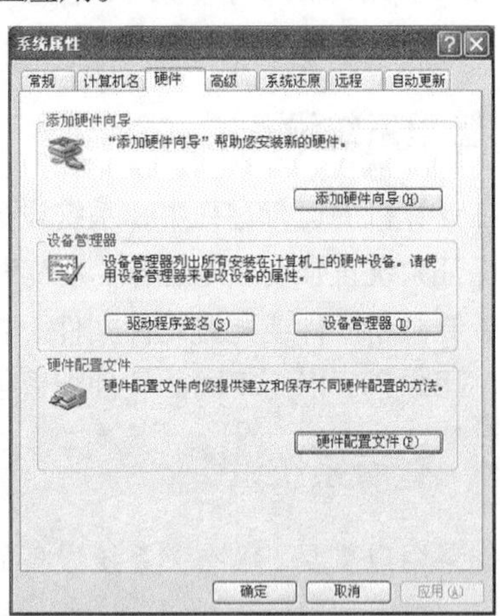

图 6.10 “系统属性”对话框

3. 硬件配置文件

硬件配置文件是用来描述计算机设备配置和特性的数据，可用来配置计算机使用的外部设备，它在启动计算机时告诉操作系统启动哪些设备，使用设备中的哪些设置等一系列指令。

在“硬件配置文件”选项组中单击“硬件配置文件”按钮，在打开的“硬件配置文件”对话框中为用户提供了管理硬件配置文件的不同方式。

在“硬件配置文件选择”选项组中，用户可以为启动系统时选定硬件配置文件，也可以设定等待时间，由系统自动选择，如图 6.11 所示。

一旦创建了硬件配置文件，用户就可以使用“设备管理器”禁用和启用配置文件中的设备。如果在硬件配置文件中禁用了某个设备，那么当用户启动计算机时系统不会加载该设备的设备驱动程序。

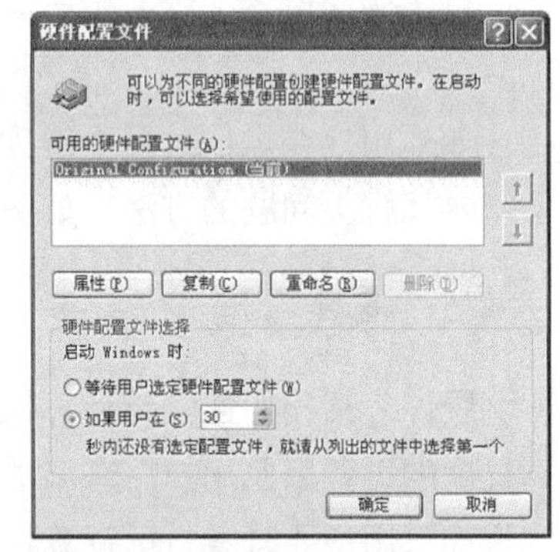

图 6.11 “硬件配置文件”对话框

4. 更新硬件驱动程序

随着计算机硬件的更新换代，硬件设备的驱动程序的升级也不断加快，这样能和硬件有机配合，可以更好地支持硬件设备，提高硬件的性能。

用户可先打开“计算机管理”窗口，在“设备管理器”选项中选定需要更新的设备，从右击后所弹出的菜单中选择“更新驱动程序”命令，或者选择“属性”命令，可以打开该设备的属性对话框，在“驱动程序”选项卡中单击“更新驱动程序”按钮，都可出现“硬件更新向导”对话框，根据向导提示，就可以完成硬件驱动程序的更新，如图 6.12 所示。

四、使用事件查看器

利用“事件查看器”这个系统维护工具，用户可以通过使用事件日志，收集有关硬件、软件、

系统问题方面的信息，并监视中文版 Windows XP 安全事件，将 Windows 和其他应用程序运行中错误事件记录下来，便于用户诊断和纠正可能发生的系统错误和问题。

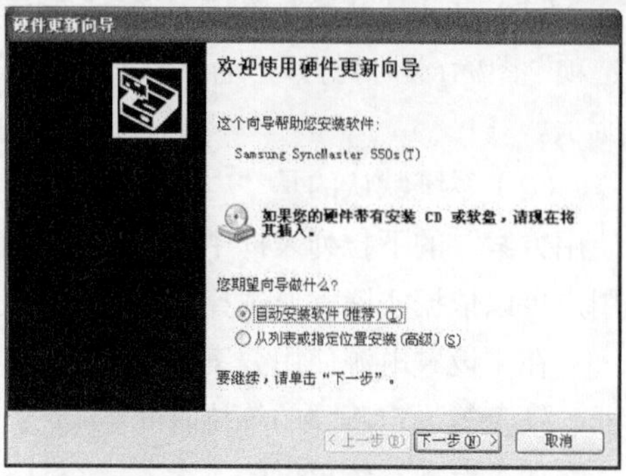

当用户需要查看工作日志时，可进行以下操作。

（1）单击“开始”按钮，选择“控制面板”命令，在打开的“控制面板”窗口中单击“管理工具”图标，然后在“管理工具”窗口中双击“事件查看器”图标，这时就可以打开“事件查看器”窗口。

图 6.12 “硬件更新向导”对话框

（2）在“事件查看器”窗口中包括 3 种类型的日志记录事件。

- 应用程序日志：记录应用程序或一般程序的事件。
- 安全性日志：可以记录例如有效和无效的登录尝试等安全事件，以及与资源使用有关的事件。例如创建、打开或删除文件以及有关设置的修改。
- 系统日志：包含由 Windows XP 系统组件记录的事件，例如，在系统日志中记录启动期间要加载的驱动程序或其他系统组件的故障。

（3）事件查看器显示以下事件类型。

- 信息：描述应用程序、驱动程序或服务成功操作的事件，例如成功地加载网络驱动程序时会记录一个信息事件。
- 警告：不是非常重要但将来可能出现的问题事件。例如，如果磁盘空间较小，则会记录一个警告。
- 错误：重要的问题，如数据丢失或功能丧失。例如，如果在启动期间服务加载失败，则会记录错误。
- 成功审核：审核安全访问尝试成功。例如，将用户成功登录到系统上的尝试作为“成功审核”事件记录下来。
- 失败审核：审核安全访问尝试失败。例如，如果用户试图访问网络驱动器失败，该尝试就会作为“失败审核”事件进行记录。

（4）如果要查看某事件的详细内容，可先选中该项，双击打开“事件属性”对话框，在其中的“事件详细信息”选项组中列出了事件发生的时间及来源、类型等详细资料，如图 6.13 所示。

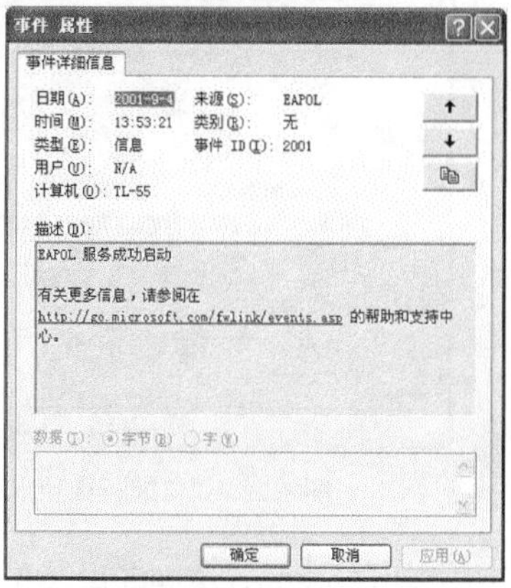

图 6.13 “事件属性”对话框

五、电源设置

在计算机运行过程中，显示器、硬盘同时处于工作状态，有时，用户由于种种原因，很长时间不对计算机进行操作，如果让它们继续工作，会造成电能的浪费，中文版 Windows XP 为用户提供了不同的电源管理方案，用户可以根据自己的实际情况进行设定，这样不但可以节省电能，而且能更有效地保养计算机，延长其寿命。

设置电源管理的具体步骤如下。

（1）打开“开始”菜单，选择“控制面板”命令，在打开的“控制面板”窗口中双击“电源选项”图标，即可打开“电源选项 属性”对话框，如图 6.14 所示。

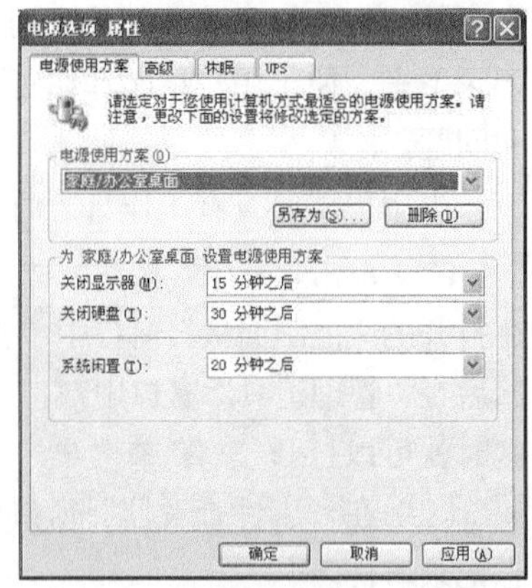

图 6.14 “电源选项 属性”对话框

（2）系统默认的是“电源使用方案”选项卡，在“电源使用方案”的下拉列表框中为用户提供了 6 种不同的方案，用户可以依据实际需要选择适合自己的方案。

在“设置电源使用方案”选项区域中，可以为关闭显示器、硬盘等设定不同的等待时间。

如果发现系统提供的方案不适合自己，用户也可以自定义自己的电源使用方案，可在此设定好等待时间之后单击“另存为”按钮，在弹出的对话框中输入方案的名称，这时在“电源使用方案”下拉列表框中出现自己设置的方案。

（3）在“高级”选项卡中，用户可以选择要使用的节能设置，例如当选中了“总是在任务栏上显示图标”复选框并应用后，在桌面上的任务栏上出现插头样的小图标，另外，还可以对有关电源按钮的选项进行设定，如图 6.15 所示。

（4）用户也可以启用“休眠”功能，在计算机休眠时，它内存中所有的信息保存到硬盘上，然后再关闭计算机，在退出休眠状态时，计算机会恢复到原来的状态。这里需要指出的是，空闲的磁盘空间一定要大于休眠所需要的磁盘空间。

（5）如果用户经常编辑重要的文件，为防止突然停电而造成数据丢失，可在“UPS”选项卡中启动不间断供电系统，这样可以保证数据的安全，如图 6.16 所示。

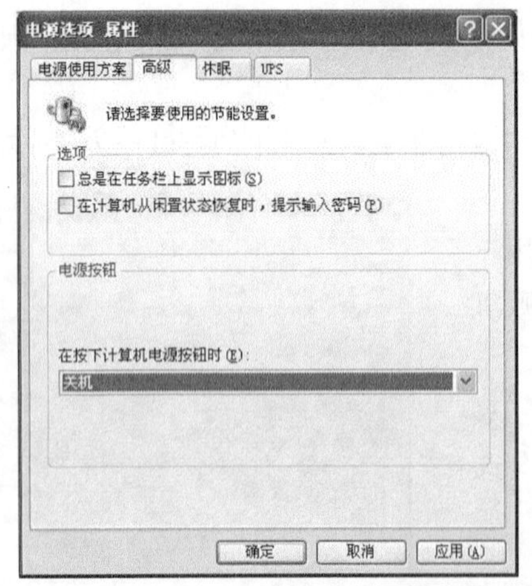

图 6.15 “高级”选项卡

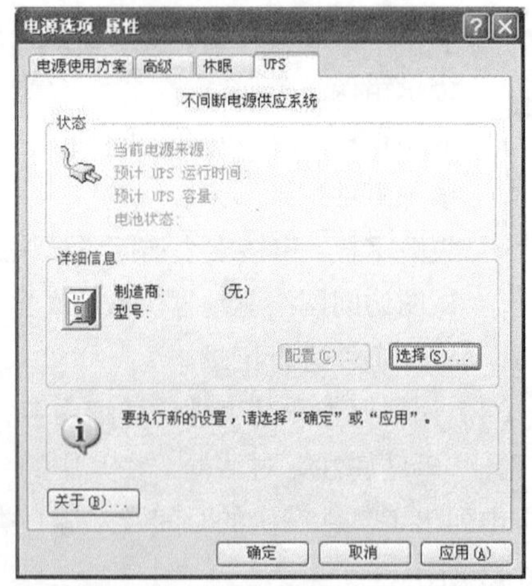

图 6.16 “电源选项 属性”对话框

当用户要配置不间断电源供应系统时，单击“选择”按钮，在弹出的“UPS 选择”对话框中可以选择其制造商及型号，设置好后单击“完成”按钮，在属性对话框的“详细资料”区域将会出现相关的详细资料，如图 6.17 所示。

这时，用户可以单击“配置”按钮，弹出“UPS 配置”对话框，如图 6.18 所示。在该对话框中可对各种选项进行具体设置，确定后，在属性对话框中单击“应用”按钮，即可启动 UPS。

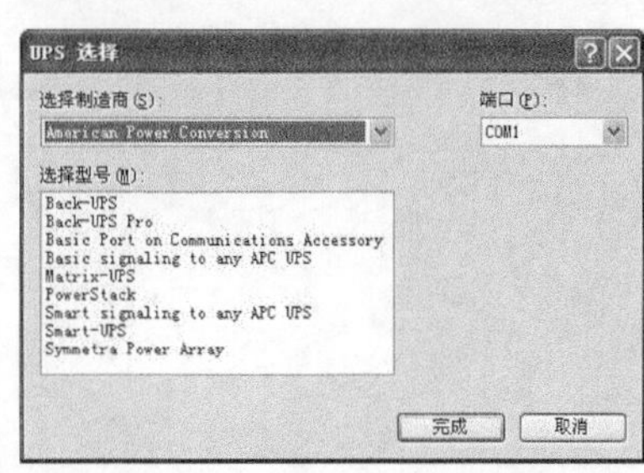

图 6.17　“UPS 选择”对话框

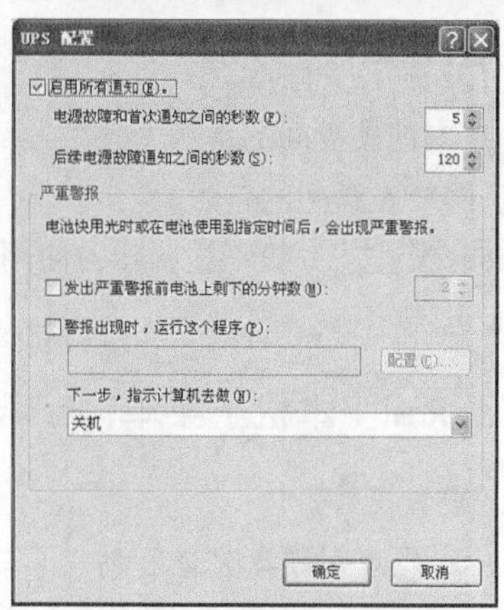

图 6.18　“UPS 配置”对话框

准备知识（二）　Ghost 软件的使用

【主要内容】

- Ghost 克隆软件的使用方法。

【技能要求】

- 熟练掌握使用 Ghost 工具对分区进行备份和恢复。

一、Ghost 简介

Ghost 能够提供对系统的完整备份和恢复，支持的磁盘文件系统格式包括 FAT、FAT32、NTFS、ext2、ext3、linux swap 等，使用 Ghost 还能够对不支持的分区进行扇区对扇区的完全备份。Ghost 分为两个版本，即 Ghost（在 DOS 下运行）和 Ghost32（在 Windows 下运行），两者具有统一的界面，可以实现相同的功能，但是 Windows 系统下的 Ghost 不能恢复 Windows 操作系统所在的分区，因此在这种情况下需要使用 DOS 版。

启动 Ghost，立即进入 DOS 模式，首先是 Ghost 版本介绍。单击“OK”按钮进入 Ghost 的主界面，如图 6.19 所示。

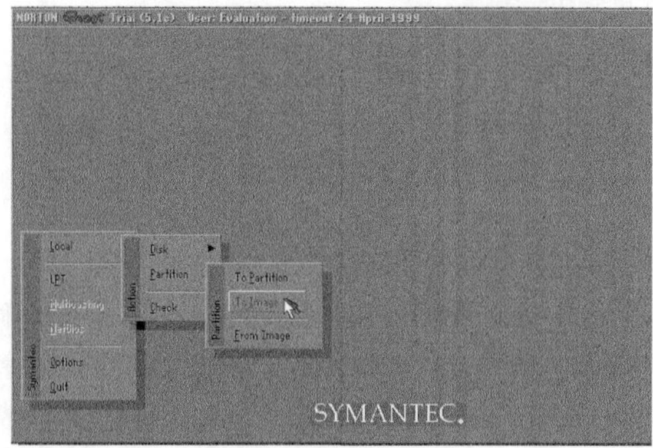

图 6.19　Ghost 的主界面

1. 主界面

Local 本地硬盘间的备份
LPT 网络硬盘间的备份
Option 设置（一般不做调整，使用默认值）
Quit 退出

2. Local（本机）菜单

Disk 硬盘操作选项
To Disk 硬盘对硬盘完全复制
To Image 硬盘内容备份成镜像文件
From Image 从镜像文件恢复到原来硬盘

3. Partition （硬盘分区）操作

To Partition 分区对分区完全复制
To Image 分区内容备份成镜像文件
From Image 从镜像文件复原到分区

4. check（检测）

启动 Ghost 之后，选择 Local→Partion 对分区进行操作。
To Partion：将一个分区的内容复制到另外一个分区。
To Image：将一个或多个分区的内容复制到一个镜像文件中。一般备份系统均选择此操作。
From Image：将镜像文件恢复到分区中。当系统备份后，可选择此操作恢复系统。

准备知识（三） Windows PE 维护技术

【主要内容】

- 用 WinPE 安装系统。
- 用 WinPE 破解开机密码方法。

【技能要求】

- 能够按需使用 WinPE 维护计算机。

一、WinPE 简介

WinPE（Windows Preinstallation Environment，即 Windows 预安装环境）是基于在保护模式下运行的 Windows XP 个人版内核，是一个只拥有较少（但是非常核心）服务的 Win32 子系统。这些服务为 Windows 安装、实现网络共享、自动底层处理进程和实现硬件验证。WinPE 是微软的正式产品，现在，WinPE 可以通过 Windows 自动安装工具包（WAIK）免费获得。

WinPE 使用户创建和格式化硬盘分区，并且给你访问 NTFS 文件系统分区和内部网络的权限。这个预安装环境支持所有能用 Windows 2000 和 Windows XP 驱动的大容量存储设备，此时可以很

容易地为新设备添加驱动程序。

二、用 WinPE 安装系统

重装计算机系统时，一般可直接用 GHOST 版本 XP 进行安装，但对于个别品牌机，有时会出现进入 Ghost 开始刻系统后，不久会弹出 **A:\GHOSTERR.TXT** 窗口而无法安装。这种情况下，就需要使用 WinPE 引导机器，并重装系统。具体步骤如下：

（1）将含有 WinPE 的光盘放入光驱，并设置为光驱启动。

（2）在启动界面选择进入"WinPE 微型系统"，如下图所示。

图 6.20　启动界面

（3）单击桌面上自动恢复系统到 C 盘图标，出现如图 6.21 所示的界面。

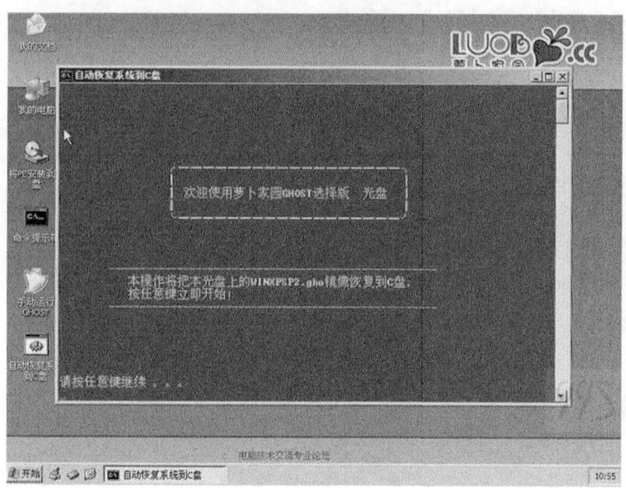

图 6.21　选择安装

（4）按任意键后开始安装系统，如图 6.22 所示。

三、用 WinPE 破解开机密码

（1）启动 WinPE。

（2）选择开始→程序→系统工具→密码破解→强力系统修复 ERD 2003。

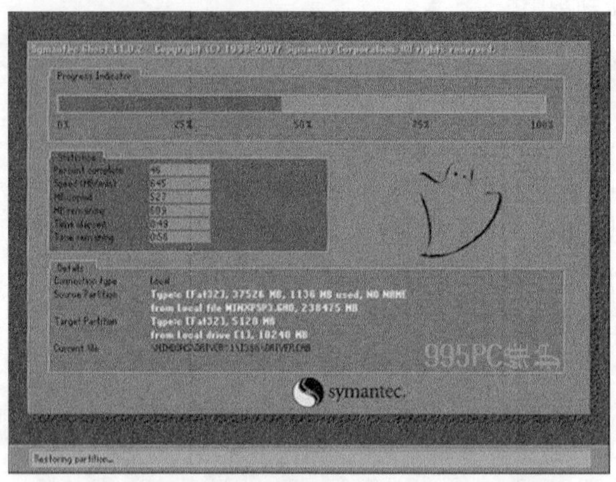

图 6.22　安装系统

（3）设置当前系统目录，在弹出的“浏览文件夹”窗口中选择 Win2K 或 WinXP 系统的 Windows 目录。接着仍是进入“强力系统修复 ERD 2003”菜单中，选择“修改用户密码（LockSmith）”，然后按照 LockSmith 向导一步步地操作，在对账号设置新密码时，默认显示的账号是“Administrator”，单击账号中的下拉箭头，选择要修改密码的账号，然后在“新密码”与“确认密码”框中输入新的密码，再单击“下一步”按钮，就完成了密码修改。

（4）单击 WinPE 系中的“开始—重启系统”，在重启过程中弹出光碟，进入正常的 Win2K 或 WinXP 系统，选择刚才更改的账号，输入修改后的密码，屏幕显示“正在加载用户信息……”说明密码更改成功。

任务实施　系统的备份与恢复

一、任务目标

1. 了解系统维护的各项工具和软件的作用；
2. 掌握 Ghost 软件的使用方法；
3. 能够对系统进行备份，并在系统运行出现问题时快速恢复。

二、工具清单

PC 机一台、工具盘一张。

三、工作场景

“XXXX 室内装装饰设计”公司的林先生购买了一台计算机，但由于本人对计算机的维护并不熟悉，担心在使用计算机的过程中出现系统瘫痪的故障，要求计算机销售人员在装机的过程中为其做好系统的备份，以备不时之需。

四、工作过程

使用 Ghost 硬盘克隆进行系统备份与恢复的过程如下：

1. 制作系统备份的镜像文件

（1）选择 Local→Partition→To Image 命令将硬盘分区备份为一个后缀为“.gho”的镜像文件。

（2）选择要备份的分区所在的驱动器，单击“OK”按钮，如图 6.23 所示。

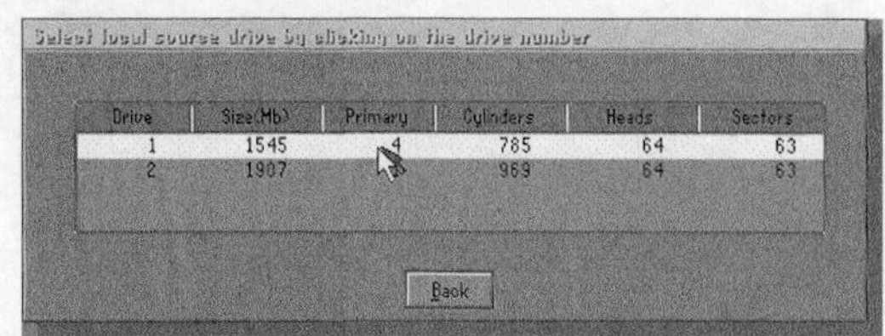

图 6.23　选择源驱动器

（3）选择要备份的分区，即 System 分区，单击“OK”按钮，如图 6.24 所示。

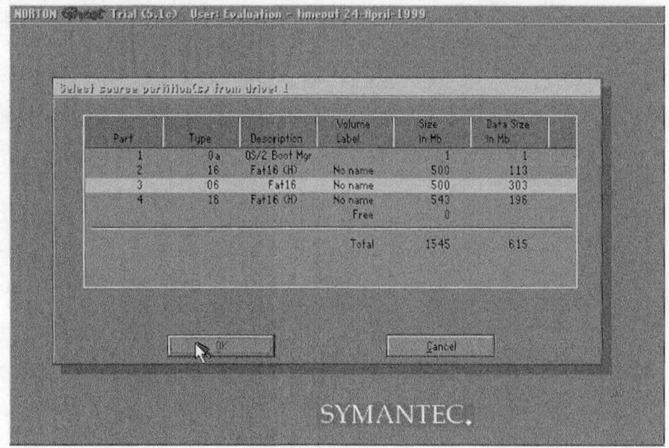

图 6.24　选择源分区

（4）在 FileName 一栏输入镜像文件名，如“Winxp.gho”及存放位置（注意，不能选正在备份的分区），然后按“Enter”键，如图 6.25 和图 6.26 所示。

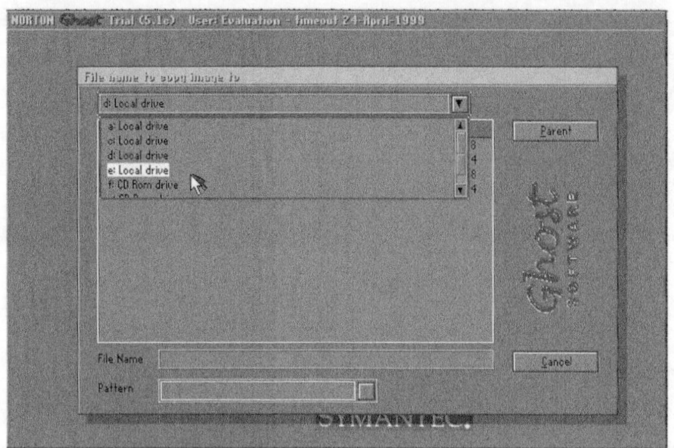

图 6.25　选择镜像文件存放分区

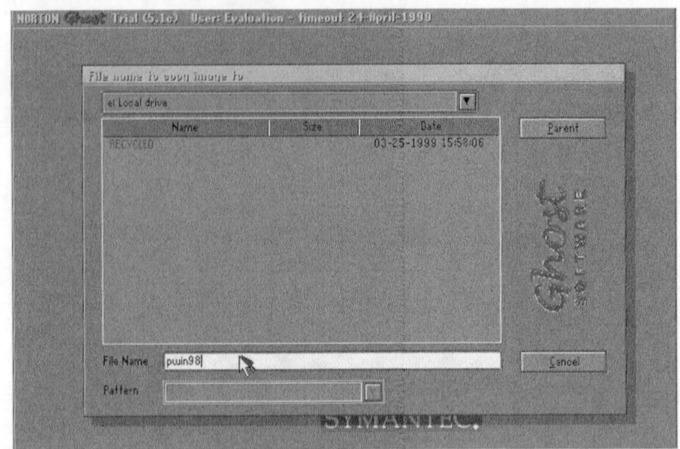

图 6.26　镜像文件名

（5）选择是否压缩，No 为不压缩，Fast 为低压缩，High 为高压缩。 一般选 High 为高压缩，速度较慢，但可以压缩 50%，如图 6.27 所示。

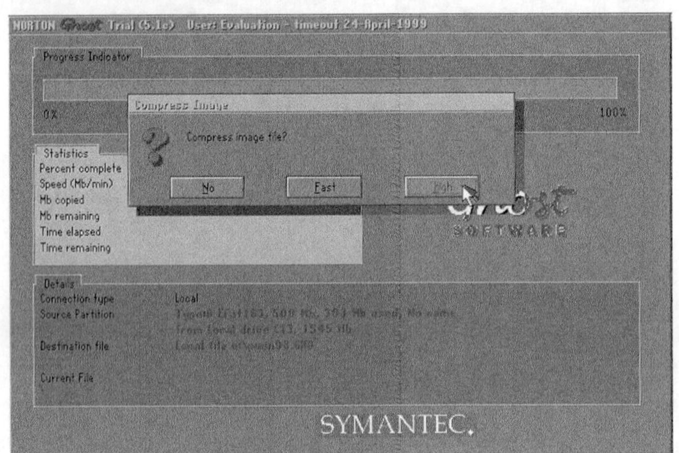

图 6.27　选择压缩方式

（6）出现进度条。备份速度快慢与内存有很大关系。内存为 64MB 时传输率为 40MB/min。而升级到 128MB 后，每分钟为 70MB，节省了不少时间。

（7）备份完毕后就可以退出 Ghost。

2. 通过镜像文件恢复系统

（1）选择“Local”→“Partition”→“From Image”命令，从镜像文件恢复系统，如图 6.28 和图 6.29 所示。

（2）选择镜像文件要恢复的源分区，然后单击“OK”按钮。

（3）提示是否确定还原，此处答案是肯定的。

恢复完毕后将提示用户重新启动计算机，按回车键，和备份前一模一样。

用 Ghost 备份恢复系统，比重新安装节省 95%的时间，而且，桌面、菜单等个人设置也不用重新调整。

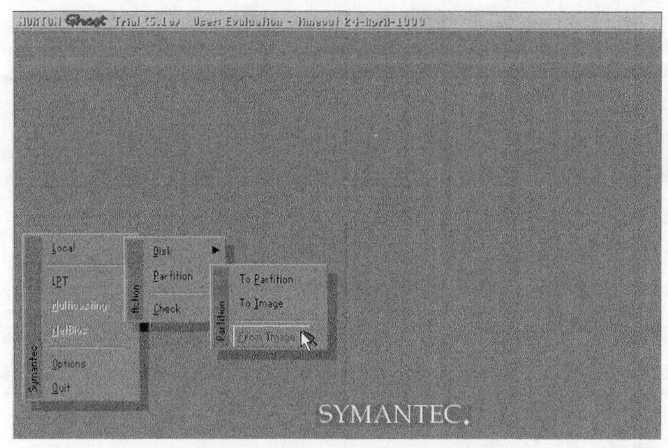

图 6.28　通过镜像文件恢复分区

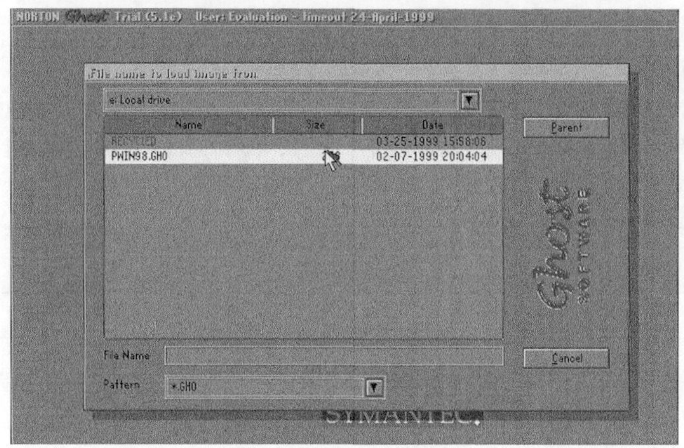

图 6.29　选择镜像文件

使用 Ghost Explorer（克隆幽灵管理）还可以打开 GHO 映像文件，就像使用 WinZIP 一样可以单独提取，还原 GHO 映像中的某一文件。

五、项目验收

1．软件操作是否熟练、规范？
2．是否正确生成系统的镜像文件？
3．能否对问题系统快速进行恢复？

实训六　系统备份与恢复

任务单			
学习领域	计算机组装与维修		
学习情境 2	计算机系统维护		
项目 2	系统的备份与恢复	学时	3

续表

<table>
<tr><th colspan="7">布置任务</th></tr>
<tr><td>学习目标</td><td colspan="6">● 了解系统维护的各项工具和软件的作用
● 掌握 Ghost 软件的使用方法
● 能够对系统进行备份，并在系统运行出现问题时快速恢复</td></tr>
<tr><td>任务描述</td><td colspan="6">林先生购买了一台计算机，但由于本人对计算机的维护并不熟悉，担心在使用计算机的过程中出现系统故障，要求计算机销售人员在装机的过程中为其做好系统的备份，以备不时之需。同时制作一键 Ghost 备份，方便以后系统出现故障时能够独立进行系统恢复</td></tr>
<tr><td>学时安排</td><td>资讯
0.5 学时</td><td>计划
0.25 学时</td><td>决策
0.25 学时</td><td>实施
1.5 学时</td><td>检查
0.25 学时</td><td>评价
0.25 学时</td></tr>
<tr><td>提供资料</td><td colspan="6">● 计算机组装与维修教材
● 计算机组装与维修课件
● 192.168.20.8 计算机组装与维修精品课程网站学习资源
● 计算机组装与维修学习音频、视频资源</td></tr>
<tr><td>对学生的要求</td><td colspan="6">● 认真阅读任务描述，掌握所需完成的任务
● 根据资讯引导，通过查找资料、网上搜索、观看录像的方式认真完成资讯
● 每名学生根据工作任务制定计划，由组长组织讨论，做出决策并实施
● 实施结束后进行自我评价、组内互评、教师评价
● 将所完成任务形成规范的文档进行存档</td></tr>
</table>

<table>
<tr><th colspan="4">资讯单</th></tr>
<tr><td>学习领域</td><td colspan="3">计算机组装与维修</td></tr>
<tr><td>学习情境 2</td><td colspan="3">计算机系统维护</td></tr>
<tr><td>项目 2</td><td>系统的备份与恢复</td><td>学时</td><td>3</td></tr>
<tr><td rowspan="15">资讯问题</td><td colspan="3">1．Ghost 软件有哪些功能</td></tr>
<tr><td colspan="3">2．Ghost 主菜单都包含什么内容</td></tr>
<tr><td colspan="3">3．制作系统镜像备份文件的步骤有哪些</td></tr>
<tr><td colspan="3">4．如何通过镜像文件恢复系统</td></tr>
<tr><td colspan="3">5．一键 Ghost 有什么优势</td></tr>
<tr><td colspan="3">6．制作一键 Ghost 需要如何进行准备</td></tr>
<tr><td colspan="3">7．制作一键 Ghost 的步骤有哪些</td></tr>
<tr><td colspan="3"></td></tr>
<tr><td colspan="3"></td></tr>
<tr><td colspan="3"></td></tr>
<tr><td colspan="3"></td></tr>
<tr><td colspan="3"></td></tr>
<tr><td colspan="3"></td></tr>
<tr><td colspan="3"></td></tr>
<tr><td colspan="3"></td></tr>
<tr><td>资讯引导</td><td colspan="3">● 在《计算机组装与维修》教材以及配套的课件中进行相关资料的查找
● 在“计算机硬件组装”视频中进行学习</td></tr>
</table>

续表

<table>
<tr><td colspan="6">计划单</td></tr>
<tr><td>学习领域</td><td colspan="5">计算机组装与维修</td></tr>
<tr><td>学习情境 2</td><td colspan="5">计算机系统维护</td></tr>
<tr><td>项目 2</td><td colspan="3">系统的备份与恢复</td><td>学时</td><td>3</td></tr>
<tr><td>计划方式</td><td colspan="5">根据资讯单进行设计</td></tr>
<tr><td>计划项</td><td colspan="4">内容</td><td>备注</td></tr>
<tr><td>使用 Ghost 进行系统备份的步骤</td><td colspan="4"></td><td></td></tr>
<tr><td>使用 Ghost 进行系统恢复的步骤</td><td colspan="4"></td><td></td></tr>
<tr><td>进行一键备份制作的步骤</td><td colspan="4"></td><td></td></tr>
<tr><td>制订计划说明</td><td colspan="5"></td></tr>
<tr><td rowspan="3">计划评价</td><td>班级</td><td></td><td>第　　组</td><td>组长签字</td><td></td></tr>
<tr><td>教师签字</td><td colspan="2"></td><td>日期</td><td></td></tr>
<tr><td colspan="5">评语：</td></tr>
</table>

<table>
<tr><td colspan="6">实施单</td></tr>
<tr><td colspan="2">学习领域</td><td colspan="4">计算机组装与维修</td></tr>
<tr><td colspan="2">学习情境 2</td><td colspan="4">计算机系统维护</td></tr>
<tr><td colspan="2">项目 2</td><td colspan="2">系统的备份与恢复</td><td>学时</td><td>3</td></tr>
<tr><td colspan="2">实施方式</td><td colspan="4">依据计划单，按照步骤进行实施</td></tr>
<tr><td>序号</td><td colspan="4">实施步骤</td><td>使用资源</td></tr>
<tr><td></td><td colspan="4"></td><td></td></tr>
<tr><td></td><td colspan="4"></td><td></td></tr>
<tr><td></td><td colspan="4"></td><td></td></tr>
<tr><td></td><td colspan="4"></td><td></td></tr>
<tr><td></td><td colspan="4"></td><td></td></tr>
<tr><td></td><td colspan="4"></td><td></td></tr>
<tr><td></td><td colspan="4"></td><td></td></tr>
<tr><td></td><td colspan="4"></td><td></td></tr>
<tr><td></td><td colspan="4"></td><td></td></tr>
<tr><td colspan="6">实施说明：</td></tr>
<tr><td colspan="2">班级</td><td></td><td>第　　组</td><td>组长签字</td><td></td></tr>
<tr><td colspan="2">教师签字</td><td colspan="2"></td><td>日期</td><td></td></tr>
</table>

续表

评价单				
学习领域	计算机组装与维修			
学习情境 2	计算机系统维护			
项目 2	系统的备份与恢复		学时	3

姓名：	班级：	小组：
地点：	时间：	总分：

序号	评价内容	分值	得分	备注
1	任务认知程度	5		
2	情感态度	5		
3	团队协作	5		
4	工作计划制定	5		
5	实施单	5		
6	能否使用 Ghost 制作镜像	10		
7	能否使用 Ghost 还原镜像	5		
8	是否能够制作一键 Ghost	5		
9	系统恢复操作成功	10		
10	清理工作现场	10		
11	设备的使用	5		
12	工作记录	10		
13	作业单	20		
14	总分	100		占总评分 50%

教师评语：			
教师签字		日期	

作业单			
学习领域	计算机组装与维修		
学习情境 2	计算机系统维护		
项目 2	系统的备份与恢复	学时	3
1．描述 Ghost 可进行哪些硬盘/分区操作。			
2．描述 Ghost 的进行分区备份/恢复的操作过程。			
3．描述进行系统恢复的几种方法。			

第三篇
批量计算机系统的组装与维护

1. 用户需求

“黑龙江 XXXX 商贸公司”因为发展的需要进行规模扩建，需要新增一批计算机用于商务办公，要求机器硬件是当前主流配置，性能稳定，且性价比合理。

2. 需求分析

（1）需求

- 商贸公司要求计算机销售公司能够根据商务办公需求制定装机单。
- 计算机销售技术人员能够按装机单进行计算机的硬件组装。
- 计算机销售技术人员能对整批计算机进行统一、快速的系统和应用软件的安装。

（2）分析

- 了解商务办公计算机的性能需求及硬件选配原则。
- 掌握装机的过程与注意事项，完成硬件的组装及检测，并清理现场。
- 掌握计算机系统快速安装方法、硬盘对刻的连接方法、系统网络对刻的设置和 MaxDOS 软件的使用方法。

3. 项目归纳

为了满足商贸公司的装机需求，需要了解不同类型计算机装机的性能侧重点，并根据侧重点选配硬件。由于单机装机时间过长，对于大批量的计算机的组装，要掌握计算机的硬盘克隆技术。需要熟悉的知识技能有：

知识目标：

不同类型计算机装机的性能侧重点；硬盘对刻的连接方法；系统网络对刻的设置和 Maxdos 软件的使用方法。

技能目标：

按用户需求定制装机单，完成单机的装机任务；实现计算机的硬盘克隆，快速完成批量计算机系统的安装。

任务七

批量计算机系统安装

准备知识（一） 计算机硬盘克隆的方法

【主要内容】

- 硬盘对刻的条件。
- 硬件连接的方法。

【技能要求】

- 能够按需求将主从硬盘正确连接至机箱内，并使用相应工具完成硬盘全盘复制。

一、硬盘对刻的条件

1. 机箱里至少要有两块硬盘

顾名思义，若只有一块硬盘，就无法称之为硬盘对刻了。当有两块及以上硬盘时，可以在工具软件中选择相应源盘和目标盘。

2. 目标盘容量要大于或等于源盘

这是因为在对刻时，工具软件会将源盘所有内容全刻到目标盘上，如果目标盘容量小于源盘，则工具软件就会按源盘的分区比例对目标盘进行分区，并将源盘各分区数据复制到目标盘的相应分区上，这样就有可能造成源盘数据量大于目标盘容量而导致操作失败。

二、多硬盘连接的方法

一个机箱中连接了两块以上的硬盘后，若想让计算机正确识别应该从哪个硬盘启动

系统，必须通过正确的硬件连接方法告诉计算机，哪个硬盘是老大（主盘），哪个硬盘是老二（从盘）。以 IDE 口硬盘为例，硬件连接的方法大致分为两类。

1. 双数据线

如果主板上有两个 IDE 口，就可以用 IDE1 连接主盘，用 IDE2 连接从盘，然后将两块硬盘的跳线跳至 CS（Cable select 电缆选择，即数据线选择）即可。

不同硬盘的跳线方法不同，但在硬盘上都有标明，如图 7.1 所示。图中最后一列实心点带框表示此处用跳线帽连接。

图 7.1　硬盘跳线

2. 单数据线

数据线的蓝色连接器连接主板，黑色的连接主盘，灰色的连接从盘。主盘跳线跳至 M（Master 主盘），从盘的跳线跳至 S（Slave 从盘）。

三、Ghost 硬盘克隆

硬盘的克隆就是对整个硬盘的备份和还原。选择 Local→Disk→To disk 命令，在弹出的窗口中选择源盘，然后选择要复制到的目标盘。注意，此时可以设置目标盘各个分区的大小，Ghost 可以自动对目标盘按设定的分区数值进行分区和格式化。选择 Yes 开始执行。

Ghost 能将目标盘复制得与源盘几乎完全一样，并实现分区、格式化、复制系统和文件一步完成。不过需要注意的是，目标盘不能太小，必须能装下源盘的数据内容。

（1）利用工具盘启动，选择 Ghost 命令项，进入 Ghost 的欢迎界面，如图 7.2 所示。

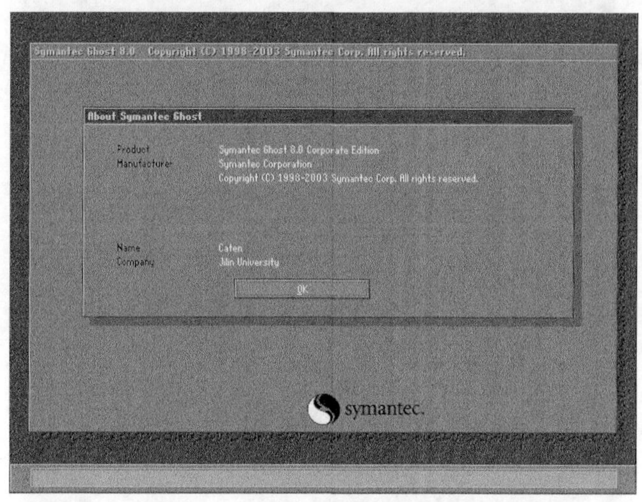

图 7.2　Ghost 的欢迎界面

（2）Ghost 的主菜单如图 7.3 所示

（3）选择对磁盘的操作，如图 7.4 所示。

（4）选择硬盘对硬盘的克隆，如图 7.5 所示。

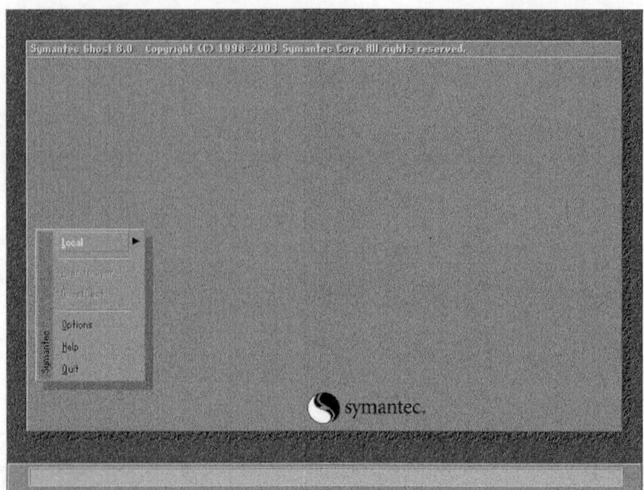

图 7.3　Ghost 的主菜单

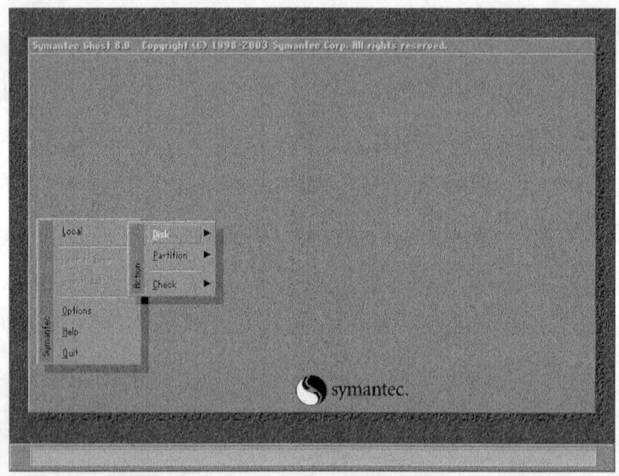

图 7.4　对磁盘的操作

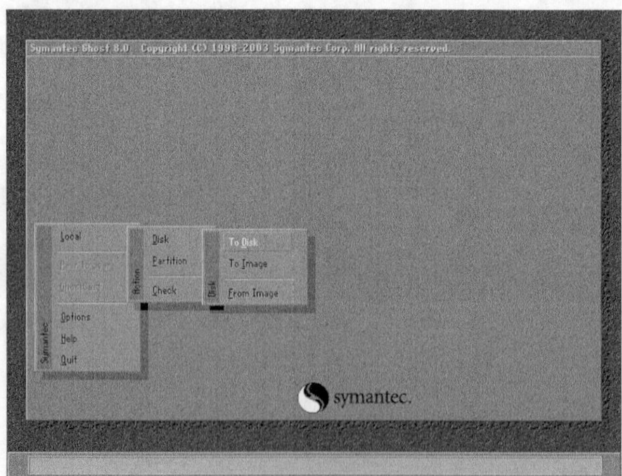

图 7.5　硬盘对硬盘的克隆

（5）确定源盘（已做好系统的硬盘），如图 7.6 所示。

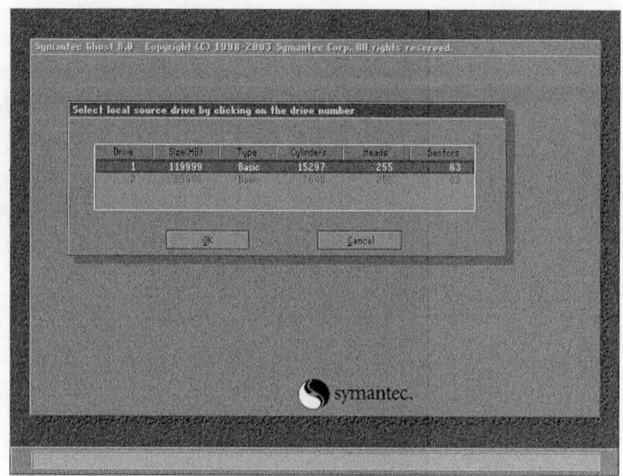

图 7.6　确定源盘

（6）确定目标盘（需要安装系统的硬盘），如图 7.7 所示。

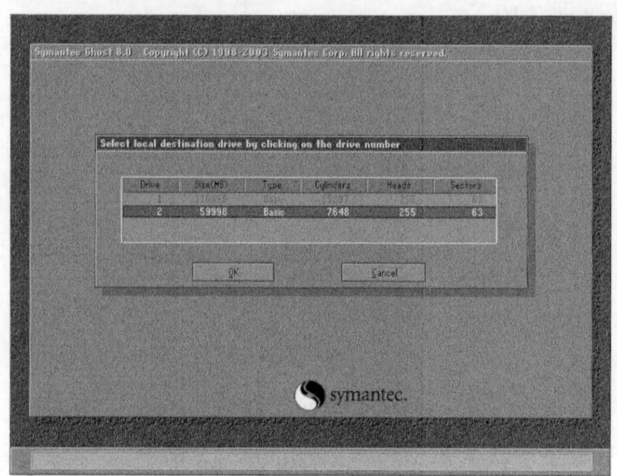

图 7.7　确定目标盘

（7）目标盘的分区信息如图 7.8 所示。

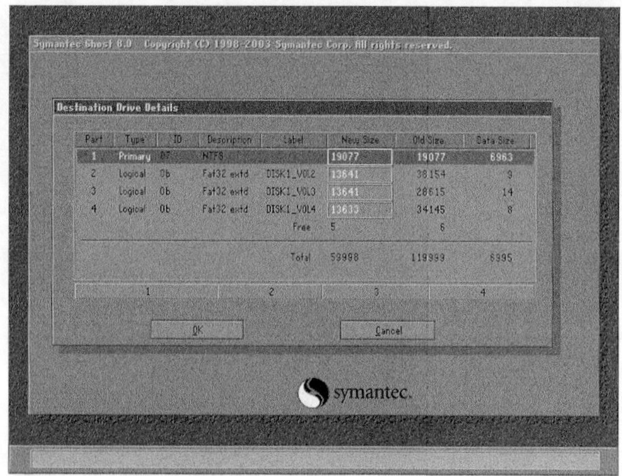

图 7.8　目标盘的分区信息

（8）是否执行硬盘克隆提示界面如图 7.9 所示。

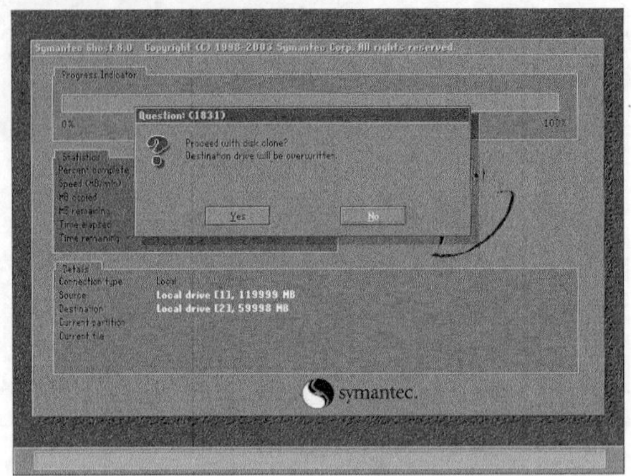

图 7.9　是否执行硬盘克隆提示界面

（9）克隆执行过程如图 7.10 所示。

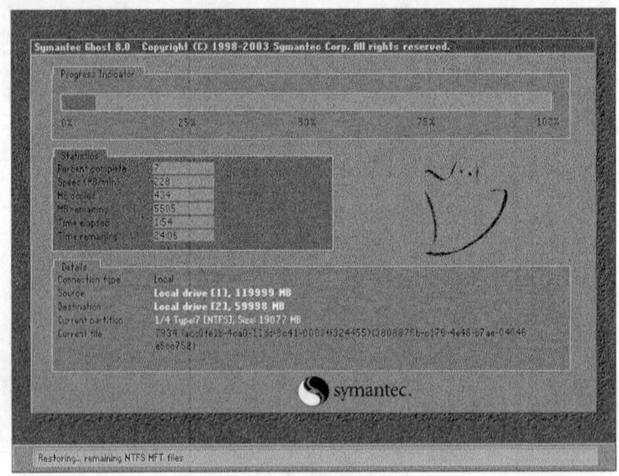

图 7.10　克隆执行过程

（10）成功完成界面如图 7.11 所示。

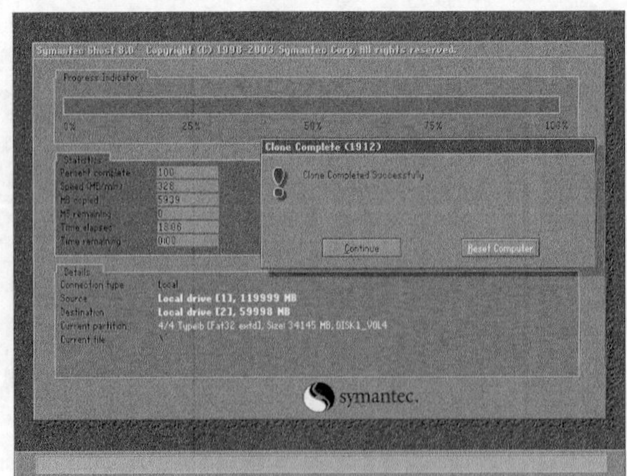

图 7.11　成功完成界面

准备知识（二） 计算机系统的网络克隆

【主要内容】

- MaxDOS 软件的作用。
- MaxDOS 软件的使用方法。

【技能要求】

- 正确设置网络克隆服务器和客户端。
- 使用 MaxDOS 实现局域网内硬盘数据克隆。

这里我们使用 MaxDOS 8 软件实现网络克隆。在具体操作之前，首先要做的是把要网刻的源分区或硬盘做成一个 Ghost 镜像；客户机必须先安装好 MaxDOS 8 客户端或者需要有 PXE、U 盘、光盘版 MaxDOS 7 当引导使用，服务器安装或不安装均可，网刻前需关闭局域网中的其他 DHCP 服务端设备，以免造成 IP 分配错误（注：如果可以应尽量不要使用和内网现有的 IP 同一地址段）。具备以上条件后，我们开始进行正式的网络克隆，先解压专用服务端 7ngsrv.rar 的压缩包到任意位置（注：必须解压，不可直接运行压缩中的程序），然后打开 MAXNGS.EXE 网刻服务端主程序。

将网络克隆恢复至客户机的机器上的步骤如图 7.12 所示。

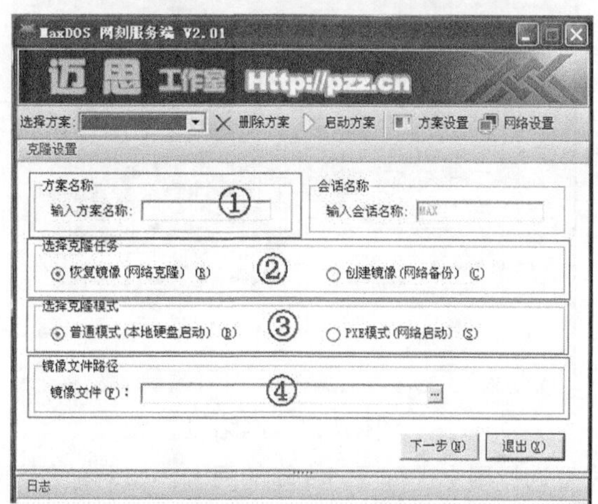

图 7.12 网络克隆恢复至客户机的机器上的步骤

（1）在图 7.12①的位置上输入一个方案名称，可以是任意的字符，但建议使用英文，如 MAX。

（2）在图 7.12②的位置上选择“恢复镜像（网络克隆）”。

（3）在图 7.12③的位置上，如果用户的客户机使用的是硬盘版、U 盘版或光盘版的 MaxDOS 程序，则可选择“普通模式”；如果用户使用的是 PXE 网络启动版，则应选择“PXE 模式”。

（4）在图 7.12④的位置上选择要用来网络克隆恢复至其他机器上的 Ghost 镜像（注意：路径中不能包含中文及空格）。

然后单击“下一步”按钮，进入如图 7.13 所示的界面。

（5）在图 7.13①的位置上设置全盘克隆恢复至客户机或分区克隆恢复，如果为分区克隆，则必须选择克隆至客户机的第几个硬盘第几个分区上。

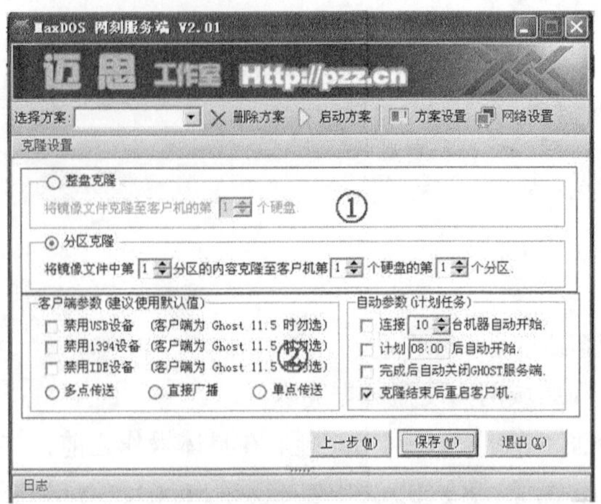

图 7.13　指定克隆的分区位置及参数

（6）在图 7.13②的位置上设置客户启动 Ghost 时需要添加的参数，如果不知道参数用处，可保持默认。

然后单击“保存”按钮，再单击上方的“网络设置”按钮，进入如图 7.14 所示的界面。

图 7.14　网络设置

（7）在图 7.14①的位置选择用来进行网络克隆的网卡，如果有多网卡则必须正确选择才能正常进行网络克隆工作。

（8）在图 7.14②的位置设置用来进行网络克隆的 IP 地址段，注意：尽量不要使用与现有网络的同一网段进行网络克隆，否则会出现 IP 地址冲突的情况。如果用户在这里修改了 IP 段或子网掩码，则也需要将（当前的这台要进行网络克隆的服务端机器）网卡设置为与刚才修改的同一个网段或同一个子网掩码。

（9）如果用户使用的是硬盘版、光盘版、U 盘版，则图 7.14③的位置就不需要设置，直接单击“保存”按钮即可。如果用户使用的是 PXE 网络启动版，则需在这里选择这些文件的所在位置（这些文件包含在 PXE 网络启动版中）。

（10）然后单击图 7.14④的位置，选择刚才输入创建的方案名称，然后单击上图⑤的启动方案，则服务端设置完毕。

（11）最后将客户机启动至 MaxDOS，选择全自动网络克隆，将所有要网络克隆的机器进入到 Ghost 界面的等待发送状态，然后在 GhostSRV 单击发送，即开始进行网络克隆了，待完成至

100%，则表示本次网络克隆完成。

任务实施　批量计算机系统安装

一、任务目标

1. 掌握不同类型计算机的装机侧重点。
2. 实现整机的组装。
3. 能够利用 Ghost 或 MaxDOS 软件快速完成批量计算机系统的安装任务。

二、工具清单

PC 机散件若干，系统盘和工具盘若干。

三、工作场景

“黑龙江省 XXXX 商贸公司”因为发展的需要，进行规模扩建，要新购一批计算机用于商务办公，要求机器硬件是当前主流配置，性能稳定，且性价比合理。

四、工作过程

1. 填写商务办公型计算机的装机单。
2. 进行硬件组装。
3. 完成一台计算机的系统和应用软件的安装。

（以上 3 步详细内容参见第二篇的相关内容）

4. 使用网络对刻的方法，安装其他计算机的系统和应用软件，具体操作步骤如下：

（1）服务器设置方法。

① 启动服务器。

- 服务器端程序不需安装，直接用鼠标双击执行即可。服务器程序图标如图 7.15 所示。
- 启动后的服务器端程序界面如图 7.16 所示：

图 7.15　服务器程序图标

图 7.16　服务器端程序界面

② 操作步骤如下。

- 如下图所示，输入方案名称，可以是任意的字符，但建议使用英文，如 MAX。

- 选择“恢复镜像（网络克隆）”，如下图所示。

选择克隆任务
◉ 恢复镜像（网络克隆）(R)　　○ 创建镜像（网络备份）(C)

- 如果客户端使用的是硬盘版、U 盘版或光盘版的 MaxDOS 程序，则选择“普通模式”；如果用户使用的是 PXE 网络启动版，则应选择“PXE 模式”，如下图所示。

选择克隆模式
◉ 普通模式（本地硬盘启动）(B)　　○ PXE模式（网络启动）(S)

- 在下图中，选择要用来网络克隆恢复至其他机器上的 Ghost 镜像（注意：路径中不能包含中文及空格）。

镜像文件路径
镜像文件(F)：

- 单击“下一步”按钮，弹出如图 7.17 所示的界面。

图 7.17　指定克隆的分区位置及参数

- 在图 7.18 中，可设置整盘克隆恢复至客户机或分区克隆恢复，如果为分区克隆，则必须选择克隆至客户机的第几个硬盘第几个分区上。在客户端参数一栏中设置的是启动 Ghost 时需要添加的参数，如果不知道参数的用处，只需保持默认即可，如图 7.18 所示。

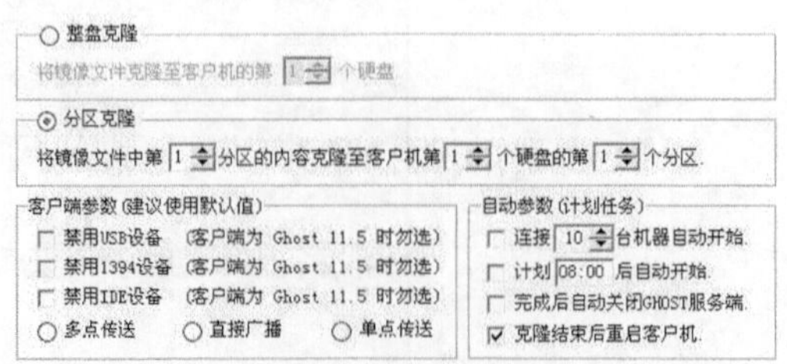

图 7.18　指定克隆至客户机硬盘第 1 分区

- 单击“保存”按钮后，再单击上方的“网络设置”按钮，如图 7.19 所示。

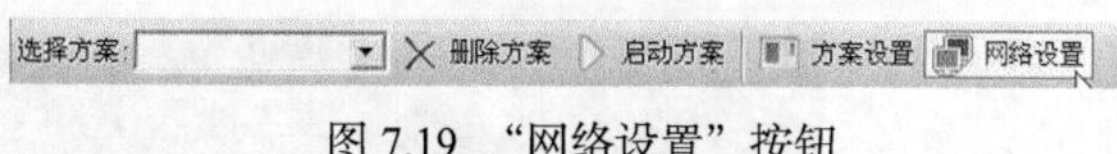

图 7.19　“网络设置”按钮

- 在图 7.20 中先选择用来进行网络克隆的网卡，如果有多网卡，则必须正确选择才能正常进行网络克隆工作，然后设置用来进行网络克隆的 IP 地址段，注意：尽量不要使用与现有网络的同一网段进行网络克隆，否则会出现 IP 地址冲突的情况。

如果使用的是 PXE 网络启动版，则需要设置相应文件的所在位置。

设置完毕后单击“保存”按钮。

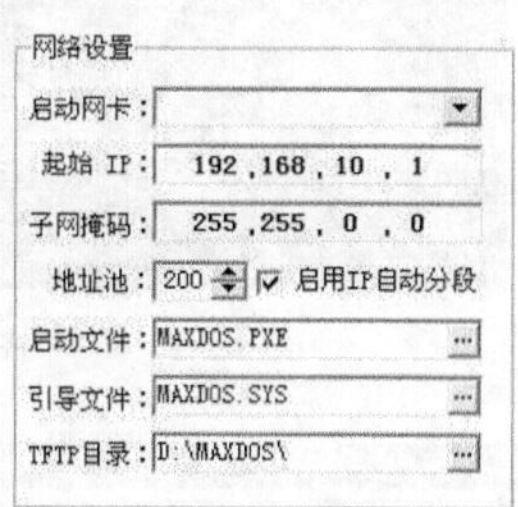

图 7.20　指定网卡及 IP 地址

- 单击“选择方案”右侧的下拉按钮，选择刚才输入创建的方案名称，再单击“启动方案”按钮，服务端设置完毕，出现如图 7.21、图 7.22 所示的两个界面。

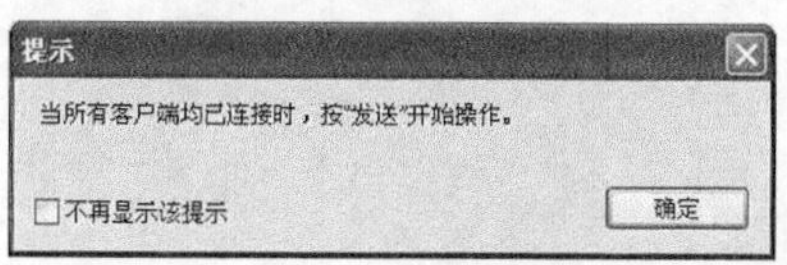

图 7.21　连接提示

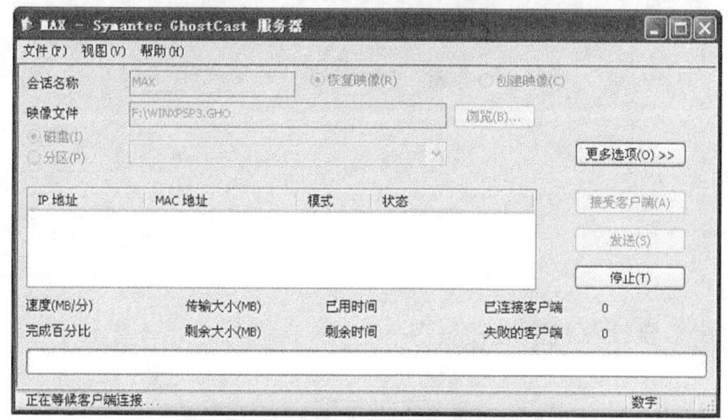

图 7.22　连接进程

（2）客户端设置方法。

①安装客户端。客户端安装非常简单，每个界面都选择默认值，然后直接单击“下一步”按钮即可完成。客户端名称如图 7.23 所示。

②使用客户端。将安装好客户端的机器重启，在出现如图 7.24 所示的界面时选择 MaxDOS 8，

然后在下一级菜单中选择“全自动备份还原系统”即可，如图 7.25 所示。

图 7.23　客户端名称

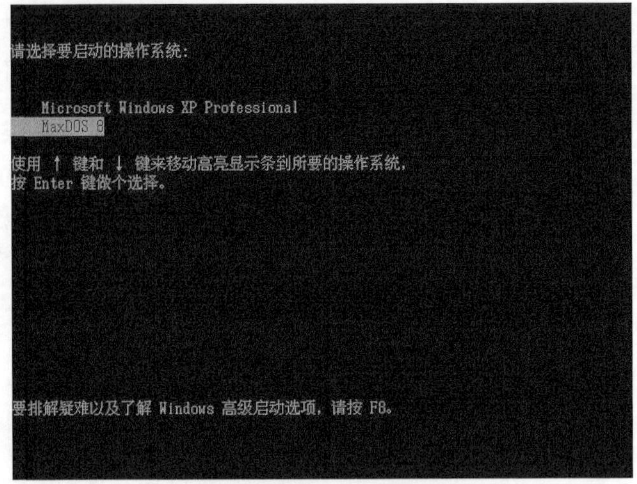

图 7.24　启动界面

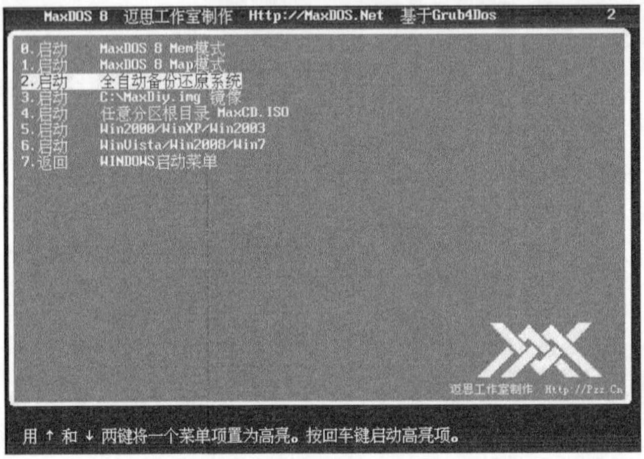

图 7.25　选择“全自动备份还原系统”

五、项目验收

1．操作是否熟练、规范？
2．是否满足用户需求？
3．能否快速完成多台计算机的装机任务？

实训七　硬盘克隆

任务单			
学习领域	计算机组装与维修		
学习情境 3	批量计算机系统组装与维护		
项目	硬盘克隆	学时	6

续表

<table>
<tr><td colspan="7">布置任务</td></tr>
<tr><td>学习目标</td><td colspan="6">● 掌握不同类型计算机的装机单的填写方法
● 实现整机的组装
● 能够利用 Ghost 硬盘克隆快速完成多台计算机的装机任务</td></tr>
<tr><td>任务描述</td><td colspan="6">"XXXX 学校"要新购一批计算机用于办公，需求 1：选择机器配置，要求硬件是当前主流配置，性能稳定，且性价比合理；需求 2：实现整机组装；需求 3：利用 Ghost 快速安装系统</td></tr>
<tr><td>学时安排</td><td>资讯
0.5 学时</td><td>计划
0.5 学时</td><td>决策
0.5 学时</td><td>实施
3 学时</td><td>检查
1 学时</td><td>评价
0.5 学时</td></tr>
<tr><td>提供资料</td><td colspan="6">● 计算机组装与维修教材
● 计算机组装与维修课件
● 192.168.20.8 计算机组装与维修精品课程网站学习资源
● 计算机组装与维修学习音频、视频资源</td></tr>
<tr><td>对学生的要求</td><td colspan="6">● 认真阅读任务描述，掌握所需完成的任务
● 根据资讯引导，通过查找资料、网上搜索、观看录像的方式认真完成资讯
● 每名学生根据工作任务制定计划，由组长组织讨论，做出决策并实施
● 实施结束后进行自我评价、组内互评、教师评价
● 将所完成任务形成规范的文档进行存档</td></tr>
</table>

<table>
<tr><td colspan="4">资讯单</td></tr>
<tr><td>学习领域</td><td colspan="3">计算机组装与维修</td></tr>
<tr><td>学习情境 3</td><td colspan="3">批量计算机系统组装与维护</td></tr>
<tr><td>项目</td><td>硬盘克隆</td><td>学时</td><td>6</td></tr>
<tr><td rowspan="15">资讯问题</td><td colspan="3">1. 商务办公计算机配置侧重点是什么</td></tr>
<tr><td colspan="3">2. 什么是硬盘克隆，有什么作用</td></tr>
<tr><td colspan="3">3. 试述硬盘克隆时硬盘的连接方式。</td></tr>
<tr><td colspan="3">4. 进行硬盘克隆的注意事项有哪些</td></tr>
<tr><td colspan="3">5. 什么是网络克隆，有什么作用</td></tr>
<tr><td colspan="3">6. 网络克隆如何进行设置</td></tr>
<tr><td colspan="3"></td></tr>
<tr><td colspan="3"></td></tr>
<tr><td colspan="3"></td></tr>
<tr><td colspan="3"></td></tr>
<tr><td colspan="3"></td></tr>
<tr><td colspan="3"></td></tr>
<tr><td colspan="3"></td></tr>
<tr><td colspan="3"></td></tr>
<tr><td colspan="3"></td></tr>
<tr><td>资讯引导</td><td colspan="3">● 在《计算机组装与维修》教材以及配套的课件中进行相关资料的查找
● 在"计算机硬件组装"视频中进行学习</td></tr>
</table>

续表

<table>
<tr><td colspan="6">计划单</td></tr>
<tr><td>学习领域</td><td colspan="5">计算机组装与维修</td></tr>
<tr><td>学习情境 3</td><td colspan="5">批量计算机系统组装与维护</td></tr>
<tr><td>项目</td><td colspan="3">硬盘克隆</td><td>学时</td><td>6</td></tr>
<tr><td>计划方式</td><td colspan="5">根据资讯单进行设计</td></tr>
<tr><td>计划项</td><td colspan="4">内容</td><td>备注</td></tr>
<tr><td>制定商务办公配置单</td><td colspan="4"></td><td></td></tr>
<tr><td>进行批量硬盘系统安装的过程</td><td colspan="4"></td><td></td></tr>
<tr><td>制订计划说明</td><td colspan="5"></td></tr>
<tr><td rowspan="3">计划评价</td><td>班级</td><td></td><td>第　　组</td><td>组长签字</td><td></td></tr>
<tr><td>教师签字</td><td colspan="2"></td><td>日期</td><td></td></tr>
<tr><td colspan="5">评语：</td></tr>
</table>

<table>
<tr><td colspan="6">实施单</td></tr>
<tr><td colspan="2">学习领域</td><td colspan="4">计算机组装与维修</td></tr>
<tr><td colspan="2">学习情境 3</td><td colspan="4">批量计算机系统组装与维护</td></tr>
<tr><td colspan="2">项目</td><td colspan="2">硬盘克隆</td><td>学时</td><td>6</td></tr>
<tr><td colspan="2">实施方式</td><td colspan="4">依据计划单，按照步骤进行实施</td></tr>
<tr><td>序号</td><td colspan="4">实施步骤</td><td>使用资源</td></tr>
<tr><td></td><td colspan="4"></td><td></td></tr>
<tr><td></td><td colspan="4"></td><td></td></tr>
<tr><td></td><td colspan="4"></td><td></td></tr>
<tr><td></td><td colspan="4"></td><td></td></tr>
<tr><td></td><td colspan="4"></td><td></td></tr>
<tr><td></td><td colspan="4"></td><td></td></tr>
<tr><td></td><td colspan="4"></td><td></td></tr>
<tr><td></td><td colspan="4"></td><td></td></tr>
<tr><td colspan="6">实施说明：</td></tr>
<tr><td colspan="2">班级</td><td></td><td>第　　组</td><td>组长签字</td><td></td></tr>
<tr><td colspan="2">教师签字</td><td colspan="2"></td><td>日期</td><td></td></tr>
</table>

续表

<table>
<tr><td colspan="6">评价单</td></tr>
<tr><td colspan="2">学习领域</td><td colspan="4">计算机组装与维修</td></tr>
<tr><td colspan="2">学习情境 3</td><td colspan="4">批量计算机系统组装与维护</td></tr>
<tr><td colspan="2">项目</td><td colspan="2">硬盘克隆</td><td>学时</td><td>6</td></tr>
<tr><td colspan="2">姓名：</td><td colspan="2">班级：</td><td colspan="2">小组：</td></tr>
<tr><td colspan="2">地点：</td><td colspan="2">时间：</td><td colspan="2">总分：</td></tr>
<tr><td>序号</td><td>评价内容</td><td>分值</td><td>得分</td><td colspan="2">备注</td></tr>
<tr><td>1</td><td>任务认知程度</td><td>5</td><td></td><td colspan="2"></td></tr>
<tr><td>2</td><td>情感态度</td><td>5</td><td></td><td colspan="2"></td></tr>
<tr><td>3</td><td>团队协作</td><td>5</td><td></td><td colspan="2"></td></tr>
<tr><td>4</td><td>工作计划制定</td><td>5</td><td></td><td colspan="2"></td></tr>
<tr><td>5</td><td>实施单制定是否合理</td><td>5</td><td></td><td colspan="2"></td></tr>
<tr><td>6</td><td>配置单制定是否合理</td><td>10</td><td></td><td colspan="2"></td></tr>
<tr><td>7</td><td>网络连接是否正常</td><td>5</td><td></td><td colspan="2"></td></tr>
<tr><td>8</td><td>软件安装是否正确</td><td>5</td><td></td><td colspan="2"></td></tr>
<tr><td>9</td><td>硬盘克隆是否成功</td><td>10</td><td></td><td colspan="2"></td></tr>
<tr><td>10</td><td>清理工作现场</td><td>10</td><td></td><td colspan="2"></td></tr>
<tr><td>11</td><td>设备的使用</td><td>5</td><td></td><td colspan="2"></td></tr>
<tr><td>12</td><td>工作记录</td><td>10</td><td></td><td colspan="2"></td></tr>
<tr><td>13</td><td>作业单</td><td>20</td><td></td><td colspan="2"></td></tr>
<tr><td>14</td><td>总分</td><td>100</td><td></td><td colspan="2">占总评分 50%</td></tr>
<tr><td colspan="6">教师评语：</td></tr>
<tr><td colspan="2">教师签字</td><td colspan="2"></td><td>日期</td><td></td></tr>
</table>

<table>
<tr><td colspan="4">作业单</td></tr>
<tr><td>学习领域</td><td colspan="3">计算机组装与维修</td></tr>
<tr><td>学习情境 3</td><td colspan="3">批量计算机系统组装与维护</td></tr>
<tr><td>项目</td><td>硬盘克隆</td><td>学时</td><td>6</td></tr>
<tr><td colspan="4">1．描述使用 Ghost 进行硬盘克隆的操作过程。</td></tr>
<tr><td colspan="4">2．描述网络克隆软件的安装和使用。</td></tr>
</table>

第四篇
计算机故障检测与维修

1. 用户需求

小王早上一上班，就接到客户李女士打来的电话，“上个月在你们那里买的计算机，今天早上开机时，显示器上什么显示也没有，也没有任何声音，怎么回事啊？”小王马上与客户进行了沟通，结果发现，客户只会简单使用计算机，对于计算机其他方面的知识都不了解，要求售后迅速使计算机恢复正常。于是，小王告诉李女士将在 1 个半小时后到达，如果现场不能修复好，将为李女士提供备用机。

2. 需求分析

（1）需　求

- 用户与客服人员沟通，通过描述故障发生前后的情况，期望客服人员能现场判断故障现象出现的原因。
- 用户希望维修人员现场排除计算机故障，使之能正常工作。
- 用户希望维修人员能够说明或帮助提高日常维修计算机的能力。

（2）分　析

- 掌握用户机器配置型号，详细填写故障申报单；掌握故障判断一般方法；能够与客户进行良好沟通，尽可能判断出故障发生大致原因。
- 要掌握计算机开机无显示的具体原因，要会从简到繁对计算机进行故障检测。明确告之用户故障产生的原因，应在用户同意基础上对计算机进行维修。
- 掌握计算机常见故障检测的方法，具有良好的交流沟通能力。

3. 项目归纳

为了能够准确及时地对故障计算机进行维修，需要掌握计算机硬件技术标准，准确判断故障产生的原因，并与用户进行良好沟通。要掌握的知识技能有：

知识目标：

计算机硬件技术指标，计算机开机无显示故障检测流程。

技能目标：

会根据用户描述故障现象，确定现场维修所需工具，备件；会对计算机进行检测，确定故障原因；会维修故障点；会与用户交流，为用户提供信息。

任务八

开机无显示故障的检测与维修

准备知识（一） 计算机维修的基本原则、方法及注意事项

【主要内容】

- 计算机维修的基本原则。
- 计算机维修的基本方法。
- 计算机维修的基本步骤。
- 计算机维修过程中的注意事项。

【技能要求】

- 能简单判断故障存在的原因
- 能填写故障申报单。

一、进行计算机维修应遵循的基本原则

（一）进行维修判断须从最简单的事情做起，这里所说的最简单的事情，一方面是指观察，另一方面是指简捷的环境。

1. 简单的事情就是观察

（1）计算机周围的环境情况——位置、电源、连接、其他设备、温度与湿度等；

（2）计算机所表现的现象、显示的内容以及它们与正常情况下的异同；

（3）计算机内部的环境情况——灰尘、连接、器件的颜色、部件的形状、指示灯的状态等；

（4）计算机的软硬件配置——安装了何种硬件，资源的使用情况；使用的是使种操作系统，其上又安装了何种应用软件；硬件的设置驱动程序版本等。

2. 简捷的环境

（1）计算机的最小系统；

（2）在判断的环境中仅包括基本的运行部件/软件和被怀疑有故障的部件/软件；

（3）在一个“干净”的系统中通过添加用户的应用（硬件、软件）来进行分析判断。

从简单的事情做起，有利于精力的集中，同时也有利于进行故障的判断与定位。一定要注意，必须通过认真的观察后才可进行判断与维修。

（二）根据观察到的现象，要“先想后做”

1．先想好怎样做、从何处入手，再实际动手。也可以说是先分析判断，再进行维修。

2．对于所观察到的现象，应尽可能地先查阅相关的资料，看有无相应的技术要求、使用特点等，然后根据查阅到的资料，同时结合下面要谈到的内容，再着手进行维修。

3．在分析判断的过程中，要根据自身已有的知识、经验来进行判断，对于自己不太了解或根本不了解的，一定要先向有经验的同事或你的技术支持工程师咨询，寻求帮助。

（三）在大多数的计算机维修判断中必须“先软后硬”

即从整个维修判断的过程看，总是先判断是否为软件故障，先检查软件问题，当可判断软件环境是正常时，如果故障不能消失，再从硬件方面着手检查。

（四）在维修过程中要分清主次，即“抓主要矛盾”

在出现故障现象时，有时可能会看到一台故障机不止有一个故障现象，而是有两个或两个以上的故障现象（例如：启动过程中无显示，但机器也在启动，同时启动完后出现死机的现象等），为时，应该先判断、维修主要的故障现象，当修复后，再维修次要故障现象，有时可能次要故障现象已不需要维修了。

二、计算机维修的基本方法

（一）观察法

观察是维修判断过程中第一要法，它贯穿于整个维修过程中。观察不仅要认真，而且要全面。要观察的内容包括以下几点。

1．周围的环境。

2．硬件环境，包括接插头、座和槽等。

3．软件环境。

4．用户操作的习惯、过程。

（二）最小系统法

最小系统是指从维修判断的角度能使计算机开机或运行的最基本的硬件和软件环境，其包括两种形式。

硬件最小系统：由电源、主板和 CPU 组成。在该系统中没有任何信号线的连接，只有电源到主板的电源连接。在判断过程中是通过声音来判断这一核心组成部分是否可正常工作。

软件最小系统：由电源、主板、CPU、内存、显示卡/显示器、键盘和硬盘组成。该系统主要用来判断系统是否可完成正常的启动与运行。

对于软件最小环境，就“软件”来说有以下几点需要说明：

1. 硬盘中的软件环境，保留着原先的软件环境，只是在分析判断时，根据需要进行隔离如卸载、屏蔽等。保留原有的软件环境，主要是用来分析判断应用软件方面的问题。

2. 硬盘中的软件环境，只有一个基本的操作系统环境（可能是卸载掉所有应用，或是重新安装一个干净的操作系统），然后根据分析判断的需要，加载需要的应用。需要使用一个“干净”的操作系统环境，是要判断系统问题、软件冲突或软、硬件间的冲突问题。

3. 在软件最小系统下，可根据需要添加或更改适当的硬件。例如，在判断启动故障时，由于硬盘不能启动，想检查一下能否从其他驱动器启动。这时，可在软件最小系统下加入一个软驱或干脆用软驱替换硬盘来检查。又例如，在判断音视频方面的故障时，应需要在软件最小系统中加入声卡；在判断网络问题时，就应在软件最小系统中加入网卡等。

最小系统法，主要是要先判断在最基本的软、硬件环境中，系统是否可正常工作。如果不能正常工作，即可判定最基本的软、硬件部件有故障，从而起到故障隔离的作用。

最小系统法与逐步添加法结合，能较快速地定位发生在其他板软件的故障，提高维修效率。

（三）逐步添加/去除法

逐步添加法以最小系统为基础，每次只向系统添加一个部件/设备或软件，来检查故障现象是否消失或发生变化，以此来判断并定位故障部位。

逐步去除法正好与逐步添加法的操作相反。

逐步添加/去除法一般要与替换法配合，这样才能较为准确地定位故障部位。

（四）隔离法

隔离法是将可能妨碍故障判断的硬件或软件屏蔽起来的一种判断方法。它也可用来将怀疑相互冲突的硬件、软件隔离开以判断故障是否发生变化的一种方法。

上面提到的软硬件屏蔽，对于软件来说，即是停止其运行或者是卸载；对于硬件来说，是在设备管理器中，禁用、卸载其驱动，或干脆将硬件从系统中去除。

（五）替换法

替换法是用好的部件去代替可能有故障的部件，以判断故障现象是否消失的一种维修方法。好的部件可以是同型号的，也可能是不同型号的。替换的顺序一般为：

1. 根据故障的现象或第二部分中的故障类别，来考虑需要进行替换的部件或设备。

2. 按先简单后复杂的顺序进行替换。例如，先内存、CPU，后主板，又如要判断打印故障时，可先考虑打印驱动是否有问题，再考虑打印电缆是否有故障，最后考虑打印机或并口是否有故障等。

3. 最先考查与怀疑有故障的部件相连接的连接线、信号线等，之后是替换怀疑有故障的部件，再后是替换供电部件，最后是与之相关的其他部件。

4. 从部件的故障率高低来考虑最先替换的部件。故障率高的部件先进行替换。

（六）比较法

比较法与替换法类似，即用好的部件与怀疑有故障的部件进行外观、配置、运行现象等方面

的比较，也可在两台计算机间进行比较，以判断故障计算机在环境设置，硬件配置方面的不同，从而找出故障部位。

（七）升降温法

在上门服务过程中，升降温法由于工具的限制，其使用与维修间是不同的。在上门服务中的升温法，可在用户同意的情况下，设法降低计算机的通风能力，依靠计算机自身的发热来升温。降温的方法有：（1）一般选择环境温度较低的时段，如一清早或较晚的时间；（2）通过使计算机停机 12 ~ 24 小时以上等方法实现；（3）用电风扇对着故障机吹，以加快降温速度。

（八）敲打法

敲打法一般用在怀疑计算机中的某部件有接触不良的故障时，通过振动、适当的扭曲，甚至用橡胶锤敲打部件或设备的特定部件来使故障复现，从而判断故障部件的一种维修方法。

（九）对计算机产品进行清洁的建议

有些计算机故障往往是由于机器内灰尘较多引起的，这就要求我们在维修过程中注意观察故障机内、外部是否有较多的灰尘，如果是，应先进行除尘，再进行后续的判断维修。在进行除尘操作中，以下几个方面要特别注意：

1. 注意风道的清洁。

2. 注意风扇的清洁。在风扇的清洁过程中，最好在清除其灰尘后，能在风扇轴处涂抹一些钟表油，以加强润滑。

3. 注意接插头、座、槽、板卡金手指部分的清洁。可以用橡皮或用酒精棉擦拭金手指部分。

插头、座、槽的金属引脚上的氧化现象的去除：一是用酒精擦拭，一是用金属片（如小一字改锥）在金属引脚上轻轻刮擦。

4. 注意大规模集成电路、元器件等引脚处的清洁。清洁时，应用小毛刷或吸尘器等除掉灰尘，同时要观察引脚有无虚焊和潮湿的现象，以及元器件是否有变形、变色或漏液现象。

5. 注意使用的清洁工具。清洁用的工具首先应是防静电的。例如，清洁用的小毛刷应使用天然材料制成，禁用塑料毛刷；其次是当使用金属工具进行清洁时必须切断电源，且应提前对金属工具进行泄放静电的处理。

用于清洁的工具包括：小毛刷、皮老虎、吸尘器、抹布、酒精（不可用来擦拭机箱、显示器等的塑料外壳）。

6. 对于比较潮湿的情况，应设法使其干燥后再使用。可用的工具如电风扇、电吹风等，也可让其自然风干。

三、计算机维修步骤

1. 了解情况

即在服务前与用户沟通，了解故障发生前后的情况，从而进行初步的判断。如果能了解到故障发生前后尽可能详细的情况，将使现场维修效率及判断的准确性得到提高。同时了解用户的故障与技术标准是否有冲突。

向用户了解情况，应借助第二部分中相关的分析判断方法与用户交流。这样不仅能初步判断故障的部位，还对准备相应的维修备件有所帮助。

2. 复现故障

即在与用户充分沟通的情况下，确认两点。

（1）用户所报修故障现象是否存在，并对所见现象进行初步的判断，确定下一步的操作；

（2）是否还有其他故障存在。

3. 判断、维修

即对所见的故障现象进行判断、定位，找出产生故障的原因，并进行修复的过程。

4. 检验

（1）维修后必须进行检验，确认所复现或发现的故障现象已解决，且用户的计算机不存在其他可见的故障。

（2）进行整机验机，尽可能消除用户未发现的故障，并及时将其排除。

四、计算机维修过程中的注意事项

1．在进行故障现象复现、维修判断的过程中，应避免故障范围扩大。

2．在维修时须查验、核对装箱单及配置。

3．必须充分地与用户沟通。了解用户的操作过程、出现故障时所进行过的操作以及用户使用计算机的水平等。

4．维修中最需要注意的就是观察——观察、观察、再观察。

（1）周围环境：电源环境、其他高功率电器、电、磁场状况、机器的布局、网络硬件环境、温湿度、环境的洁净程度；安放计算机的台面是否稳固；周边设备是否存在变形、变色、异味等异常现象。

（2）硬件环境：机箱内的清洁度、温湿度，部件上的跳接线设置、颜色、形状、气味等，部件或设备间的连接是否正确；有无错误或错接、缺针/断针等现象；用户加装的与机器相连的其他设备等一切可能与机器运行有关的其他硬件设施。

（3）软件环境。

- 系统中加载了何种软件以及它们与其他软、硬件间是否有冲突或不匹配之处。
- 除标配软件及设置外，要观察设备、主板及系统等的驱动、补丁是否安装、是否合适；要处理的故障是否为业内公认的 BUG 或兼容问题；用户加装的其他应用与配置是否合适。
- 加电过程中的观察：元器件的温度、是否有异味以及是否冒烟等；系统时间是否正确。
- 拆装部件时的观察：要有记录部件原始安装状态的好习惯，且要认真观察部件上元器件的形状、颜色、原始的安装状态等情况。
- 观察用户的操作过程和习惯是否符合要求等。

5．在维修前，如果灰尘较多或怀疑是灰尘引起的，应先除尘。

6．对于自己不熟悉的应用或设备，应在认真阅读用户使用手册或其他相关文档后，才可动手操作。

7．平时要多注意通过技术资料及其他维修人员的经验来积累自己的经验和提高维修水平。

8．禁止维修人员为用户安装地线。如用户要安装地线，应由用户联系正规电工为其安装。

9．如果要通过比较法、替换法进行故障判断，则应先征得用户的同意。

10．在进行维修判断的过程中，若有可能影响到用户所存储的数据，一定要在做好备份或保护措施并征得用户同意后，才可继续进行。

11．当出现大批量的相似故障时，一定要对周围的环境、连接的设备以及与故障部件相关的其他部件或设备进行认真的检查和记录，以找出引起故障的根本原因。

12．随机性故障的处理思路。随机性故障是指随机性死机、随机性报错以及随机性出现的不稳定现象。对于这类故障的处理思路应是：

（1）慎换硬件，特别是上门服务时。一定要在充分的软件调试和观察后，在一定的分析基础上才能进行硬件更换操作。如果没有把握，则最好在维修站内进行硬件更换操作。

（2）以软件调整为主。调整的内容有如下几点。

- 设置 BIOS 为出厂状态（注意 BIOS 开关位置）。
- 查杀病毒。
- 调整电源管理。
- 调整系统运行环境。
- 必要时做磁盘整理，包括磁盘碎片整理、无用文件的清理及介质检查（注意，该操作应在检查磁盘分区正常及分区中空余空间足够的情况下进行）。
- 确认有无用户自加装的软硬件，如果有，确认其性能的完好性/兼容性。
- 与无故障的机器进行对比。其中一种方法是，在一台配置与故障机相同的无故障机器上，逐个插入故障机中的部件（包括软件），查看无故障机的变化，当在插入某部件后，无故障机出现了与故障机类似的现象，可判该部件有故障。注意：这种方式的对比应做得较为彻底，以防漏掉可能有两种部件引起同一故障的情况。

13．应努力学习相关技术知识，掌握操作系统的安装、使用方法及配置工具的使用等；理解各配置参数的意义与适用的范围。

14．请求支持需要关注的内容：

（1）硬件及配置信息（尽可能详尽）。

（2）软件及配置信息（尽可能详尽）。

（3）周围环境。

（4）完整的故障现象描述。即用户第一次报修时的故障现象，经过维修操作后故障现象的变化情况（清晰的描述）。

（5）做过的维修操作（要详尽）。

准备知识（二） 开机无显示故障的检测与维修

【主要内容】

- 掌握检测的流程。

【技能要求】

- 会判断故障点。

- 会维修故障点。

一、打开电源，按下开机按钮后，计算机无任何反应。

分析：此时电源应向主板和各硬件供电，无任何动静则说明是供电部分出了问题（包括主板电源部分）。

检查思路和方法如下。

1．市电电源问题，检查电源插座是否正常（电源插座上的开关是否打开，用万用表打到AC220V挡，测电压是否符合要求），电源线是否正常（用万用表打到欧姆挡，测是否有电阻，若阻值为1则说明电源坏）。

2．机箱电源问题，检查是否有5V待机电压（将万用表打到DCS档，测电压是否符合要求），主板与电源之间的连线是否松动（将主板电源线拔下，对接口处除尘后，重新插好）。

3．主板问题。如果上述两个问题都不存在，那么主板故障的可能性就比较大了。首先检查主板和开机按钮的连线有无松动，开关是否正常。此时可以尝试将开关用电线短接一下。如果不行，只有尝试更换一块主板。（注意：应尽量找型号相同或同一芯片组的主板，因为其他主板可能不支持用户的CPU和内存）

二、按下开机按钮，风扇转动，但显示器无图像，计算机无法进入正常工作状态。

分析：风扇转动说明电源已开始供电，显示器无图像，计算机无法进入正常工作状态说明计算机未通过系统自检，主板BIOS设定还未输出到显示器，故障应出在主板、显卡或内存上。但有时劣质电源和显示器损坏也会引起此故障。

检查思路和方法如下。

1．查看计算机配置是否正常，有无硬件不兼容现象。

2．检查显示器和显卡的连线是否正常，接头是否正常。显示器的亮度调整、对比度调整按钮是否正常，如果不正常，则更换显示器。

3．如果有报警声，则说明自检出了问题。报警声是由主板上的BIOS设定的。BIOS有两种，分别为AMI和AWARD。大多数主板都是采用AWARD的BIOS。

4．如果没有报警声，则可能是喇叭坏了或线未接，可按下列步骤进行操作。

（1）检查内存。将内存取出用橡皮将插脚擦干净，换个插槽插实试机。如果有两根以上的内存共用的，只用一根内存试机。

（2）检查显卡。检查显卡是否插实，取出后用橡皮将插脚擦干净安装到位后再试机。然后将显卡与显示器连线拔掉再试机，看是否进入下一步自检。如有可能更换一个显卡试试。

（3）检查主板。首先将主板取出放在一个绝缘的平面上（如书或玻璃），因为有时机箱变形会造成主板插槽与板卡接触不良。检查主板各插槽是否有异物，插齿有无氧化变色，如果用户发现其中的一两个插齿和其他的插齿颜色不一样，那肯定是氧化或灰尘所致，用小刀将插齿表面刮出本色，再插上板卡后试机。然后检查主板和按钮之间的连线是否正常，特别是热启动按钮。最后，用放电法将BIOS重置试试。方法是将主板上的钮扣电池取下来，等5分钟后再装上，或直接将电池反装上两秒钟再重新装好，然后试机看是否正常。如果有条件更换一块主板试试。

（4）检查CPU。如果是CPU超频引起的故障，那么上面将BIOS重置应该会解决这个问题，如果没超频那么检查风扇是否正常，实在不行更换CPU试一下。

（5）电源不好也会出现这种现象，若有条件可更换电源试试。

（6）如果上述方法无法解决问题，可将除 CPU，主板，电源，内存，显卡之外的硬件全部拔下，然后试机看是否正常。如果试机正常，则在排除电源和主板出现问题的可能性之后，对 BIOS 进行放电处理；如果试机不正常，那么将这几个元件分别更换。

5．用主板诊断卡确认故障点

主板诊断卡又名 POST 卡或 Debug 卡，有了这样的诊断卡在手，很多故障就不需要把硬件换来换去，试来试去，而是可以直接根据诊断卡代码进行判断。诊断卡的工作原理是根据 BIOS 自检过程的原理设计的，而主要任务就是确定 PC 中 CPU，RAM，软、硬盘以及键盘等的运作是否正常，是否可以达到基本的“工作能力”。

4 大件的检测顺序：主板、CPU、内存、显卡。

（1）DBUG 卡指示灯说明。

- BIOS 灯为 BIOS 运行灯，正常工作时应不停闪动。
- CLK 灯为时钟灯，正常为常亮。
- OSC 灯为基准时钟灯，正常为常亮。
- RRSET 灯为复位灯，正常重新启动时瞬间闪动一下，然后熄灭。
- RUN 灯为运行灯，工作时应不停闪动。
- +12V、-12V、+5V、+3.3V 灯正常为常亮。

（2）常见指示灯代码。

- FF、OO、O1、O2：状态不跳变，CPU 未工作，推论：主板或 CPU 坏。
- C1（或 C 开头）、D3（或 D 开头）：CPU 已工作正在寻找内存，推论：内存坏、接触不好。
- C0、D1 状态：CPU 已发出寻址指令并已选中 BIOS，但是 BIOS 没有响应，推论：BIOS、南桥、I/O 坏。
- C1--C5：循环跳变，推论：BIOS、I/O 芯片坏。
- OB、26、31 时一般可点亮，如不亮，推论：显卡、集成显卡坏。
- 0B、26、31、42、48、4E、58、0D、6F、7F、85：推论：表示主板能点亮，正确检查显卡和键盘鼠标口，如果仍不亮大多为显卡坏。

任务实施　开机无显示故障的检测与维修

一、任务目标

1．与用户沟通，在故障申报单上详细填写包括用户计算机配置信息、故障现象、曾经维修记录、确认维修时间地点等信息。

2．确认维修所需工具，硬件设备。

3．根据故障检测流程，查找故障原因。

4．与用户沟通后，解决故障现象，填写故障维修单，并由用户签字确认。

二、工具清单

十字螺丝刀、镊子、防静电手套、试电笔、POST 卡、万用表、电源线、同型号显卡、内存、

主板、CPU、电源。

三、工作场景

用户李女士要求小王对她在上个月购买的计算机进行上门维修，故障现象是开机黑屏幕无显示，无声音。李女士只会计算机基本应用，不具备任何计算机维修知识，不了解计算机各硬件组成及名称。如果现场无法修好，则要求提供备用机。

四、工作过程

步骤一：根据故障申报单的项目，逐项与用户进行交流，填写详细的用户资料、故障现象原因、维修历史记录、预订维修时间、维修形式、收费方式等。

步骤二：电话指导用户对故障进行维修，若故障依旧，则与用户进一步确定维修时间，维修形式。

步骤三：根据故障申报单，准备维修工具及备用设备。

步骤四：在工作现场，进一步向用户了解计算机故障前的使用情况，观察计算机的周边环境。

步骤五：确认开机无显示故障的类型，即计算机开机是否加电。若无，则按检测流程，对计算机外接电源、插座、电源线、电源、主板进行检测；若有，则按检测流程，对计算机显示器、电源电压、内存、显卡、BIOS、CPU、主板进行检测。

步骤六：找到故障点后与用户沟通，对需要更换的部件征得用户同意后进行更换。

步骤七：开机检测，确认故障排除，并帮助用户查找是否存在其他故障，填写故障维修单，并请用户签字确认。若故障没有解决，则与用户进行沟通，征得用户同意后，为用户提供备用机，将故障计算机运回公司进行详细检测。请用户为本次维修服务打分，填写服务意见及建议。

步骤八：清理维修现场，将维修环境还原，对用户在计算机维修、维护方面简单的故障排除上进行指导，帮助用户提高对计算机的认识。

五、项目验收

1. 故障申报单填写是否全面，信息是否详实，与用户沟通中的用词是否规范、有效？
2. 故障查找准确。
3. 正确清除故障现象。
4. 故障维修单填写齐全，用户打分合格以上。
5. 对用户故障维修单、意见及建议及时整理归档。

实训八　开机无显示故障的检测与维修

<table>
<tr><td colspan="4">任务单</td></tr>
<tr><td>学习领域</td><td colspan="3">计算机组装与维修</td></tr>
<tr><td>学习情境 4</td><td colspan="3">计算机故障检测与维修</td></tr>
<tr><td>项目 1</td><td>开机无显示故障的检测与维修</td><td>学时</td><td>6</td></tr>
<tr><td colspan="4">布置任务</td></tr>
</table>

续表

<table>
<tr><td>学习目标</td><td colspan="6">● 掌握计算机开机无显示故障检测流程
● 会根据用户描述故障现象，确定现场维修所需工具，备件
● 会对计算机进行检测，确定故障原因
● 会维修故障点
● 会与用户交流，为用户提供信息</td></tr>
<tr><td>任务描述</td><td colspan="6">你接到客户电话：“上个月在你们那里买的计算机，今天早上开机时，显示器上什么显示也没有，也没有任何声音，怎么回事啊？你快来看看吧，着急用呢。”与客户沟通之后，发现客户只会简单使用计算机，对于计算机其他方面的内容都不知道，要求你能够迅速使计算机正常启动</td></tr>
<tr><td>学时安排</td><td>资讯
2 学时</td><td>计划
0.5 学时</td><td>决策
0.5 学时</td><td>实施
2 学时</td><td>检查
0.5 学时</td><td>评价
0.5 学时</td></tr>
<tr><td>提供资料</td><td colspan="6">● 计算机组装与维修教材
● 计算机组装与维修课件
● 192.168.20.8 计算机组装与维修精品课程网站学习资源
● 计算机组装与维修学习音频、视频资源</td></tr>
<tr><td>对学生的要求</td><td colspan="6">● 认真阅读任务描述，掌握所需完成的任务
● 根据资讯引导，通过查找资料、网上搜索、观看录像的方式认真完成资讯
● 每名学生根据工作任务制定计划，由组长组织讨论，做出决策并实施
● 实施结束后进行自我评价、组内互评、教师评价
● 将所完成任务形成规范的文档进行存档</td></tr>
</table>

<table>
<tr><td colspan="4">资讯单</td></tr>
<tr><td>学习领域</td><td colspan="3">计算机组装与维修</td></tr>
<tr><td>学习情境 4</td><td colspan="3">计算机故障检测与维修</td></tr>
<tr><td>项目 1</td><td>开机无显示故障的检测与维修</td><td>学时</td><td>6</td></tr>
<tr><td rowspan="14">资讯问题</td><td colspan="3">1．计算机维修的基本原则是什么</td></tr>
<tr><td colspan="3">2．计算机维修的基本方法有哪些</td></tr>
<tr><td colspan="3">3．观察法中观察的内容有哪些</td></tr>
<tr><td colspan="3">4．什么是最小系统？实施最小系统法、逐步添加/去除法所需的设备有哪些</td></tr>
<tr><td colspan="3">5．如何实施替换法？所需的设备有哪些</td></tr>
<tr><td colspan="3">6．如何实施比较法？所需的设备有哪些</td></tr>
<tr><td colspan="3">7．计算机维修的基本步骤有哪些</td></tr>
<tr><td colspan="3">8．计算机维修过程中的注意事项有哪些</td></tr>
<tr><td colspan="3">9．根据开机风扇转动与否，可以初步判定开机无显的故障范围，是什么</td></tr>
<tr><td colspan="3">10．如果按下开机按钮后，计算机无任何反应（风扇不转动），其故障范围包括</td></tr>
<tr><td colspan="3">11．如果按下开机按钮后，风扇转动，但显示器无图像，其故障范围包括</td></tr>
<tr><td colspan="3">12．如果按下开机按钮后，风扇转动，但显示器无图像，应按何流程确定故障点</td></tr>
<tr><td colspan="3">13．维修此类故障应预先准备哪些部件</td></tr>
<tr><td colspan="3"></td></tr>
</table>

续表

<table>
<tr><td>资讯引导</td><td colspan="5">● 在《计算机组装与维修》教材以及配套的课件中进行相关资料的查找
● 在“开机无显示故障”视频中进行学习</td></tr>
<tr><td colspan="6">计划单</td></tr>
<tr><td>学习领域</td><td colspan="5">计算机组装与维修</td></tr>
<tr><td>学习情境 4</td><td colspan="5">计算机故障检测与维修</td></tr>
<tr><td>项目 1</td><td colspan="3">开机无显示故障的检测与维修</td><td>学时</td><td>6</td></tr>
<tr><td>计划方式</td><td colspan="5">根据资讯单进行设计</td></tr>
<tr><td>计划项</td><td colspan="4">内容</td><td>备注</td></tr>
<tr><td>使用工具</td><td colspan="4"></td><td></td></tr>
<tr><td>替换配件</td><td colspan="4"></td><td></td></tr>
<tr><td>维修方法</td><td colspan="4"></td><td></td></tr>
<tr><td>维修流程</td><td colspan="4"></td><td></td></tr>
<tr><td>制订计划说明</td><td colspan="5"></td></tr>
<tr><td rowspan="3">计划评价</td><td>班级</td><td></td><td>第　组</td><td>组长签字</td><td></td></tr>
<tr><td>教师签字</td><td colspan="2"></td><td>日期</td><td></td></tr>
<tr><td colspan="5">评语：</td></tr>
</table>

<table>
<tr><td colspan="4">实施单</td></tr>
<tr><td>学习领域</td><td colspan="3">计算机组装与维修</td></tr>
<tr><td>学习情境 4</td><td colspan="3">计算机故障检测与维修</td></tr>
<tr><td>项目 1</td><td>开机无显示故障的检测与维修</td><td>学时</td><td>6</td></tr>
<tr><td>实施方式</td><td colspan="3">依据计划单，按照步骤进行实施</td></tr>
<tr><td>序号</td><td colspan="2">实施步骤</td><td>使用资源</td></tr>
<tr><td></td><td colspan="2"></td><td></td></tr>
<tr><td></td><td colspan="2"></td><td></td></tr>
<tr><td></td><td colspan="2"></td><td></td></tr>
<tr><td></td><td colspan="2"></td><td></td></tr>
</table>

续表

<table>
<tr><td colspan="6">实施说明：</td></tr>
<tr><td>班级</td><td></td><td>第</td><td>组</td><td>组长签字</td><td></td></tr>
<tr><td>教师签字</td><td colspan="3"></td><td>日期</td><td></td></tr>
</table>

<table>
<tr><td colspan="5">评价单</td></tr>
<tr><td colspan="2">学习领域</td><td colspan="3">计算机组装与维修</td></tr>
<tr><td colspan="2">学习情境 4</td><td colspan="3">计算机故障检测与维修</td></tr>
<tr><td colspan="2">项目 1</td><td>开机无显示故障的检测与维修</td><td>学时</td><td>6</td></tr>
<tr><td colspan="2">姓名：</td><td>班级：</td><td colspan="2">小组：</td></tr>
<tr><td colspan="2">地点：</td><td>时间：</td><td colspan="2">总分：</td></tr>
<tr><td>序号</td><td>评价内容</td><td>分值</td><td>得分</td><td>备注</td></tr>
<tr><td>1</td><td>任务认知程度</td><td>5</td><td></td><td></td></tr>
<tr><td>2</td><td>情感态度</td><td>5</td><td></td><td></td></tr>
<tr><td>3</td><td>团队协作</td><td>5</td><td></td><td></td></tr>
<tr><td>4</td><td>工作计划制定</td><td>5</td><td></td><td></td></tr>
<tr><td>5</td><td>实施单</td><td>5</td><td></td><td></td></tr>
<tr><td>6</td><td>正确检测故障点</td><td>10</td><td></td><td></td></tr>
<tr><td>7</td><td>工具运用规范，维修方法正确</td><td>5</td><td></td><td></td></tr>
<tr><td>8</td><td>维修步骤合理</td><td>5</td><td></td><td></td></tr>
<tr><td>9</td><td>排除故障，正常启动</td><td>10</td><td></td><td></td></tr>
<tr><td>10</td><td>清理工作现场</td><td>10</td><td></td><td></td></tr>
<tr><td>11</td><td>设备的使用</td><td>5</td><td></td><td></td></tr>
<tr><td>12</td><td>工作记录</td><td>10</td><td></td><td></td></tr>
<tr><td>13</td><td>作业单</td><td>20</td><td></td><td></td></tr>
<tr><td>14</td><td>总分</td><td>100</td><td></td><td>占总评分 50%</td></tr>
<tr><td colspan="5">教师评语：</td></tr>
</table>

教师签字		日期	

<table>
<tr><td colspan="4">作业单</td></tr>
<tr><td>学习领域</td><td colspan="3">计算机组装与维修</td></tr>
<tr><td>学习情境 4</td><td colspan="3">计算机故障检测与维修</td></tr>
<tr><td>项目 1</td><td>开机无显示故障的检测与维修</td><td>学时</td><td>6</td></tr>
</table>

续表

1. 计算机开机无显示、风扇不转动，其故障点可能是哪些部件？并说明如何确定故障点。
2. 写出计算机开机无显、不能启动时常见的几种可能情况及排除方法。

任务九

自检响铃故障的检测与维修

准备知识　计算机启动过程及自检响铃故障的检测与维修

【主要内容】

- 计算机系统正常启动时的启动过程。
- 自检响铃代码和错误信息。

【技能要求】

- 会根据自检响铃提示判断出故障点位置，并准确排除故障。

一、计算机系统启动过程

从按下机箱电源按钮开始，直到用户进入操作系统，计算机系统正常启动，整个过程可分为以下几个部分。

1．预引导（Pre-Boot）阶段。

2．引导阶段。

3．加载内核阶段。

4．初始化内核阶段。

5．用户登录阶段。

二、具体硬件系统启动顺序

1．PC 电源的 ON——显示器、键盘、机箱上的灯闪烁。

2．检测显卡——画面上出现短暂的显卡信息。

3．检测内存——随着嘟嘟的声音画面上出现内存的容量信息。

4．执行 BIOS——画面上出现简略的 BIOS 信息。

5．检测其他设备——出现其他设备的信息（CPU,HDD,MEM...）。

6．执行 OS（操作系统）的初始化文件——StartingWindowsXP 等。

三、系统 BIOS 自检响铃原因

在预引导阶段，系统 BIOS 将进行 POST（Power—OnSelfTest，加电后自检）操作，POST 的主要任务是检测系统中一些关键设备是否存在和能否正常工作，例如内存和显卡等设备。在正常情况下，POST 过程进行得非常快，我们几乎无法感觉到它的存在，POST 结束之后就会调用其他代码来进行更完整的硬件检测。如果系统 BIOS 在进行 POST 的过程中发现了一些致命错误，例如没有找到内存或内存有问题（此时只会检查 640KB 常规内存），那么系统 BIOS 就会直接控制喇叭发声来报告错误，声音的长短和次数代表了错误的类型。这就是系统 BIOS 自检响铃的成因。

四、自检响铃故障的检测与维修

当自检响铃发生后，通过对自检响铃声音的意义进行判断，按“子学习情境一”中“知识准备二”中开机加电无显示”处理方法的顺序进行维修即可。下面是不同厂商 BIOS 自检响铃的意义。

1. AMI BIOS

1 短：内存刷新失败。

2 短：内存校验错误。

3 短：基本内存错误。

4 短：系统时钟错误。

5 短：CPU 错误。

6 短：键盘错误。

7 短：实模式错误。

8 短：内存显示错误。

9 短：ROMBIOS 校验错误。

1 长 3 短：内存错误。

2. AWARD BIOS

1 短：系统正常启动。

2 短：常规错误，进入 CMOSSetup，重新设置不正确的选项。

1 长 1 短：RAM 或主板出错。更换内存试试，若还是不行，只好更换主板。

1 长 2 短：显示器或显卡错误。

1 长 3 短：键盘控制器错误。检查主板。

1 长 9 短：主板 FlashRAM 或 EPROM 错误，BIOS 损坏。更换 FlashRAM 试试。

不断地响（长声）：内存条未插紧或损坏。重插内存条，若还是不行，只有更换内存。

不停地响：电源、显示器未和显卡连接好。检查一下所有的插头。

重复短响：电源有问题。

3. Phoenix 的 BIOS

1 短：系统启动正常。

3 短：系统加电初始化失败。

任务实施　自检响铃故障的检测与维修

一、任务目标

1．与用户沟通，在故障申报单上详细填写包括用户计算机配置信息、故障现象、曾经维修记录、确认维修时间地点等信息。

2．确认维修所需工具，硬件设备。

3．根据故障检测流程，查找故障原因。

4．与用户沟通后解决故障现象，填写故障维修单，并由用户签字确认。

二、工具清单

十字螺丝刀、镊子、防静电手套、POST 卡、同型号显卡、内存、主板、CPU。

三、工作场景

用户刘先生的计算机上午正常使用，下午上班开机时，发现计算机无法正常进入系统，并发出阵阵蜂鸣声。刘先生要求维修人员尽快修复计算机故障，使之能正常工作。

四、工作过程

步骤一：根据故障申报单的项目，逐项与用户进行交流，填写详细的用户资料、故障现象原因、维修历史记录、预订维修时间、维修形式、收费方式等。

步骤二：电话指导用户对故障进行维修，若故障依旧，则与用户进一步确定维修时间和维修形式。

步骤三：根据故障申报单，准备维修工具和备用设备。

步骤四：在工作现场，进一步向用户了解计算机出现故障前的使用情况，观察计算机周边环境。

步骤五：开机确认 BIOS 型号。根据 BIOS 型号，初步判断自检响铃的含义，并根据判断结果对故障点进行查看，应先清理故障点灰尘、接触状态检查，然后根据维修过程，用同型号硬件设备进行替换，以排除故障。

步骤六：找到故障点后与用户沟通，在征得用户同意后对需要更换的部件进行更换。

步骤七：开机检测，确认故障排除，并帮助用户查找是否存在其他故障，填写故障维修单，并请用户签字确认，同时请用户为本次维修服务打分，并填写服务意见及建议。

步骤八：清理维修现场，将维修环境还原，对用户在计算机维修、维护方面简单的故障排除上进行指导，帮助用户提高对计算机的认识。

五、项目验收

1．故障申报单填写是否全面，信息是否详实，与用户沟通中用词是否规范、有效。
2．BIOS 型号识别准确。
3．自检响铃的意义识别准确。
4．正确清除故障现象，计算机工作正常。
5．故障维修单填写齐全，用户打分合格以上。
6．对用户故障维修单、意见及建议及时整理归档。

实训九　自检响铃故障的检测与维修

<table>
<tr><td colspan="7">任务单</td></tr>
<tr><td>学习领域</td><td colspan="6">计算机组装与维修</td></tr>
<tr><td>学习情境 4</td><td colspan="6">计算机故障检测与维修</td></tr>
<tr><td>项目 2</td><td colspan="3">自检响铃故障的检测与维修</td><td>学时</td><td colspan="2">2</td></tr>
<tr><td colspan="7">布置任务</td></tr>
<tr><td>学习目标</td><td colspan="6">● 掌握计算机系统启动流程
● 掌握计算机自检响铃铃声含义
● 会根据计算机自检响铃铃声特点判断出故障点
● 会对故障点进行重新安装或更换器件，从而使计算机能够正常运行</td></tr>
<tr><td>任务描述</td><td colspan="6">用户刘先生的计算机上午正常使用，下午上班开机时，发现计算机无法正常进入系统，并发出一长三短的报警声。刘先生只好打电话向计算机维修人员求助，要求维修人员尽快修复计算机故障，使之能正常工作</td></tr>
<tr><td>学时安排</td><td>资讯
0.5 学时</td><td>计划
0.25 学时</td><td>决策
0.25 学时</td><td>实施
0.5 学时</td><td>检查
0.25 学时</td><td>评价
0.25 学时</td></tr>
<tr><td>提供资料</td><td colspan="6">● 计算机组装与维修教材
● 计算机组装与维修课件
● 192.168.20.8 计算机组装与维修精品课程网站学习资源
● 计算机组装与维修学习音频、视频资源</td></tr>
<tr><td>对学生的要求</td><td colspan="6">● 认真阅读任务描述，掌握所需完成的任务
● 根据资讯引导，通过查找资料、网上搜索、观看录像的方式认真完成资讯
● 每名学生根据工作任务制定计划，由组长组织讨论，做出决策并实施
● 实施结束后进行自我评价、组内互评、教师评价
● 将所完成任务形成规范的文档进行存档</td></tr>
<tr><td colspan="7">资讯单</td></tr>
<tr><td>学习领域</td><td colspan="6">计算机组装与维修</td></tr>
<tr><td>学习情境 4</td><td colspan="6">计算机故障检测与维修</td></tr>
<tr><td>项目 2</td><td colspan="3">自检响铃故障的检测与维修</td><td>学时</td><td colspan="2">2</td></tr>
</table>

续表

资讯问题	1．计算机系统正常启动时的启动过程是什么
	2．哪些部件损坏会产生自检响铃报警
	3．哪些部件损坏会产生屏幕提示报警
	4．Award BIOS 的常见自检响铃含义是什么
	5．如果显卡损坏，AWARD BIOS 可能产生哪些自检响铃
	6．如果内存损坏，AWARD BIOS 可能产生哪些自检响铃
	7．AMI BIOS 的常见自检响铃含义是什么
	8．如果显卡损坏，AMI BIOS 可能产生哪些自检响铃
	9．如果内存损坏，AMI BIOS 可能产生哪些自检响铃
	10．如何确定主板 BIOS 厂商是 AWARD 还是 AMI
	11．维修此类故障应预先准备哪些部件
资讯引导	● 在《计算机组装与维修》教材以及配套的课件中进行相关资料的查找 ● 在“自检响铃故障”视频中进行学习

<table>
<tr><td colspan="6">计划单</td></tr>
<tr><td>学习领域</td><td colspan="5">计算机组装与维修</td></tr>
<tr><td>学习情境 4</td><td colspan="5">计算机故障检测与维修</td></tr>
<tr><td>项目 2</td><td colspan="3">自检响铃故障的检测与维修</td><td>学时</td><td>2</td></tr>
<tr><td>计划方式</td><td colspan="5">根据资讯单进行设计</td></tr>
<tr><td>计划项</td><td colspan="3">内容</td><td colspan="2">备注</td></tr>
<tr><td rowspan="2">使用工具</td><td colspan="3" rowspan="2"></td><td colspan="2"></td></tr>
<tr><td colspan="2"></td></tr>
<tr><td rowspan="2">替换配件</td><td colspan="3" rowspan="2"></td><td colspan="2"></td></tr>
<tr><td colspan="2"></td></tr>
<tr><td rowspan="3">维修方法</td><td colspan="3" rowspan="3"></td><td colspan="2"></td></tr>
<tr><td colspan="2"></td></tr>
<tr><td colspan="2"></td></tr>
<tr><td rowspan="4">维修流程</td><td colspan="3" rowspan="4"></td><td colspan="2"></td></tr>
<tr><td colspan="2"></td></tr>
<tr><td colspan="2"></td></tr>
<tr><td colspan="2"></td></tr>
<tr><td>制订计划说明</td><td colspan="5"></td></tr>
<tr><td rowspan="2">计划评价</td><td>班级</td><td></td><td>第　　组</td><td>组长签字</td><td></td></tr>
<tr><td>教师签字</td><td colspan="2"></td><td>日期</td><td></td></tr>
</table>

续表

计划评价	评语：			
实施单				
学习领域	计算机组装与维修			
学习情境 4	计算机故障检测与维修			
项目 2	自检响铃故障的检测与维修		学时	2
实施方式	依据决策单，按照步骤进行实施			

序号	实施步骤	使用资源
实施说明：		

班级		第　　组	组长签字	
教师签字			日期	

评价单				
学习领域	计算机组装与维修			
学习情境 4	计算机故障检测与维修			
项目 2	自检响铃故障的检测与维修		学时	2

姓名：	班级：	小组：
地点：	时间：	总分：

序号	评价内容	分值	得分	备注
1	任务认知程度	5		
2	情感态度	5		

续表

3	团队协作	5		
4	工作计划制定	5		
5	实施单	5		
6	正确检测故障点	10		
7	工具运用规范，维修方法正确	5		
8	维修步骤合理	5		
9	排除故障，正常启动	10		
10	清理工作现场	10		
11	设备的使用	5		
12	工作记录	10		
13	作业单	20		
14	总分	100		占总评分 50%
教师评语：				
教师签字		日期		

作业单			
学习领域	计算机组装与维修		
学习情境 4	计算机故障检测与维修		
项目 2	自检响铃故障的检测与维修	学时	2
1．分别写出内存和显卡故障以及未连接好的现象。			
2．计算机开机后，屏幕无显示，并发出一长两短报警声，请确定故障点，并说明此主板可能的 BIOS 类型。			

任务十

系统启动出错提示故障的检测与维修

准备知识　系统启动出错提示故障的检测与维修

【主要内容】

- 系统启动出错提示信息类型。
- 出错信息含义。

【技能要求】

- 会根据出错提示信息判断故障发生原因，并准确排除故障。

一个完整的系统启动过程需要系统 BIOS 和操作系统的紧密配合，只要任意一个环节出错，都会导致系统启动失败。下面将针对常见的 Award BIOS 出错提示信息及操作系统启动出错提示信息的产生原因及解决方法分别进行讲述。

一、Award BIOS 启动信息详解

计算机启动 BIOS 自检时，提示的出错信息后面一般有相似的提示。

“Press F1 to Continue or Press DEL to Enter Setup”

意思是“按 F1 键继续或按 DEL 键进入 CMOS 设置”。

以下是常见的 Award BIOS 在系统自检过程中，如果遇到故障，可能给出的出错信息。

1. 提示信息：BIOS ROM checksum error - System halted

通常原因：BIOS 校验错误——系统停机。这说明计算机主板的 BIOS 芯片中的代码在校验时发现了错误，或者说 BIOS 芯片本身或其中的内容损坏了。

解决方法：需要改写用户的 BIOS 内容，或者更换一块新的 BIOS 芯片。

2. 提示信息：CMOS battery failed，CMOS battery is no longer functional

通常原因：CMOS 电池电力耗尽以后，所有在 CMOS 中设置的内容都将会丢失。

解决方法：更换一块新的电池。

3. 提示信息：CMOS checksum error - Defaults loaded

通常原因：BIOS 在校验 CMOS 设置内容时如果发现错误，系统就会加载默认的设备配置信息。CMOS 校检错误往往意味着 CMOS 设置内容中有错误，这种错误的产生也有可能是因为主板电池电力不足。

解决方法：检查一下电池，必要时应更换一块。

4. 提示信息：Display switch is set incorrectly

通常原因：主板上显示开关的设置情况与实际上使用的显示器类型不匹配。

解决方法：有些计算机的主板上设置有显示开关，可以选择使用单色或彩色的显示器。此时，应首先确认显示器的类型，然后关闭系统，并设置好相应的显示跳线。主板上如果没有显示开关，那么应进入系统 CMOS 设置来更改显示类型。

5. 提示信息：Press ESC to skip memory test

通常原因：按“Esc”键可以跳过内存的检测。

解决方法：机器在每次冷启动时都要检测内存，此时，如果我们不希望系统检测内存，就可以按“Esc”键跳过这一步。

6. 提示信息：Floppy disk(s) fail

通常原因：软驱出错。

解决方法：当计算机启动时，如果软驱控制器或软驱没有被找到或者不能被正确地初始化，那么，系统就会出现这样的提示。此时应先检查一下软驱控制器的安装是否良好，如果软驱控制器是集成在主板上的，那么此时还要检查 CMOS 中有关软驱控制器的选项是否处于“Enabled”状态。

如果机器上没安装软驱，则应检查在 CMOS 设置中软驱项是否被设置成“None”。

7. 提示信息：HARD DISK INSTALL FAILURE

通常原因：硬盘安装不成功。当计算机启动时，如果硬盘控制器或硬盘本身没有找到或不能正确地进行初始化，计算机就会给出上述的提示。

解决方法：确定硬盘控制器是否进行正确安装或者在 CMOS 中有关硬盘控制器的选项是否为“Enabled”。

如果在计算机中没有安装硬盘，则应确认在系统设置中硬盘类型为“None”或“Auto”。

8. 提示信息：Keyboard error or no keyboard present

通常原因：键盘错误或未安装键盘。当计算机启动时，如果系统不能初始化键盘，就会给出

这样的提示。

解决方法：检查键盘和计算机的连接是否正确，当计算机启动时是否有键被按下。

如果想特意将计算机设置成不带键盘工作，那么，我们可以在 CMOS 中将“Halt On”选项设置为“Halt On All，But Keyboard”，这样，计算机启动时就会忽略有关键盘的错误。

9. 提示信息：Keyboard is locked out - Unlock the key

通常原因：这条提示一般出现在计算机启动时，有一个或多个键被按住的情况下。

解决方法：检查是否有东西放在键盘的上面。

10. 提示信息：Memory test fail

通常原因：内存测试失败。计算机启动时，如果在内存测试的步骤中检测到了错误，那么将会给出上面的提示，表示内存在自检时遇到了错误。

解决方法：可能需要更换内存。

11. 提示信息：Override enabled - Defaults loaded

通常原因：如果在当前的 CMOS 配置情况下，计算机不能正常启动，那么计算机的 BIOS 将自动地调用默认的 CMOS 设置来进行工作。

解决方法：系统默认的 CMOS 设置是一套工作起来最稳定，但是工作表现最保守的 CMOS 配置参数。

12. 提示信息：.Primary master hard disk fail

通常原因：第一个 IDE 接口上的主硬盘出错。

解决方法：计算机启动时，如果检测到机器的第一个 IDE 硬盘接口上的主硬盘出错，就会给出上面的提示。

二、操作系统启动报错信息

BIOS 自检完成后，将系统引导的工作交给操作系统，此时如果系统遭遇某种错误，也同样会影响系统的正常启动。常见的错误信息如下：

1．提示信息：Cache Memory Bad，Do not enable Cache！

通常原因：BIOS 发现主板上的高速缓冲内存已损坏。

解决方法：用户可联系厂商或销售商解决。

2．提示信息：Memorx paritx error detected

通常原因：Memorx paritx error detected，即存储器奇偶校验错误，说明存储器系统存在故障。

解决方法：可按下述方法检查处理：

系统中是否混用了不同类型的内存条，如带奇偶校验和不带奇偶校验的内存条，若有这种情况，可只用一种内存条试试。在 BIOS 设置中的 Advanced BIOS Features（高级 BIOS 特征）选项中，将“Quick Power On Self Test”（快速上电自检）设置项设置为禁止（Disabled），系统启动时将对系统内存逐位进行 3 次测试，可以初步判断系统内存是否存在问题。如果还是无法解决故障，可在 BIOS 设置中的 Advanced Chipset Features（高级芯片组特征）选项中将内存（SDRAM）的

相关选项速度设置得慢一些，这种方法可以排除内存速度跟不上系统总线速度的故障另外，CPU 内部 Cache 性能不良也会导致此类故障，可在 Advanced BIOS Features（高级 BIOS 特征）选项中关闭与 Cache 相关的选项，如果是由于 Cache 导致的故障，则应为 CPU 做好散热工作，如果不行，只好将 CPU 降频使用。

3．提示信息：Error：Unable to ControLA20 Line

通常原因：内存条与主板插槽接触不良、内存控制器出现故障的表现。

解决方法：仔细检查内存条是否与插槽保持良好接触或更换内存条。

4．提示信息：Memory Allocation Error

通常原因：这是因为 Config.sys 文件中没有使用 Himem.sys、Emm386.exe 等内存管理文件设置 Xms.ems 内存或者是由于设置不当引起的，使得系统仅能使用 640KB 基本内存，运行程序稍大，便会出现“Out of Memory”（内存不足）的提示，无法操作。

解决方法：上述现象均属于软故障，编写好系统配置文件 Config.sys 后重新启动系统即可。

5．提示信息：C:drive failure run setup utility,press(f1)to resume

通常原因：硬盘参数设置不正确所引起的。

解决方法：可以用软盘引导硬盘，但要重新设置硬盘参数。

6．提示信息：HDD Controller Failure

通常原因：一般是硬盘线接口接触不良或接线错误。

解决方法：先检查硬盘电源线与硬盘的连接，再检查硬盘数据数据线与多功能卡或硬盘的连接。

7．提示信息：Invalid partition table

通常原因：一般是硬盘主引导记录中的分区表有错误，当指定了多个自举分区（只能有一个自举分区）或病毒占用了这个分区表时，将有上述提示。当引导记录（MBR）位于 0 磁头/0 柱面/1 扇区，由 FDISK 对硬盘分区时生成。MBR 包括主引导程序、分区表和结束标志 55 AAH 三部分，共占一个扇区，主引导程序中有检查硬盘分区表的程序代码和出错信息、出错处理等内容。当硬盘启动时，主引导程序将检查分区表中的自举标志。若某个分区为可自举分区，则有分区标志 80H，否则为 00。系统规定只能有一个分区为自举分区，所以若分区表中含有多个自举标志时，主引导程序即会给出“Invalid partion table”的错误提示。

解决方法：可用 KV3000 查看硬盘分区记录的活动分区标志和分区结束标志（1FE、FF 的 55 AA）是否丢失。最简单的解决方法是用 NDD 修复，它将检查分区表中的错误，若发现错误，将会询问你是否愿意修改，你只要不断地回答 YES 即可修正错误，或者用备份过的分区表覆盖它也可（KV300 和 NU8.0 中的 RESCUE 都具有备份与恢复分区表的功能）。如果是病毒感染了分区表，则格式化是解决不了问题的，可先用杀毒软件杀毒，再用 NDD 进行修复。

如果上述方法都不能解决，还有一种方法，就是先用 FDISK 重新分区，但需要注意的是，分区大小必须和原来的分区一样，且分区后不要进行高级格式化，然后用 NDD 进行修复。修复后的硬盘不但能启动，而且硬盘上的信息也不会丢失。其实用 FDISK 分区，相当于用正确的分区表覆盖原来的分区表。

8．提示信息：No Rom Basic,System Halted

通常原因：一般是引导程序损坏或被病毒感染，或是分区表中无自举标志，或是结束标志 55 AA 被改写。

解决方法：从软盘启动，执行“FDISK/MBR”命令即可。FDISK 中包含有主引导程序代码

和结束标志 55 AA，用上述命令可使 FDISK 中正确的主引导程序和结束标志覆盖硬盘上的主引导程序。对于分区表中无自举标志的现象，可用 NDD 恢复。

9．提示信息：HDD Controller Failure

通常原因：大致有 3 种状况可能导致出现这种错误的提示，第一，可能是因为 IDE 数据线接触不良，也可能是数据线接口接反了；第二，是自检时，硬盘出现"哒、哒、哒"之类的周期性噪音，表明机械控制部分或传动臂有问题，这属于最坏的情况；第三，硬盘的盘片有严重损伤。

解决方法：重新正确连接或更换硬盘。

10．提示信息：Primary IDE channel no 80 conductor cable installed

通常原因：出现以上情况就表明硬盘没有使用 80 针类型的硬盘线。

解决方法：由于传输速度的大量增加，为减小干扰，在 ATA100 硬盘规范中要求使用 80 针类型的硬盘线，相对来说就增加了 40 根的地线。

11．提示信息：Disk Boot Failure,insert system disk and press enter

通常原因：硬盘与主板的连接问题会造成上述错误。

解决方法：首先打开机箱，取出再连接一下硬盘数据线和电源头，确认接触正常。若还是检测不到，就将硬盘拆下，更换一块硬盘试一下，看看是否正常，如果还是不正常就很有可能是主板的问题，如果正常就是硬盘的问题。

12．提示信息：Bad of Missing Command

通常原因：这表示 Command.com 文件遭到破坏或丢失。可能是在安装其他软件时被覆盖或改动。

解决方法：只需将同版本启动软盘上的 Command.com 文件复制到硬盘引导区的根目录下，重新启动即可。

13．提示信息：No System Disk or Disk Error

通常原因：表示引导盘为非系统盘，或者原引导盘的系统文件遭到破坏。

解决方法：首先确保软驱中的软盘为系统盘；其次应注意系统硬盘的系统文件是否遭到破坏，如果已被破坏，可用同版本的启动盘启动，并用 SYS C:命令将正确的系统文件传到启动硬盘上即可。

14．提示信息：Error Loading Operating System 或 Missing Operating System

通常原因：一般是 DOS 引导记录出现错误，或者分区的结束标志 55 AA 遭到破坏。这可能是由于硬盘下的系统文件 Io.sys 和 Msdos.sys 遭到破坏，或硬盘 DOS 引导记录（BOOT）遭到破坏，或是 DOS 引导记录的结束标志（01 FE、FF 的 55 AA）丢失，也可能是硬盘的主引导数据被破坏，或主引导结束标志（080、081 的 55 AA）丢失。

解决方法：首先尝试用 SYS C：命令将系统文件复原，如果不行，可用 Diskedit 修改硬盘主引导的结束标志（080、081 的 55 AA），如果仍然不行，就只有软盘启动，用 Fdisk 重新分区，格式化后重新安装操作系统。

15．提示信息：你现在可以安全地关闭计算机了

通常原因：最可能的原因就是由于 Windows 所使用的系统文件 VMM32.VXD 损坏或找不到所产生的。

解决方法：进入 DOS 环境，将此文件从其他计算机中复制到你的计算机的 Windows 系统目录下，然后再重新开机，才可以进入。如果你无法从其他计算机中复制这个文件，则需要重装操

作系统。

16．提示信息：Invalid system disk

通常原因：开机时找不到可以启动计算机的设备。

解决方法：如果你设定的开机顺序是 A、C，那么检查一下软驱中是否放了一张不是启动盘的磁盘。若不是，则检查一下硬盘，查看 BIOS 能否正确检测到这块硬盘，如果你并没有屏蔽或移动这块硬盘，就再检查一下数据线是否损坏。如果还不能解决问题，很可能是因为在升级安装 Windows XP 的过程中，某些文件没有安装进去，或许是因为病毒，也可能是一些防病毒软件和硬盘管理软件发生冲突。如果是因为使用了硬盘管理软件，而 Windows XP 没有检测到它，就会覆盖引导记录（MBR），如此引发的故障就应参考该软件的手册恢复 MBR。

另外，还有其他的原因也可能导致此故障，检查在 Setuplog.txt 中的 FSLog 行中的两个数字是否相同，例如 FSLog: BIOS Heads=:255:，BootPart Heads=:255:。这两个数字必须相同，如果不同则按照上面的方法重新安装系统文件。如果是因为病毒引起的，则应彻底清除病毒后重新安装 Windows XP 系统。

17．提示信息：Disk I/O Erro1；Replace disk and press ENTER

通常原因：因为你的机器丢失了启动文件造成的。

解决方法：在他人的机器上做一张启动盘，然后将其放进你的软驱中，把丢失的文件复制到硬盘中即可。若不行，再重装一次系统。

不过如果你的机器感染了 CIH 病毒，也有可能发生此现象，那是因为 CIH 病毒改写了你的硬盘分区表，导致丢失了活动分区，你只要用 Fdisk 命令把硬盘重新激活即可。

18．提示信息：*.vxd 文件无效

通常原因：对磁盘文件误操作，造成 VXD 文件丢失。

解决方法：首先检查 Vnetsup.vxd 文件是否丢失，如果 Vnetsup.vxd 文件丢失，先安装然后再删除网络组件就可避免发生这一问题：

依次选择“开始”→“设置”→“控制面板”→“网络”，然后单击“添加”按钮，选择“适配器”选项，然后单击“添加”按钮，在“厂商”框中，单击“已检测到的网络驱动程序”。在“网络适配器”中单击“现有的 Ndis2 驱动程序”，然后单击“确定”按钮。

当系统提示输入工作组名和计算机名时，应填写“标识”选项卡上的对应框，连续单击“确定”或“关闭”按钮，直到返回“控制面板”。

当系统提示重新启动计算机时，应单击“确定”按钮，重新启动计算机后，依次选择“开始”→“设置”→“控制面板”→“网络”，单击“现有的 Ndis2 驱动程序”，单击“删除”按钮，然后单击“确定”按钮重新启动计算机。

若问题未能解决，试看一下注册表中的 StaticVxD 值是否正确。如果错误消息并未指定设备驱动程序，则更正注册表中的 StaticVxD 值，方法是：使用“注册表编辑器”查找和删除注册表中仅含有无效数据、空数据或仅含空格的 StaticVxD 值。StaticVxD 值位于 HKEYLOCALMACHINE\System\CurrentControlSet\Services\VxD 之下。

操作前先备份注册表文件。

若上述方法也不行，则确定一下最近是否从计算机中删除过程序。如果最近从计算机上删除过程序或组件，请重新安装它，然后运行相应的卸载工具。

19．提示信息：*386 文件无效

通常原因：系统设备驱动程序丢失。

解决方法：禁用 System.ini 文件中涉及设置驱动程序即可，其方法是：

选择“开始”→“运行”，在“打开”框中输入“Msconfig”，在打开的对话框中的“System.ini”选项卡中双击“386Enh”项。定位涉及设备驱动程序的行，取消选中此行旁的复选框，然后单击“确定”按钮重新启动计算机即可。

20．提示信息：kavkrnl.vxd 丢失

通常原因：对磁盘文件误操作，造成 VXD 文件丢失。

解决方法：可以到其他计算机中复制这个文件（注意文件名和 Windows 的版本要一致）放到相应的目录下即可。也可以使用 Windows XP 中 Extract.exe 命令从 Windows XP 的安装文件*.cab 中恢复。我们知道欲恢复的系统文件在安装光盘中所处的位置时，可以使用“EXTRACT/Y Windows XP27.cab kavkrnl.vxd 命令（从 Windows XP 的安装光盘中的名为 Windows XP27.cab 压缩包中恢复 Kavkrnl.vxd 文件）。

不过，如果你不知道该文件所处的准确位置时就要使用“Extract/D Windows XP*.CAB”（这时的*代表 CAB 文件包的数字）对每个 CAB 文件查看 Cdfs.vxde。

21．提示信息：*.dll 无法启动

通常原因：该信息有多种，如“文件 Comtcl32.dll 无法启动，请检查文件判别的问题”、“文件 Condlg32.dll 无法启动，请检查文件判别的问题”、“文件 Shell32.dll 无法启动，请检查文件判别的问题”等。而单击“确定”按钮后，就会出现：“EXPLORER caused an exception 6d007eH inmodule EXPLORER.EXEatxxx: xxxxxxxx”。这是因为以下的文件：Commctrl.dll、Commdlg.dll Shell.dll、ver.dll、Mmsystem.dll 的全部（或其中之一的文件）出现了错误或是被某些程序的文件给替代了。

解决方法：用正确的文件覆盖到\Windows\System 之下。

这些文件可以先到 C:\Windows\Sysbckup 查找，查找到后直接复制到 C:\Windows\System 下即可。如果 C:\Windows\Sysbckup 没有，就需要 Extract 安装盘中的源文件（扩展方法同上）。

22．提示信息：Watning:Windows has detected registry/configuration error.Choose Safe mode to start Windows with a minimal set of drivers。”

通常原因：注册表或重要文件丢失了。

解决方法：首先进入安全模式，系统会显示注册表程序对话框，然后选择“从备份中恢复并重启动”，即便你没有备份过注册表也没有关系，因为每当注册表被修改后，Windows XP 都会自动生成注册表的备份，如果能够成功地恢复注册表，Windows XP 将提示你重新启动计算机，重新启动后系统正常。如果不能恢复注册表，Windows XP 将建议你关闭计算机并重新安装 Windows XP。在这种情况下，如果你备份过注册表则使用你的备份来恢复，否则就重新安装 Windows XP。

23．提示信息：Cannot find a device file that may be needed to run Windows or a Windows application.The Windows Registry or System.ini refers to this……

通常原因：主要是在 System.ini 文件或册注表中涉及到的虚拟设备驱动程序（VXD）不存在或受到了损坏，或者在注册表中的某个静态 VXD 值中包含了不正确的数据。

解决方法：首先按照错误信息中的建议解决，如果只是部分删除了要删除的应用程序，就要全部卸载这个程序，最好的办法是重新安装再运行反安装程序，如果没有反安装程序，则应参考应用程序的参考手册中提供的方法全部卸载。如果在错误信息中提示的文件属于还要保留的应用程序，就要重新安装这个应用程序。如果还不正常，则要编辑注册表，删除在注册表中所有的错误信息。注册表是 Windows XP 的重要文件，若受到损坏，则 Windows XP 将不能工作，但注意：在对其进行任何修改前都应备份。

24．提示信息：Not enough MEmory to convert the drive to FAT32 to free up MEmory,REM all state MEnts in the AUTOEXEC.BAT and the CONFIG.SYS files.

通常原因：一般来说，此信息出现在将硬盘转化到 FAT32 格式时，当所要转换的硬盘上目录的结构太大，没有足够的常规内存来存放时就会触发此错误。

解决方法：建议优化内存，尽量将在 Config.sys 和 Autoexec.bat 文件中的内存驻留程序装入高端，以获得更多的常规内存。

25．提示信息：This program has perforMEd an illegal operation and will be shutdown.If the problem persists,contact the program vendor.

通常原因：上述错误信息，如果按下“Details”按钮，Windows XP 则显示错误信息：“MSINFO32 caused an invalid page fault in module KERNEL32.DLL at015f:bff8XXXX.”，这是由于某个文件调用 MSINFO32 时导致的。在 Windows XP 下运行“系统信息”工具就可能触发这个错误。

解决方法：用 msinfo32.exe 新的文件替代原来有错误的文件，可以用系统文件检查工具从 Windows XP 安装光盘上提取此文件，这个程序会智能地检查系统文件：选择“开始”→“运行”，输入“sfc.exe”后单击“确定”按钮。在系统文件检查窗口中选择“从安装软盘中提取一个文件”，在输入框中输入“msinfo32.exe”，然后单击“开始”按钮，按照提示安装直到提示重新启动机器时重新启动即可。

任务实施　系统启动出错提示故障的检测与维修

一、任务目标

1．在显示器屏幕上准确地找到出错提示信息，并翻译出错提示信息的含义。

2．判断故障产生原因并加以解决。

二、工具清单

十字螺丝刀、镊子、防静电手套、操作系统盘、工具软件盘。

三、工作场景

大学生小张的寝室里，计算机开机后，显示器屏幕上显示了很多英文文字，但小张并不知道哪些文字是系统出现的错误提示信息，也不知道是哪里出现问题。要求好友小赵帮助解决故障。

四、工作过程

步骤一：确认屏幕上出错信息内容。本例中在屏幕上找到出错信息为“Keyboard error or no

keyboard present”。

步骤二：准确识别出错信息含义。本例中的意义为“键盘错误或未安装键盘”。

步骤三：判断故障产生的原因是基于硬件系统还是软件系统。本例中是由硬件键盘引起，与软件无关。

步骤四：对故障点按维修解决方法进行操作，排除故障，使计算机正常工作。本例中解决过程为：首先检查键盘是否连接好，如果没连接好，就重新连接好键盘后按“F1”键后故障排除。如果键盘连接正常则要检测键盘上是否有某个按键被按住，如果有则按起该按键后故障就会排除，如果没有则更换新键盘。更换键盘后如果故障还未排除，则考虑是否是主板键盘口损坏。

步骤五：向小张讲明出错原因及维修方法后，告之小张以后操作计算机时的注意事项，帮助小张提高计算机维护知识。

五、项目验收

1. 出错提示信息识别准确。
2. 正确判断出错提示信息的含义及产生原因。
3. 解决方法实施得当，故障排除。

实训十　系统启动出错提示故障的检测与维修

<table>
<tr><td colspan="7">任务单</td></tr>
<tr><td>学习领域</td><td colspan="6">计算机组装与维修</td></tr>
<tr><td>学习情境 4</td><td colspan="6">计算机故障检测与维修</td></tr>
<tr><td>项目 3</td><td colspan="4">系统启动出错提示故障的检测与维修</td><td>学时</td><td>4</td></tr>
<tr><td colspan="7">布置任务</td></tr>
<tr><td>学习目标</td><td colspan="6">● 掌握系统启动出错提示信息的种类以及信息的含义
● 会根据信息含义判断出故障是由硬件还是软件造成的
● 会对故障点进行重新修复，使计算机能够正常运行</td></tr>
<tr><td>任务描述</td><td colspan="6">大学生小张的寝室里，计算机开机后，显示器屏幕上显示了“HARD DISK INSTALL FAILURE”，但小张并不知道是哪里出现问题。要求维修人员帮助解决故障</td></tr>
<tr><td>学时安排</td><td>资讯
0.5 学时</td><td>计划
0.5 学时</td><td>决策
0.5 学时</td><td>实施
1.5 学时</td><td>检查
0.5 学时</td><td>评价
0.5 学时</td></tr>
<tr><td>提供资料</td><td colspan="6">● 计算机组装与维修教材
● 计算机组装与维修课件
● 192.168.20.8 计算机组装与维修精品课程网站学习资源
● 计算机组装与维修学习音频、视频资源</td></tr>
<tr><td>对学生的要求</td><td colspan="6">● 认真阅读任务描述，掌握所需完成的任务
● 根据资讯引导，通过查找资料、网上搜索、观看录像的方式认真完成资讯
● 每名学生根据工作任务制定计划，由组长组织讨论，做出决策并实施
● 实施结束后进行自我评价、组内互评、教师评价
● 将所完成任务形成规范的文档进行存档</td></tr>
</table>

续表

资讯单			
学习领域	计算机组装与维修		
学习情境 4	计算机故障检测与维修		
项目 3	系统启动出错提示故障的检测与维修	学时	4
资讯问题	1．计算机系统正常启动时的启动过程是什么		
	2．哪些部件损坏会产生自检响铃报警		
	3．哪些部件损坏会产生屏幕提示报警		
	4．系统启动出错屏幕提示信息类型有哪些		
	5．Award BIOS 启动信息有哪些？含义是什么		
	6．操作系统启动报错信息有哪些？含义是什么		
	7．AMI BIOS 启动信息有哪些？含义是什么		
	8．如何根据用户提供的报错信息确定故障点		
	9．维修此类故障应预先准备哪些部件		
资讯引导	● 在《计算机组装与维修》教材以及配套的课件中进行相关资料的查找 ● 在“系统启动出错提示”视频中进行学习		

计划单			
学习领域	计算机组装与维修		
学习情境 4	计算机故障检测与维修		
项目 3	系统启动出错提示故障的检测与维修	学时	4
计划方式	根据资讯单进行设计		
计划项	内容	备注	
使用工具			
替换配件			
维修方法			
维修流程			

续表

<table>
<tr><td>制订计划说明</td><td colspan="6"></td></tr>
<tr><td rowspan="3">计划评价</td><td>班级</td><td></td><td>第　　组</td><td>组长签字</td><td colspan="2"></td></tr>
<tr><td>教师签字</td><td colspan="2"></td><td>日期</td><td colspan="2"></td></tr>
<tr><td colspan="6">评语：</td></tr>
<tr><td colspan="7">实施单</td></tr>
<tr><td>学习领域</td><td colspan="6">计算机组装与维修</td></tr>
<tr><td>学习情境 4</td><td colspan="6">计算机故障检测与维修</td></tr>
<tr><td>项目 3</td><td colspan="4">系统启动出错提示故障的检测与维修</td><td>学时</td><td>4</td></tr>
<tr><td>实施方式</td><td colspan="6">依据决策单，按照步骤进行实施</td></tr>
</table>

序号	实施步骤	使用资源

<table>
<tr><td colspan="5">实施说明：</td></tr>
<tr><td>班级</td><td></td><td>第　　组</td><td>组长签字</td><td></td></tr>
<tr><td>教师签字</td><td colspan="2"></td><td>日期</td><td></td></tr>
</table>

<table>
<tr><td colspan="4">评价单</td></tr>
<tr><td>学习领域</td><td colspan="3">计算机组装与维修</td></tr>
<tr><td>学习情境 4</td><td colspan="3">计算机故障检测与维修</td></tr>
<tr><td>项目 3</td><td>系统启动出错提示故障的检测与维修</td><td>学时</td><td>4</td></tr>
</table>

姓名：	班级：	小组：
地点：	时间：	总分：

续表

序号	评价内容	分值	得分	备注
1	任务认知程度	5		
2	情感态度	5		
3	团队协作	5		
4	工作计划制定	5		
5	实施单	5		
6	正确检测故障点	10		
7	工具运用规范，维修方法正确	5		
8	维修步骤合理	5		
9	排除故障，正常启动	10		
10	清理工作现场	10		
11	设备的使用	5		
12	工作记录	10		
13	作业单	20		
14	总分	100		占总评分 50%
教师评语：				
教师签字			日期	

作业单

学习领域	计算机组装与维修		
学习情境 4	计算机故障检测与维修		
项目 3	系统启动出错提示故障的检测与维修	学时	4
1．计算机启动后，屏幕出现“Floppy disk(s) fail”提示，说明该提示信息的含义，并判断是否为故障提示，倘若是故障提示应如何解决？			
2．计算机启动后，屏幕出现“BIOS ROM checksum error - System halted”提示，说明该提示信息的含义，并判断是否为故障提示，倘若是故障提示应如何解决？			
3．计算机启动后，屏幕出现“HDD Controller Failure”提示，说明该提示信息的含义，并判断是否为故障提示，倘若是故障提示应如何解决？			

任务十一

蓝屏故障的检测与维修

准备知识　蓝屏故障的检测与维修

【主要内容】

- 蓝屏的常规检查方法。
- 特殊蓝屏信息的含义。

【技能要求】

- 会根据蓝屏出错说明文字判断故障发生的原因，并准确排除故障。

在计算机的使用过程中，经常会遇到蓝屏的情况。如果我们按照屏幕提供的解决信息对症下药，要对付蓝屏也不是一件难事。

一、蓝屏产生原因

从理论上讲，纯 32 位的 Windows XP 是不会出现死机现象的，但是这仅仅存在于理论上。病毒或硬件和硬件驱动程序不匹配等原因将会造成 Windows XP 的崩溃，当 Windows XP 出现死机时，显示器屏幕将变为蓝色，然后出现 Stop 故障提示信息。

在 Windows XP 中，蓝屏信息通常分为停止消息和硬件消息。其中，停止消息是指当 Windows XP 的内核发现一个它不能够恢复的软件错误时产生的错误消息；硬件消息是指当 Windows XP 发现一个严重的硬件冲突时产生的错误消息。

通常，出现的蓝屏信息可以分成独立的几部分，每部分包含有有价值的错误处理信息。这几部分具体如下。

（1）BUG 检查部分：这是蓝屏信息中包含实际出错消息的位置。在这部分中，用户应注意的是出错代码（即是“Stop”后面的十六进制数字）和错误符号（就是紧跟在出错代码后的单词）。

（2）推荐用户采取行动部分：这部分经常包含一些指导用户如何纠正错误步骤的消息。

（3）调试端口信息部分：这部分包含有用户应如何设置内核调试器的信息。内核调试器是可以通过手工连接到计算机并对进程进行调试的工具。

二、排除蓝屏死机故障方法

1. 常规解决方法

（1）重新启动计算机。

（2）确保所有新的硬件或软件均已安装正确。每次拔下一个新的硬件设备，看一下是否能消除错误。如果能消除，则转到（3）。更换任何经本测试证实有问题的硬件。另外，也可以尝试运行计算机制造商所提供的硬件诊断软件。如果是新安装的硬件或软件，可联系制造商以获取可能需要的 Windows XP 更新版或驱动程序。

（3）依次选择"开始"→"帮助和支持"→"获取支持"，或在 Windows XP 新闻组中查找信息（位于"请求帮助"下），然后点击左侧一栏中的"从 Microsoft 获得帮助"。

（4）依次选择"开始"→"帮助和支持"，然后选择 Fixing a problem（纠正问题）（位于"选择一个帮助主题"下），从而得到疑难解答程序的列表。

（5）检查 Microsoft 硬件兼容列表（HCL），确认是否所有硬件和驱动程序都与 Windows XP 兼容。若要查看最新版本的 HCL，可访问 Microsoft Web 站点（http://www.microsoft.com /hcl/）。

（6）禁用或删除任何新安装的硬件（如内存、适配器、硬盘、调制解调器等）、驱动程序或软件。

如果可以启动 Windows XP，则检查"事件查看器"中的"系统日志"，查找可能有助于识别导致问题的设备或驱动程序的其他错误消息。启动"事件查看器"的方法是：依次选择"开始"→"设置"→"控制面板"→"性能和维护"→"管理工具"，双击事件查看器将其打开，然后双击系统日志进行查看。

如果无法启动 Windows XP，则可尝试以安全模式启动计算机，然后删除或禁用任何新添加的程序或驱动程序。若要以安全模式启动计算机，则需重新启动计算机，并在看到可用操作系统列表时按下"F8"键，然后在"高级选项"屏幕上选择"安全模式"选项启动。

（7）如果可以接入 Internet，则访问 Microsoft 支持站点（http://www.microsoft.com/ support/）。搜索 Microsoft 知识库，查找"Windows XP Professional"及与接收到的 Stop 错误有关的数字。例如，如果显示消息"Stop:0x0000000A"，则搜索 0x0000000A。

（8）利用最新版本的反病毒软件检查计算机上的病毒。如果发现病毒，则执行必要的步骤将其从计算机上删除。有关步骤可参阅反病毒软件的说明。

（9）核查硬件设备驱动程序和系统 BIOS 是否为最新的版本。硬件制造商可以帮助你确定最新的版本或获取这些最新版本，禁用 BIOS 内存选项。

（10）运行计算机制造商所提供的某些系统诊断软件，尤其是进行内存检查。

（11）核查计算机是否安装有最新的 Service Pack。有关 Service Pack 的列表及其下载说明可访问 Windows Update Web 站点：

http://windowsupdate.microsoft.com。

（12）如果无法登录，则需重新启动计算机。即当显示可用的操作系统列表后按下"F8"键，

然后在“高级选项”屏幕上选择“最近一次的正确配置”选项启动计算机。

当使用最近一次的正确配置时，将丢失上一次成功启动以来所做的系统设置更改。

2. 特殊蓝屏消息的解决方法

（1）Stop 消息：0x0000000A 故障（设备已经安装）。

说明文字：IRQLNOTLESSOREQUAL

通常原因：驱动程序使用了不正常的内存地址。

解决方法：如果 Windows XP 还可以启动，则检查“事件查看器”中显示的相关信息，确定引起问题的设备或驱动程序；关掉或禁用一些新安装的驱动程序，并删除新安装的附加程序；拆下一些新安装的硬件；确保已经更新了硬件设备的驱动程序以及系统有最新的 BIOS，在 BIOS 中禁用内存缓存功能，例如 Cache 或 Shadow；运行由计算机制造商提供的系统诊断工具，尤其是内存检查；检查 Microsoft 兼容硬件列表（HCL），确保所有的硬件和驱动程序都与 Windows XP 兼容；重新启动计算机，选择“最后一次正确的配置”选项启动计算机。

（2）Stop 消息：0x0000000A 故障（刚加入新设备时）。

说明文字：IRQLNOTLESSOREQUAL

通常原因：驱动程序使用了不正常的内存地址。

解决方法：在安装过程中，当屏幕上提示“安装程序正在检查计算机硬件配置”时按下“F5”键，根据提示选择合适的计算机类型。例如，当计算机是单处理器时，选择“标准 PC”；在 BIOS 中禁用内存缓存功能，拆下所有适配卡，并断开所有不是启动计算机所必需的硬件设备，再重新安装 Windows XP；如果系统配有 SCSI 适配卡，则向适配卡销售商索取最新的 Windows XP 驱动程序，禁用同步协商功能，检查终结头和设备的 SCSI ID 号；如果系统配有 IDE 设备，则设 IDE 端口为 Primary。检查 IDE 设备的 Master/Slave/Only 设置。除了硬盘，拆下其他所有的 IDE 设备；运行由计算机制造商提供的系统诊断工具，尤其是内存检查；检查 Microsoft 兼容硬件列表（HCL），确保所有的硬件和驱动程序都与 Windows XP 兼容；选择“最后一次正确的配置”选项启动计算机。

（3）Stop 消息：0x0000001E 故障。

说明文字：KMODEEXPTIONNOTHANDLED

通常原因：磁盘故障。

解决方法：检查是否有充分的磁盘空间，尤其是安装操作系统时；禁用 Stop 消息中显示的驱动程序和所有新安装的驱动程序；如果所使用的视频驱动程序不是 Microsoft 提供的，则尝试切换到标准 VGA 驱动程序或者由 Windows XP 支持的合适的驱动程序；确保系统有最新的 BIOS；选择“最后一次正确的配置”选项启动计算机。

（4）Stop 消息：0x00000023 和 0x00000024 故障。

说明文字：FATFILESYSTEM 或 NTFSFILESYSTEM

通常原因：严重的驱动器碎片、超载的文件 I/O、第三方的驱动器镜像软件或者一些防病毒软件出错。

解决方法：禁用一些防病毒软件或备份程序，禁用所有碎片整理应用程序；运行 Chkdsk/f 检

修硬盘驱动器，然后重新启动计算机；选择“最后一次正确的配置”选项启动计算机。

（5）Stop 消息：0x0000002E 故障。

说明文字：DATABUSERROR

通常原因：系统内存中的奇偶校验错误。

解决方法：运行由计算机制造商提供的系统诊断工具，尤其是内存检查；在 BIOS 中禁用内存缓存功能；尝试用“安全模式”启动。如果“安全模式”可启动计算机，则尝试更改为标准 VGA 驱动程序。如果这不能解决问题，则可能需要用另外的视频适配卡（“兼容硬件列表”中列出了兼容的视频适配卡）；确保已经更新了硬件设备的驱动程序以及系统有最新的 BIOS；拆下一些新安装的硬件；选择“最后一次正确的配置”选项启动计算机。

（6）Stop 消息：0x0000003F 故障。

说明文字：NOMORSYSTEMPTES

通常原因：驱动程序没有被完全清除。

解决方法：删除一些新安装的软件，包括备份工具或磁盘工具，例如碎片整理和防病毒软件。

（7）Stop 消息：0x00000058 故障。

说明文字：FTDISKINTERNERROR

通常原因：在容错集的主驱动器中发生错误。

解决方法：用 Windows XP 引导软盘，从镜像（第二个）系统驱动器启动计算机；选择“最后一次正确的配置”选项启动计算机。

（8）Stop 消息：0x0000007B 故障。

说明文字：INACCESSIBLEBOOTDEVICE

通常原因：在 I/O 系统的初始化过程中出现问题（通常是引导驱动器或文件系统）。

解决方法：检查计算机上是否有病毒。这个 Stop 消息通常在引导扇区有病毒时出现；使用“修复控制台”来修复驱动器；拆下新安装的硬盘驱动器或控制卡；如果系统配有 SCSI 适配卡，则向适配卡销售商索取最新的 Windows XP 驱动程序，禁用同步协商功能，检查终结头和设备的 SCSI ID 号；如果系统配有 IDE 设备，则设 IDE 端口为 Primary。检查 IDE 设备的 Master/Slave/Only 设置。除了硬盘，拆下其他所有的 IDE 设备；运行 CHKDSK。如果 Windows XP 不能启动 CHKDSK，则必须把硬盘拆下并连接到另一个 Windows XP 系统上，然后用 CHKDSK 命令检查该硬盘；选择“最后一次正确的配置”选项启动计算机。

（9）Stop 消息：0x0000007F 故障。

说明文字：UNEXPECTEDKERNELMODETRAP

通常原因：硬件或软件问题，硬件失效。

解决方法：运行由计算机制造商提供的系统诊断工具，尤其是内存检查。这个 Stop 消息经常出现在错误或误配内存的情况下；在 BIOS 中禁用内存缓存功能；尝试拆下或替换硬件和其他外围设备；检查 Microsoft 兼容硬件列表（HCL），确保所有的硬件和驱动程序都与 Windows XP 兼容。这个问题可能是由于不兼容的主板引起的；选择“最后一次正确的配置”选项启动计算机。

（10）Stop 消息：0x00000050 故障。

说明文字：PAGEFAULTINNONPAGEDAREA

通常原因：内存错误（数据不能使用分页文件）。

解决方法：卸掉所有的新近安装的硬件；运行由计算机制造商提供的所有系统诊断软件，尤其是内存检查；检查是否正确安装了所有新硬件或软件，如果这是一次全新安装，则需与硬件或软件制造商联系，获得可能需要的任何 Windows 更新或驱动程序；禁用或卸载所有的反病毒程序；禁用 BIOS 内存选项。

（11）Stop 消息：0x0000077 故障。

说明文字：KERNELSTELSTACKINPAGEERROR

通常原因：无法从分页文件中将内核数据所需的页面读取到内存中。

解决方法：使用反病毒软件的最新版本检查计算机上是否有病毒。如果找到病毒，则执行必要的步骤将其从计算机上清除，可参阅制造商提供的所有系统诊断软件，尤其是内存检查；禁用 BIOS 内存选项。

（12）Stop 消息：0x00000079 故障 说明文字：MISMATCHEDHAL。

通常原因：硬件抽象层与内核或机器类型不匹配（通常发生在单处理器和多处理器配置文件混合在同一系统的情况下）。

解决方法：要解决本错误，可使用命令控制台替换计算机上错误的系统文件。

单处理器系统的内核文件是 Ntoskml.exe，而多处理器系统的内核文件是 Ntkrnlmp.exe，但是，这些文件要与安装媒体上的文件相对应；在安装完 Windows XP 后，不论使用的是哪个原文件，都会被重命名为 Ntoskrnl.exe 文件。HAL 文件在安装之后也使用名称 Hal.dll，但是在安装媒体上却有若干个可能的 HAL 文件。

（13）Stop 消息：0x0000007A 故障 说明文字：KERNELDATAINPAGEERROR。

通常原因：无法从分页文件中将内核数据所需的页面读取到内存中（通常是由于分页文件上的故障、病毒、磁盘控制器错误或由故障的内存引起的）。

解决方法：使用反病毒软件的最新版本检查计算机上是否存在病毒。如果找到病毒，则执行必要的步骤将其从计算机上清除，可参阅反病毒软件文档了解如何执行这些步骤；如果计算机已使用 NTFS 文件系统格式化，则可重新启动计算机，然后在该系统分区上运行 Chkdsk/f/r 命令。如果由于错误而无法启动命令，那么可使用命令控制台，并运行 Chkdsk/r 命令；运行由计算机制造商提供的所有的系统检测软件，尤其是内存检查。

（14）Stop 消息：0xC000021A 故障 说明文字。

STATUS SYSTEM PROCESS TERMINATED

通常原因：用户模式子系统，例如 Winlogon 或客户服务器运行时子系统（CSRSS）已被损坏，所以无法再保证其安全性。

解决方法：卸掉所有新近安装的硬件；如果无法登录，则重新启动计算机。当出现可用的操作系统列表时按下“F8”键，选择“最后一次正确的配置”选项启动计算机；运行故障恢复台，并允许系统修复任何检测到的错误。

（15）Stop 消息：0xC0000221 故障 说明文字：STATUS IMAGE CHECK ISU7MMIS MATCH。

通常原因：驱动程序或系统 DLL 已经被损坏。

解决方法：运行故障复控台，并且允许系统修复任何检测到的错误；如果在内存添加到计算机之后立即发生错误，那么可能是分页文件损坏或者新内存有故障或不兼容。删除 pagefile.sys 并将系统返回到原来的内存配置。

任务实施　蓝屏故障的检测与维修

一、任务目标

1．确认蓝屏故障消息的含义。

2．对软、硬件进行调试维护，解决蓝屏现象。

二、工具清单

十字螺丝刀、镊子、防静电手套、内存条、操作系统盘、工具软件盘。

三、工作场景

用户孙先生的计算机开机一小时内频繁出现蓝屏死机现象，影响正常使用，近期安装过几个软件，没有对硬件进行增删的历史。要求维修站对软、硬件进行分析，找出蓝屏的原因，并加以排除。

四、工作过程

步骤一：长时间开机，记录数次蓝屏 STOP 信息。

步骤二：准确识别出错信息含义。

步骤三：判断故障产生的原因是基于硬件系统还是软件系统的。

步骤四：对故障点按维修解决方法进行操作，排除故障，如需换件必须先征得用户同意。

步骤五：对孙先生的计算机进行长时间烤机，运行几个大型软件，看蓝屏幕现象是否再次出现，若不再出现则说明蓝屏故障解决，若出现则重复步骤二～步骤五。直至故障彻底解决为止。

步骤六：向孙先生讲明出错原因及以后操作计算机注意事项，帮助孙先生提高计算机维护知识。

五、项目验收

1．常规解决方法使用熟练。

2．蓝屏 STOP 信息含义准确。

3．解决方法实施得当，故障排除。

实训十一　蓝屏故障的检测与维修

<table>
<tr><td colspan="4">任务单</td></tr>
<tr><td>学习领域</td><td colspan="3">计算机组装与维修</td></tr>
<tr><td>学习情境 4</td><td colspan="3">计算机故障检测与维修</td></tr>
<tr><td>项目 4</td><td>蓝屏故障的检测与维修</td><td>学时</td><td>2</td></tr>
<tr><td colspan="4">布置任务</td></tr>
<tr><td>学习目标</td><td colspan="3">● 掌握蓝屏（STOP 错误）的产生原因及解决方法
● 会根据实际蓝屏信息判断出故障产生的部位
● 会对故障点进行重新修复，使计算机能够正常运行，避免经常性发生蓝屏</td></tr>
</table>

续表

任务描述	用户孙先生的计算机在最近安装了一块网卡，频繁出现蓝屏，严重影响到正常工作。因此，孙先生将计算机送至维修站，要求维修站对计算机的软、硬件进行分析，找出蓝屏的原因，并加以排除					
学时安排	资讯 0.5 学时	计划 0.25 学时	决策 0.25 学时	实施 0.5 学时	检查 0.25 学时	评价 0.25 学时
提供资料	● 计算机组装与维修教材 ● 计算机组装与维修课件 ● 192.168.20.8 计算机组装与维修精品课程网站学习资源 ● 计算机组装与维修学习音频、视频资源					
对学生的要求	● 认真阅读任务描述，掌握所需完成的任务 ● 根据资讯引导，通过查找资料、网上搜索、观看录像的方式认真完成资讯 ● 每名学生根据工作任务制定计划，由组长组织讨论，做出决策并实施； ● 实施结束后进行自我评价、组内互评、教师评价 ● 将所完成任务形成规范的文档进行存档					

资讯单

学习领域	计算机组装与维修		
学习情境 4	计算机故障检测与维修		
项目 4	蓝屏故障的检测与维修	学时	2
资讯问题	1．产生蓝屏故障的原因是什么 2．蓝屏的常规检查方法 3．有哪些特殊的蓝屏信息？含义是什么 4．如何根据蓝屏信息，确定故障点？ 5．如何排除蓝屏故障 6．维修此类故障应预先准备哪些部件		
资讯引导	● 在《计算机组装与维修》教材以及配套的课件中进行相关资料的查找 ● 在“蓝屏提示”视频中进行学习		

计划单

学习领域	计算机组装与维修
学习情境 4	计算机故障检测与维修

续表

<table>
<tr><td>项目 4</td><td>蓝屏故障的检测与维修</td><td>学时</td><td colspan="3">2</td></tr>
<tr><td>计划方式</td><td colspan="5">根据资讯单进行设计</td></tr>
<tr><td>计划项</td><td colspan="2">内容</td><td colspan="3">备注</td></tr>
<tr><td>使用工具</td><td colspan="2"></td><td colspan="3"></td></tr>
<tr><td>替换配件</td><td colspan="2"></td><td colspan="3"></td></tr>
<tr><td>维修方法</td><td colspan="2"></td><td colspan="3"></td></tr>
<tr><td>维修流程</td><td colspan="2"></td><td colspan="3"></td></tr>
<tr><td>制订计划说明</td><td colspan="5"></td></tr>
<tr><td rowspan="3">计划评价</td><td>班级</td><td></td><td>第　　组</td><td>组长签字</td><td></td></tr>
<tr><td>教师签字</td><td colspan="2"></td><td>日期</td><td></td></tr>
<tr><td colspan="5">评语：</td></tr>
</table>

<table>
<tr><td colspan="4">实施单</td></tr>
<tr><td>学习领域</td><td colspan="3">计算机组装与维修</td></tr>
<tr><td>学习情境 4</td><td colspan="3">计算机故障检测与维修</td></tr>
<tr><td>项目 4</td><td>蓝屏故障的检测与维修</td><td>学时</td><td>2</td></tr>
<tr><td>实施方式</td><td colspan="3">依据决策单，按照步骤进行实施</td></tr>
</table>

序号	实施步骤	使用资源

实施说明：

续表

<table>
<tr><td colspan="2">班级</td><td colspan="2"></td><td>第　　组</td><td>组长签字</td><td></td></tr>
<tr><td colspan="2">教师签字</td><td colspan="3"></td><td>日期</td><td></td></tr>
<tr><td colspan="7">评价单</td></tr>
<tr><td colspan="2">学习领域</td><td colspan="5">计算机组装与维修</td></tr>
<tr><td colspan="2">学习情境 4</td><td colspan="5">计算机故障检测与维修</td></tr>
<tr><td colspan="2">项目 4</td><td colspan="3">蓝屏故障的检测与维修</td><td>学时</td><td>2</td></tr>
<tr><td colspan="2">姓名：</td><td colspan="3">班级：</td><td colspan="2">小组：</td></tr>
<tr><td colspan="2">地点：</td><td colspan="3">时间：</td><td colspan="2">总分：</td></tr>
<tr><td>序号</td><td colspan="2">评价内容</td><td>分值</td><td>得分</td><td colspan="2">备注</td></tr>
<tr><td>1</td><td colspan="2">任务认知程度</td><td>5</td><td></td><td colspan="2"></td></tr>
<tr><td>2</td><td colspan="2">情感态度</td><td>5</td><td></td><td colspan="2"></td></tr>
<tr><td>3</td><td colspan="2">团队协作</td><td>5</td><td></td><td colspan="2"></td></tr>
<tr><td>4</td><td colspan="2">工作计划制定</td><td>5</td><td></td><td colspan="2"></td></tr>
<tr><td>5</td><td colspan="2">实施单</td><td>5</td><td></td><td colspan="2"></td></tr>
<tr><td>6</td><td colspan="2">正确检测故障点</td><td>10</td><td></td><td colspan="2"></td></tr>
<tr><td>7</td><td colspan="2">工具运用规范，维修方法正确</td><td>5</td><td></td><td colspan="2"></td></tr>
<tr><td>8</td><td colspan="2">维修步骤合理</td><td>5</td><td></td><td colspan="2"></td></tr>
<tr><td>9</td><td colspan="2">排除故障，正常启动</td><td>10</td><td></td><td colspan="2"></td></tr>
<tr><td>10</td><td colspan="2">清理工作现场</td><td>10</td><td></td><td colspan="2"></td></tr>
<tr><td>11</td><td colspan="2">设备的使用</td><td>5</td><td></td><td colspan="2"></td></tr>
<tr><td>12</td><td colspan="2">工作记录</td><td>10</td><td></td><td colspan="2"></td></tr>
<tr><td>13</td><td colspan="2">作业单</td><td>20</td><td></td><td colspan="2"></td></tr>
<tr><td>14</td><td colspan="2">总分</td><td>100</td><td></td><td colspan="2">占总评分 50%</td></tr>
<tr><td colspan="7">教师评语：</td></tr>
<tr><td colspan="2">教师签字</td><td colspan="3"></td><td>日期</td><td></td></tr>
<tr><td colspan="7">作业单</td></tr>
<tr><td colspan="2">学习领域</td><td colspan="5">计算机组装与维修</td></tr>
<tr><td colspan="2">学习情境 4</td><td colspan="5">计算机故障检测与维修</td></tr>
<tr><td colspan="2">项目 4</td><td colspan="3">蓝屏故障的检测与维修</td><td>学时</td><td>2</td></tr>
<tr><td colspan="7">1. 试述产生蓝屏故障的原因是什么？</td></tr>
</table>

任务十二

数据丢失故障的检测与维修

准备知识　数据丢失故障的检测与维修

【主要内容】

- 硬盘分区及分区表的作用。
- 硬盘数据丢失的几种类型。
- “易我数据恢复”软件的使用方法。

【技能要求】

- 会根据数据丢失的具体情况，采用不同的工具软件恢复数据或分区。

伴随着科技的发展，320GB、500GB 的硬盘在普通用户中都已经屡见不鲜了。但是，在长时间的硬盘使用过程中，我们也在承受着硬盘随时出错的风险，轻则硬盘的数据丢失，重则整个硬盘报废，造成不可预料的严重后果。采用什么办法才能解决常见的硬盘数据丢失故障，成为用户十分关注的问题。

一、硬盘的分区

对于用户手中的硬盘来说，首先要做的事情就是分区了。硬盘分区是否合理直接影响到以后工作的便利性和数据的安全性。我们最常见到的分区表错误也是硬盘的最严重错误，不同错误的程度会造成不同的损失。

如果是没有活动分区标志，则计算机无法启动，但从软驱或光驱引导系统后可对硬盘进行读写，可通过 Fdisk 重置活动分区可进行修复。如果是某一分区类型错误，则会造成某一分区的丢失。

在一般情况下，当完成硬盘分区之后会形成 3 种形式的分区状态，即主分区、扩展分区和非 DOS 分区。

在硬盘中非 DOS 分区（Non-DOSPartition）是一种特殊的分区形式，它是将硬盘中的一块区域单独划分出来供另一个操作系统使用，对主分区的操作系统来讲，是一块被划分出去的存储空间。只有非 DOS 分区内的操作系统才能管理和使用这块存储区域，非 DOS 分区之外的系统一般不能对该分区内的数据进行访问。

主分区则是一个比较单纯的分区，通常位于硬盘的最前面一块区域中，构成逻辑 C 磁盘。其中的主引导程序是它的一部分，此段程序主要用于检测硬盘分区的正确性，并确定活动分区，负责把引导权移交给活动分区的 DOS 或其他操作系统。此段程序损坏将无法从硬盘引导，但从软驱或光驱引导系统之后可对硬盘进行读写。

而扩展分区的概念是比较复杂的，极容易造成硬盘分区与逻辑磁盘混淆；分区表的第四个字节为分区类型值，正常的可引导的大于 32MB 的基本 DOS 分区值为 06，扩展的 DOS 分区值是 05。如果把基本 DOS 分区类型改为 05，则无法启动系统，并且不能读写其中的数据。

如果把 06 改为 DOS 不识别的类型如 efh，则 DOS 认为该分区不是 DOS 分区，当然无法读写。很多人利用此类型值实现单个分区的加密技术，恢复原来的正确类型值即可使该分区恢复正常。

另外，分区表中还有其他数据用于记录分区的起始或终止地址。这些数据的损坏将造成该分区的混乱或丢失，一般无法进行手工恢复，唯一的方法是用备份的分区表数据重新写回，或者从其他的相同类型的并且分区状况相同的硬盘上获取分区表数据，否则将导致其他的数据永久的丢失。

由于计算机操作系统仅仅为分区表保留了 64 个字节的存储空间，而每个分区的参数占据 16 个字节，所以操作系统只允许存储 4 个分区的数据，实际使用中 4 个逻辑磁盘往往不能满足需求。我们常说的硬盘扩展分区，它只是一个指向下一个分区的指针，这种指针结构将形成一个单向链表，所以一旦单向链表发生问题，将会导致逻辑磁盘的丢失。

二、硬盘的数据恢复

1. 误格式化硬盘数据的恢复

在 DOS 高版本状态下，格式化操作 Format 在默认状态下都建立了用于恢复格式化的磁盘信息，实际上是把磁盘的 DOS 引导扇区、FAT 分区表及目录表的所有内容复制到了磁盘的最后几个扇区中（因为后面的扇区很少使用），而数据区中的内容根本没有改变。

我们可以使用多种恢复软件来进行数据恢复，例如使用 Easyrecovery6.0 和 Finaldata2.0 等恢复软件均可以方便地进行数据恢复工作。另外，DOS 还提供了一个 miror 命令用于记录当前的磁盘的信息，供格式化或删除之后的恢复使用，此方法也比较有效。

2. 零磁道损坏时的数据恢复

硬盘的主引导记录区（MBR）在零磁道上。MBR 位于硬盘的 0 磁道 0 柱面 1 扇区，其中存放着硬盘主引导程序和硬盘分区表。在总共 512 字节的硬盘主引导记录扇区中，446 字节属于硬盘主引导程序，64 字节属于硬盘分区表（DPT），两个字节（55AA）属于分区结束标志。

零磁道一旦受损，将使硬盘的主引导程序和分区表信息将遭到严重破坏，从而导致硬盘无法引导。0 磁道损坏判断：系统自检能通过，但启动时，分区丢失或者 C 盘目录丢失，硬盘出现有规律的“咯吱……咯吱”的寻道声，运行 SCANDISK 扫描 C 盘，在第一簇出现一个红色的“B”，

或者 Fdisk 找不到硬盘、DM 死在 0 磁道上，此种情况即为零磁道损坏。

零磁道损坏属于硬盘坏道之一，只不过它的位置相当重要，因而一旦遭到破坏，就会产生严重的后果。通常 0 磁道损坏的硬盘可以通过 PCTOOLS 的 DE 磁盘编辑器（或者 DiskMan）来使 0 磁道偏转一个扇区，使用 1 磁道来作为 0 磁道来进行使用，而数据可以通过 Easyrecovery 来按照簇进行恢复，但数据无法保证得到完全恢复。

3. 分区表损坏时的数据修复

硬盘主引导记录（MBR）所在的扇区也是病毒重点攻击的地方，通过破坏主引导扇区中的 DPT（分区表），就可以轻易地损毁硬盘分区信息，达到对资料的破坏目的。分区表的损坏是分区数据被破坏而使记录被破坏的，所以，我们可以使用软件来进行修复。

在硬盘分区之后，要备份一份分区表至软盘、光盘或移动存储活动盘上。

在恢复分区上，诺顿磁盘医生 NDD 是绝对强劲的工具，使用它可以自动修复分区丢失等情况，可以抢救软盘坏区中的数据，同时还可以强制读出后搬移到其他空白扇区。在硬盘崩溃或异常的情况下，它可以带给用户一线希望。在出现问题后，用启动盘启动，运行 NDD，选择 Diagnose 进行诊断。NDD 会对硬盘进行全面扫描，如果有错误，它会向你提示，然后只要根据软件的提示选择修复项目即可。

另外，大家非常熟悉的中文磁盘工具 DiskMan 在重建分区表方面具有非常实用的功能，其用于修复分区表的损坏是最合适不过了。

但是，重建分区表功能也不能保证做到百分之百修复硬盘分区表，所以对用户来说，最重要的还是保护好自己的硬盘，尽量避免硬件损伤以及病毒的侵扰，一定要做好分区表的备份工作。如果没有做备份，则需下载一个 DiskMan 软件，然后在工具选项中选备份分区表，一般默认是备份到软驱上。然后用户应把这个备份文件刻录到光盘中或是复制到 U 盘中，千万不要放到硬盘中，否则就与没有备份的效果一样了

4. 误删除之后的数据恢复

在计算机使用过程中我们最常见的数据恢复就是误删除之后的数据恢复了，但是这时一定要记住，千万不要再向该分区或磁盘写入信息，因为刚被删除的文件被恢复的可能性最大。

实际上当用 Fdisk 删除了硬盘分区之后，表面现象是硬盘中的数据已经完全消失，在未格式化时进入硬盘会显示无效驱动器。具体来说就是删除了硬盘分区表信息，而硬盘中的任何分区的数据均没有改变。

由于删除与格式化操作对于文件的数据部分实质上丝毫未动，这样，就给文件恢复提供了可能性。此时用户只要利用一些反删除软件（它的工作原理是通过对照分区表来恢复文件的）就可以轻松地实现文件恢复的目的。

误格式化与误删除的恢复方法在使用上基本上没有大的区别，只要没有用 Fdisk 命令打乱分区的硬盘（利用 Fdisk 命令对于 40GB 以内的硬盘进行分区，还是很方便实用的，所有启动盘上都有，主板支持也没有任何问题），要恢复的文件所占用的簇不被其他文件占用，这样，格式化前的大部分数据仍是可以被恢复的。

如果你的 Windows 系统还可以正常使用，那么最简单的恢复方法就是使用 Windows 版的 EasyRecovery 软件，它恢复硬盘数据的功能十分强大，不仅能恢复被从回收站清除的文件，而且

还能恢复被格式化的 FAT16、FAT32 或 NTFS 分区中的文件。

三、易我数据恢复向导的使用

计算机用久了难免会出现数据丢失的问题，例如误删重要文件、误格式化分区、误删除分区、病毒破坏等。当然市场上有许多专业的数据恢复公司，不过其数据恢复的价格不是一般用户可以承受的，而且出于保密的原因，很多用户也不愿意把自己的硬盘交付给外面公司进行恢复，所以很多时候就需要自己动手恢复了。国外的软件不外乎 Easy Recovery、Final data 等，但是这次我向大家介绍一款使用简单且功能强大的国产数据恢复软件："易我数据恢复向导"。

此款软件是首款国内自主研发的数据恢复软件。软件非常小，约几分钟就可下载安装完成。首先打开"易我数据恢复向导"的主程序将会出现如图 12.1 所示的主界面。程序界面的组成非常简洁，主窗口就提示用户选择恢复模式：删除恢复、格式化恢复和高级恢复。

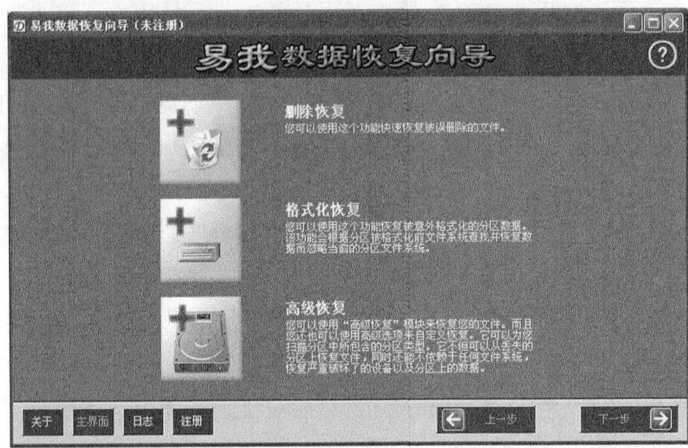

图 12.1　程序主界面

1. 删除恢复

选择"删除恢复"，软件即自动进入逻辑驱动器列表，这时用户可以选择想要恢复删除文件的那个分区，如图 12.2 所示。

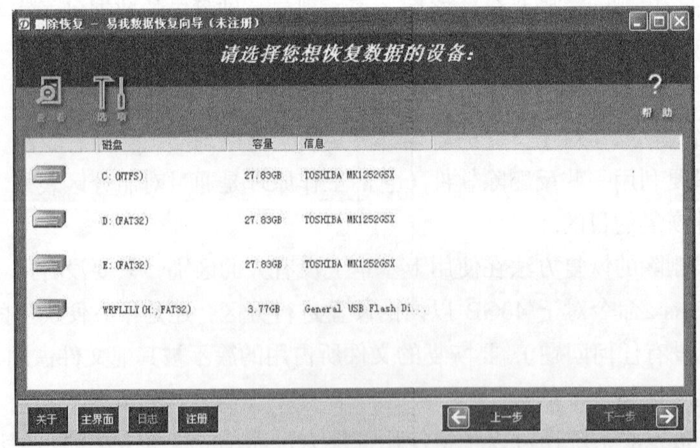

图 12.2　"删除恢复"界面

在选择好驱动器后单击“下一步”按钮，软件即会马上开始扫描驱动器上已经存在的文件与目录以及删除的文件和目录。删除恢复扫描速度非常快，如图 12.3 所示，扫描一个 50GB 的分区只用了 30 多秒。扫描完成后，“易我数据恢复向导”会列出分区可见的文件和目录以及最近删除或丢失的文件和目录，如图 12.4 所示。其实，当文件被删除时，实际上只有文件或目录名称的第一个字符会被删掉，该软件就是通过扫描子目录入口或数据区来查找被删除的文件。使用该软件的结果是：刚刚删除的几个文件和几天前删除的一些文件都被搜索出来。

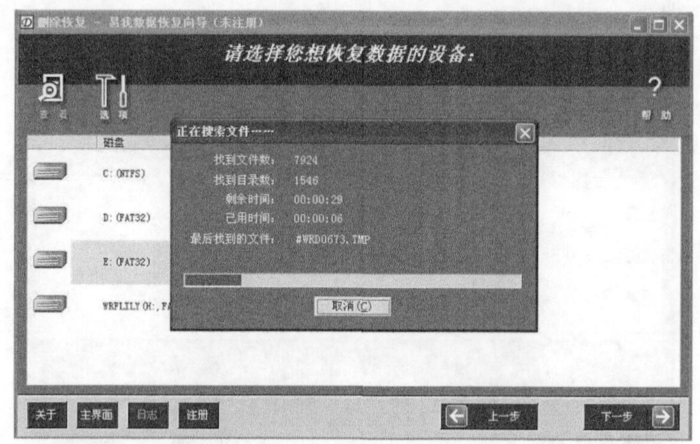

图 12.3　扫描文件

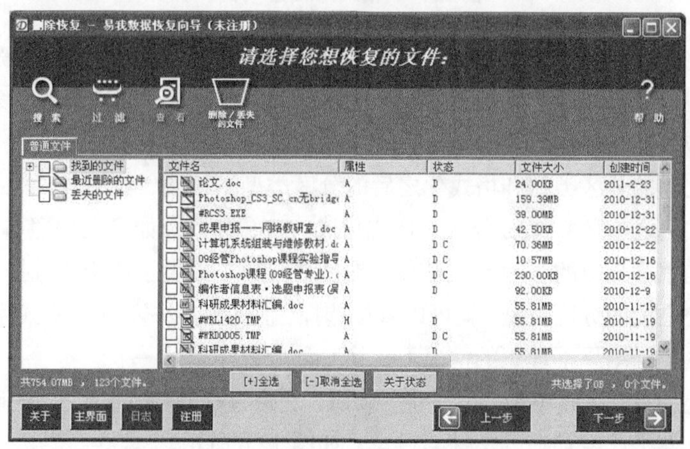

图 12.4　扫描到的文件

此时可以选择想要恢复的目录树或文件，然后单击“下一步”按钮就可以保存恢复的文件了。

文件目录树说明：

（1）找到的文件：该分区上正常可以访问的文件，可以完整地进行恢复。

（2）最近删除的文件：顾名思义，就是最近删除的文件和目录。大多数情况下可以完整地进行恢复。

（3）丢失的文件：可能是很久以前删除的文件或其他原因造成的丢失的文件。这些文件已经被部分覆盖或破坏。这些文件即使恢复出来不一定全部都能打开使用。

2. 格式化恢复

顾名思义，格式化恢复就是恢复格式化分区后的文件。有时曾经因为误格式化一个分区，使得几年收集的资料的丢失，造成巨大的损失。此时若使用“易我数据恢复向导”的格式化恢复功能，就可以恢复这些丢失的资料，方法如下。

选择“格式化恢复”，软件就自动进入逻辑驱动器列表，这时用户即可以选择想要恢复的格式化分区，如图 12.5 所示。

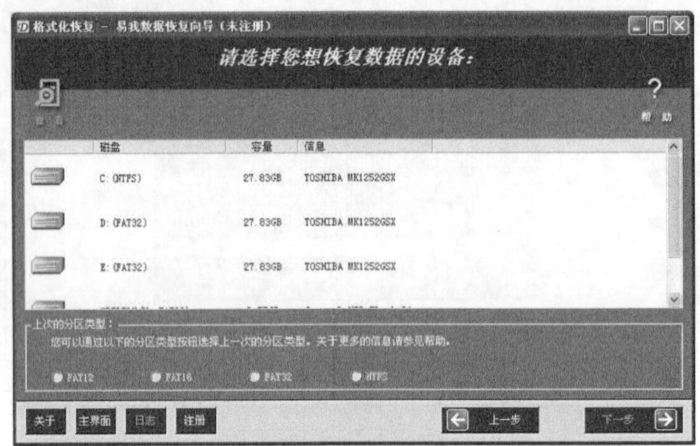

图 12.5 “格式化恢复”界面

格式化恢复比删除恢复要复杂一些，因为在 Windows 下硬盘分区格式一般有 FAT16、FAT32 和 NTFS 几种类型。Windows 9X 只支持 FAT16、FAT32 分区类型，而 Windows 2000、Windows XP 和 Windows 2003 对这 3 种分区类型都支持。

如果格式化之前的分区类型和格式化之后的分区类型不相同，则对软件的搜索结果有很大的影响。例如，格式化之前是 FAT32 分区，格式化成 NTFS 分区，如果在按照 NTFS 分区类型查找文件，搜索结果是很不理想的。因此“易我数据恢复向导”提供了让用户选择分区类型。当然如果用户知道格式化之前的分区类型，就可以直接选择，但如果用户不知道格式化之前的分区类型，就可以在一种分区扫描结果不理想的情况下，换一种分区类型试一下。

选择完分区类型后，直接单击“下一步”按钮，“易我数据恢复向导”会先确定“簇”的大小，然后开始扫描驱动器上已经存在的文件与目录，如图 12.6 所示。

由于格式化对硬盘破坏相对比较严重，所以一般数据恢复软件都无法恢复根目录名和根目录下的文件，“易我数据恢复向导”也不例外，不过对于子目录和子目录下的文件，该软件恢复的目录结构和文件质量还是值得赞赏的，如图 12.7 所示，基本上恢复成功率是 95%以上。同样，选择目录和文件后单击“下一步”按钮即可恢复数据。

3. 高级恢复

“易我数据恢复向导”高级恢复提供了更多方式的数据恢复。因为数据丢失不仅仅因为误删除或格式化，还有可能是误删除分区、误用 Ghost 克隆分区以及误用 PQ 合并分区出错等。说起 Ghost 和 PQ（Partition Magic），对于很多使用计算机的人来说是“又爱又恨”，因为这两款软件都简单易用，功能强大，应该说是装机必备的两款软件，但同时这两款软件也是最危险的软件，稍有不

慎，就会造成数据丢失，甚至彻底丢失。

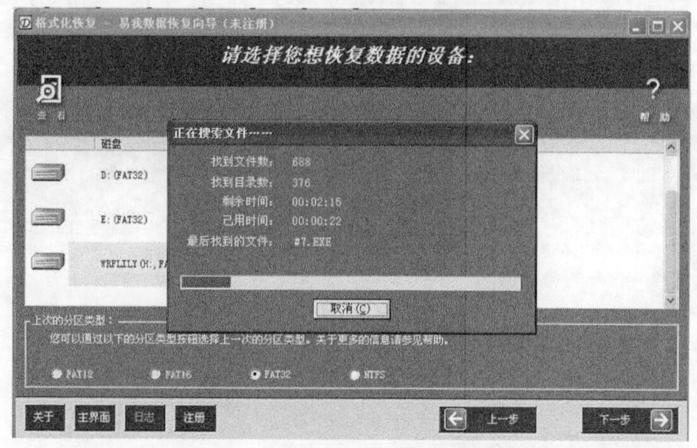

图 12.6　搜索格式化之前的文件

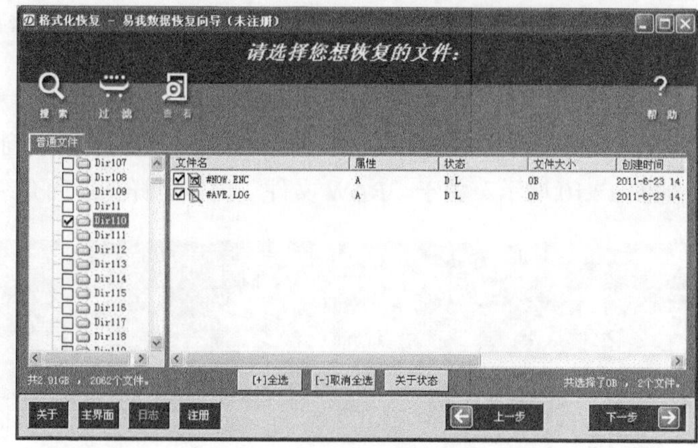

图 12.7　格式化恢复搜索到的文件

“易我数据恢复向导”的高级恢复应该说就是针对恢复误分区、误格式化、误克隆、MBR 丢失、BOOT 扇区丢失、病毒破坏、分区不能访问等故障的最好工具。进入高级恢复界面后，驱动器列表界面将会发生些许变化，驱动器列表中多了物理驱动器，如图 12.8 所示。

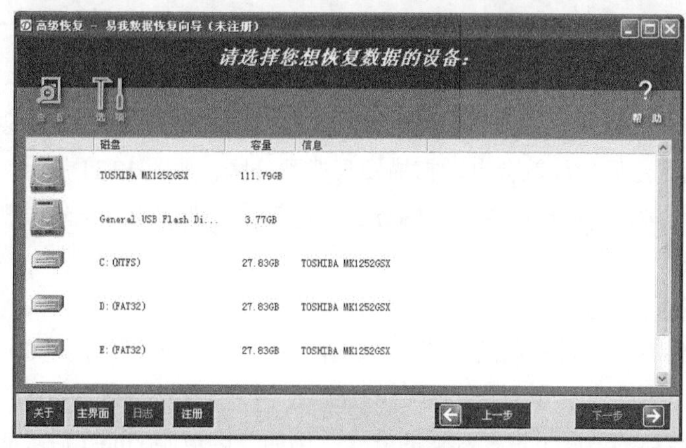

图 12.8　“高级恢复”界面

选择任何一个逻辑驱动器，然后单击“选项”按钮，就可以设置恢复选项。当然这里就比较专业一点，如果用户对硬盘知识不太了解，则建议都保持默认选项，如图 12.9 所示。设置完毕后单击“确定”按钮，然后单击“下一步”按钮进行分区高级扫描。

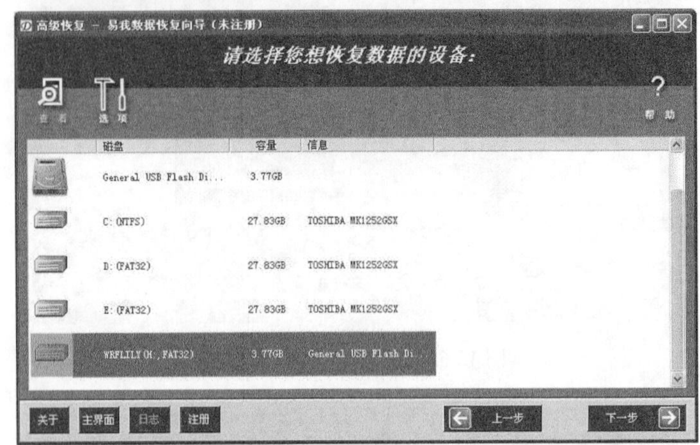

图 12.9　选择分区

高级扫描完成后，可以看到文件恢复窗口略有不同，除了“普通文件”窗口外，还多了一个“RAW 文件”窗口，如图 12.10 所示。关于“RAW 文件”内容可详见后面介绍。

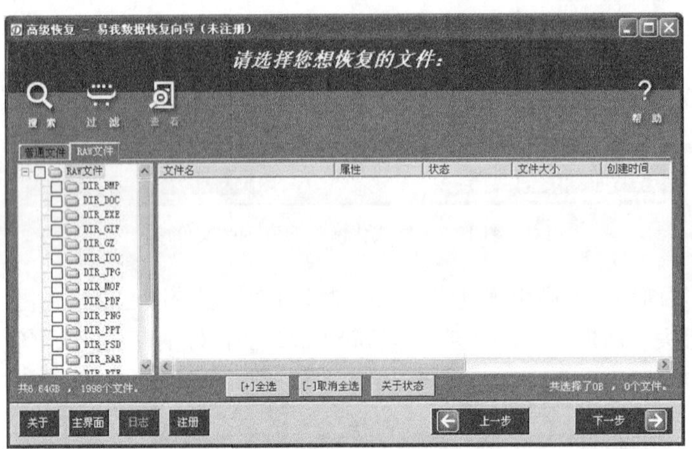

图 12.10　“RAW 文件”窗口

高级恢复中最有用的还是分区恢复功能。当选择一个物理硬盘后，软件会提示用户“点击下一步进行分区恢复”，然后软件就会自动扫描硬盘搜索分区，如图 12.11 所示。也就是说这款工具能分区硬盘的分区结构，还原出硬盘原来的分区，这就使得即使用户遇到误删除分区或分区丢失的情况也不必过于担心了。

分析完成后，就可以选择想要的分区进行数据恢复。操作方法和其他几种方式类似。

在高级恢复中还有个非常实用的功能：“RAW”恢复。“RAW”在英文中的意思是“生肉、未加工的”，用在这里的意思是软件抛开分区的逻辑结构，直接从分区的数据区读取数据。这是一种在分区遭受严重破坏的情况下恢复数据的方式，例如分区被误 Ghost 后。此功能可以在高级恢

复的选项中设置，也可以在分区恢复后选择“RAW”恢复，如图 12.12 所示。

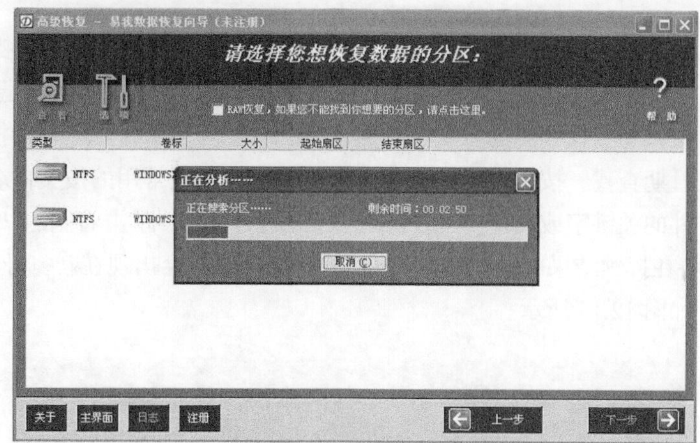

图 12.11　自动搜索分区

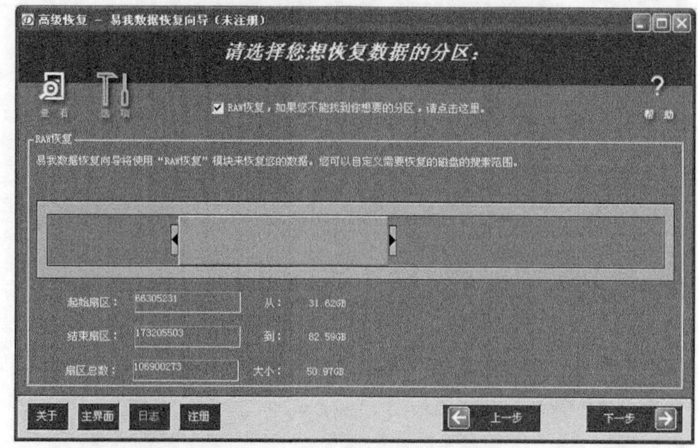

图 12.12　选择“RAW”恢复

此时可以设置“RAW”查找的范围。不过遗憾的是用“RAW”恢复速度较慢，且恢复出来的文件都没有文件名，只能按照文件类型来区分。“RAW”恢复后的结果如图 12.13 所示。

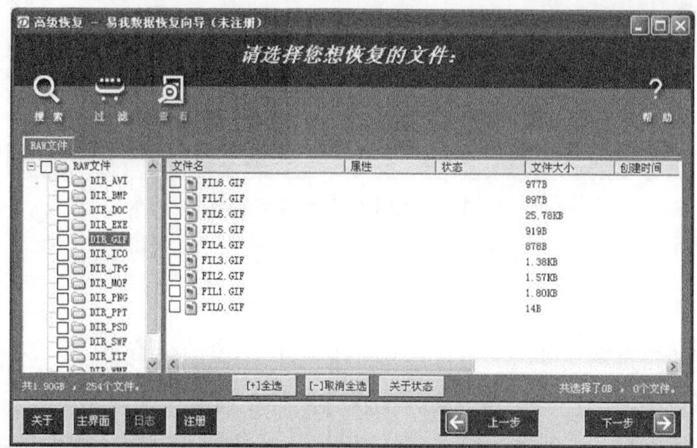

图 12.13　“RAW”恢复后的结果

4. 搜索要恢复的文件

如果找不到要恢复的文件的位置或者在目录树中有太多文件以至于很难找到需要恢复的文件，就可以使用“搜索”和“过滤”功能使用方法是直接单击“搜索”或“过滤”按钮即可。“易我数据恢复向导”提供的查找和过滤方式有 4 种，如图 12.14 所示，具体包括按文件名查找、按文件大小查找、按日期查找、按文件状态查找。这里我们介绍最常用的按文件名查找，在提示框中输入所要查找文件的关键字或通配符（DOS 时代常用的*号）。单击右侧的“查找”按钮，“易我数据恢复向导”将在搜索结果中查找目标文件，找到的文件将会出现在新打开的窗口区域的“搜索结果”项目中，如图 12.15 所示。

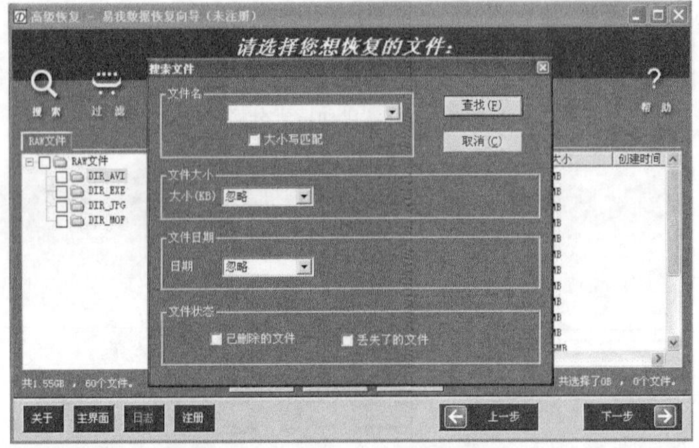

图 12.14　查找和过滤文件的方式

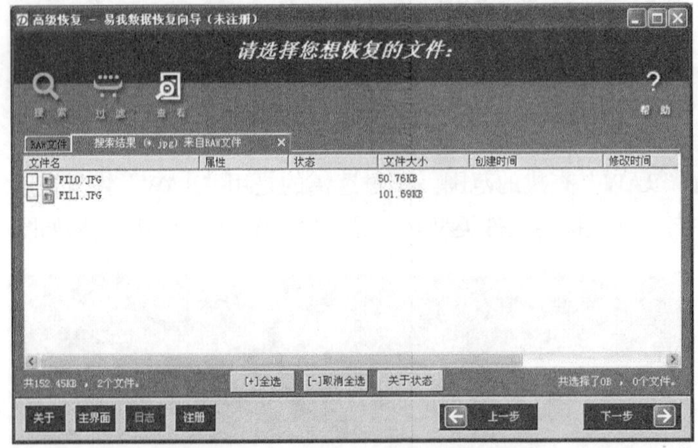

图 12.15　按文件名查找后的结果

5. 恢复

选择想要恢复的目录和文件后，直接单击“下一步”按钮就可以选择一个路径保存文件。单击“浏览”按钮可以指定用户希望恢复文件的保存路径，最后单击“下一步”按钮，如图 12.16 所示，此时用户就可以打开“我的电脑”，进入保存的目录来确认数据是否恢复成功了。

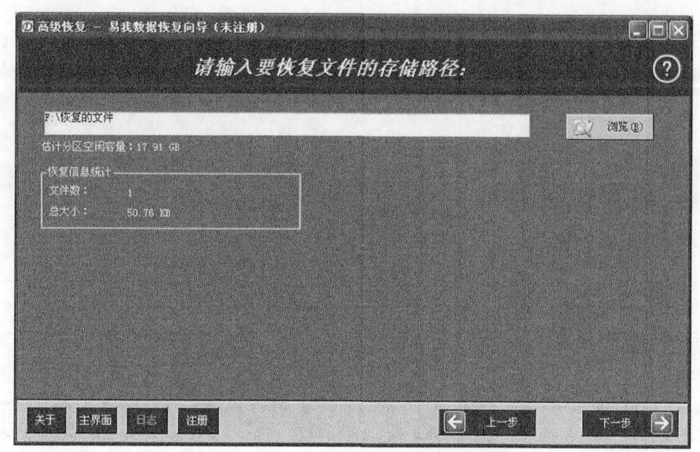

图 12.16　恢复文件的路径设置

总体来说，"易我数据恢复向导"这款软件小巧但功能强大，具有各种扫描方式，而且可保存最后一次恢复的状态继续进行数据恢复（不用重复花费大量的扫描时间），同时该软件采用了向导模式，简化了数据恢复操作，不需要复杂的设置就能完成数据恢复，非常适合大众使用。

任务实施　数据丢失故障的检测与维修

一、任务目标

1．确认数据丢失的类型。

2．采用某种工具软件修复数据文件。

二、工具清单

数据恢复软件。

三、工作场景

夏老师误将 12 套试卷删除，且回收站已经被清空。请同事帮助以最大可能减少损失。夏老师要求尽可能找回这 12 套试卷，时间上最多不能超过 3 小时。

四、工作过程

步骤一：确认数据丢失类型及数据丢失所在分区。本例中为误删除导致数据丢失，数据所在分区为 E 盘。

步骤二：安装数据恢复软件至除数据丢失所在分区之外的其他任一分区。本例中选择"易我数据恢复向导"恢复误删数据，软件安装至 C 盘。

步骤三：对丢失数据分区采用文件及文件夹恢复操作。本例中在主界面选择"删除恢复"→"E 盘"→"下一步"。

步骤四：从查找出的数据中找到所需数据进行恢复。本例中/"下一步"/找到丢失的数据/"下一步"/选择恢复文件所在的路径和目录/"下一步"。

步骤五：由用户确认恢复的数据是否正确。如果不正确则重复步骤四操作。

步骤六：与用户沟通，帮助用户加强数据保护意识。

五、项目验收

1．数据丢失原因判断准确。

2．采取恢复手段恰当、准确。

3．数据丢失情况不因为恢复操作而扩大损失。

4．详细告之用户数据保护注意事项。

实训十二　数据丢失故障的检测与维修

<table>
<tr><td colspan="7">任务单</td></tr>
<tr><td>学习领域</td><td colspan="6">计算机组装与维修</td></tr>
<tr><td>学习情境 4</td><td colspan="6">计算机故障检测与维修</td></tr>
<tr><td>项目 5</td><td colspan="3">数据丢失故障的检测与维修</td><td>学时</td><td colspan="2">2</td></tr>
<tr><td colspan="7">布置任务</td></tr>
<tr><td>学习目标</td><td colspan="6">● 掌握硬盘数据丢失的几种类型
● 会使用数据恢复软件
● 能根据数据丢失的具体情况，采用不同工具软件及方法恢复数据或分区</td></tr>
<tr><td>任务描述</td><td colspan="6">临近期末，夏老师将计算机中一学期的文件进行了一番整理，删除了很多文件和文件夹。在这过程中，夏老师突然发现，在刚才的删除操作中，将下午要打印的 12 套试卷误删除了，回收站也早已经清空，若重新出题，从时间上已经来不及了。夏老师经过了解，知道要找专业公司修复数据需要花很多钱，于是抱着试试看的想法，请学校里计算机知识了解较多的同事帮助恢复数据，以最大可能减少损失。夏老师要求尽可能找回这 12 套试卷，时间上最多不能超过 3 小时</td></tr>
<tr><td>学时安排</td><td>资讯
0.5 学时</td><td>计划
0.25 学时</td><td>决策
0.25 学时</td><td>实施
0.5 学时</td><td>检查
0.25 学时</td><td>评价
0.25 学时</td></tr>
<tr><td>提供资料</td><td colspan="6">● 计算机组装与维修教材
● 计算机组装与维修课件
● 192.168.20.8 计算机组装与维修精品课程网站学习资源
● 计算机组装与维修学习音频、视频资源</td></tr>
<tr><td>对学生的要求</td><td colspan="6">● 认真阅读任务描述，掌握所需完成的任务
● 根据资讯引导，通过查找资料、网上搜索、观看录像的方式认真完成资讯
● 每名学生根据工作任务制定计划，由组长组织讨论，做出决策并实施
● 实施结束后进行自我评价、组内互评、教师评价
● 将所完成任务形成规范的文档进行存档</td></tr>
<tr><td colspan="7">资讯单</td></tr>
<tr><td>学习领域</td><td colspan="6">计算机组装与维修</td></tr>
<tr><td>学习情境 4</td><td colspan="6">计算机故障检测与维修</td></tr>
<tr><td>项目 5</td><td colspan="3">数据丢失故障的检测与维修</td><td>学时</td><td colspan="2">2</td></tr>
</table>

续表

资讯问题	1. 数据丢失的原因是什么				
	2. 说明硬盘分区及分区表的作用				
	3. 哪些情况下数据是可恢复的				
	4. 数据恢复的工具及软件有哪些				
	5. 如何根据具体情况恢复数据				
资讯引导	在《计算机组装与维修》教材以及配套的课件中进行相关资料的查找				
计划单					
学习领域	计算机组装与维修				
学习情境 4	计算机故障检测与维修				
项目 5	数据丢失故障的检测与维修			学时	2
计划方式	根据资讯单进行设计				
计划项	内容				备注
使用工具					
替换配件					
维修方法					
维修流程					
制订计划说明					
计划评价	班级		第　　组	组长签字	
	教师签字			日期	

续表

计划评价	评语：		

实施单			
学习领域	计算机组装与维修		
学习情境 4	计算机故障检测与维修		
项目 5	数据丢失故障的检测与维修	学时	2
实施方式	依据决策单，按照步骤进行实施		

序号	实施步骤	使用资源

实施说明：

班级		第　　组	组长签字	
教师签字			日期	

评价单			
学习领域	计算机组装与维修		
学习情境 4	计算机故障检测与维修		
项目 5	数据丢失故障的检测与维修	学时	2

姓名：	班级：	小组：
地点：	时间：	总分：

序号	评价内容	分值	得分	备注
1	任务认知程度	5		

续表

2	情感态度	5		
3	团队协作	5		
4	工作计划制定	5		
5	实施单	5		
6	正确检测故障点	10		
7	工具运用规范，维修方法正确	5		
8	维修步骤合理	5		
9	排除故障，正常启动	10		
10	清理工作现场	10		
11	设备的使用	5		
12	工作记录	10		
13	作业单	20		
14	总分	100		占总评分 50%

教师评语：			
教师签字		日期	

作业单

学习领域	计算机组装与维修		
学习情境 4	计算机故障检测与维修		
项目 5	数据丢失故障的检测与维修	学时	2
1．试述数据丢失的类型有哪些？			
2．列出常用的数据恢复软件。